网络技术基础

崔嘉 罗茂松 高翔 主编

光明日报出版社

图书在版编目（ＣＩＰ）数据

网络技术基础 / 崔嘉, 罗茂松, 高翔主编. —— 北京：
光明日报出版社, 2016.6
ISBN 978-7-5194-1228-9

Ⅰ.①网… Ⅱ.①崔… ②罗… Ⅲ.①计算机网络 – 基本
知识 Ⅳ.①TP393

中国版本图书馆 CIP 数据核字(2016)第 151830 号

网络技术基础

作　　者:崔嘉 罗茂松 高翔

责任编辑:李　娟　　　　　　　封面设计:信利文化
责任校对:邓　贝　　　　　　　责任印制:曹　　净

出版发行:光明日报出版社
地　址:北京市东城区珠市口东大街 5 号,100062
电　话:010-67022197(咨询),67078870(发行),67078235(邮购)
传　真:010-67078227,67078255
网　址:http://book.gmw.cn
E- mail: gmcbs@gmw.cn　lijuan@gmw.cn
法律顾问:北京德恒律师事务所龚柳方律师
印　　刷:三河市华东印刷有限公司
装　　订:三河市华东印刷有限公司
本书如有破损、缺页、装订错误,请与本社联系调换
开　本:880 × 1230　1/32
字　数:280 千字　　　　　　　印　张:14
版　次:2017 年 5 月第 1 版　　印　次:2018 年 9 月第 2 次印刷
书　号:ISBN 978-7-5194-1228-9
定　价:65.00 元

前言

　　1956 年 周恩来总理亲自提议、主持、制定我国《十二年科学技术发展规划》,选定了"计算机、电子学、半导体、自动化"作为"发展规划"的四项紧急措施,并制定了计算机科研、生产、教育发展计划。我国计算机事业由此起步。

　　计算机网络技术是计算机技术与通信技术高度发展、紧密结合的产物,计算机网络对社会生活的方方面面以及社会经济的发展产生了不可估量的影响。当前,世界经济正在从工业经济向知识经济转变,而知识经济的两个重要特点就是信息化和全球化。进入 21 世纪,网络已成为信息社会的命脉和发展知识经济的重要基础。从其形成和发展的历史来看,计算机网络是伴随着人类社会对信息传递和共享的日益增长的需求而不断进步的。

　　根据计算机网络的实际跨度,大体上将计算机网络分为局域网、城域网以及广域网三类;若按照计算机网络自身的拓扑结构则将计算机网络分为网状网络、环形网、总线型网以及星型网;按照计算机网络的管理性质将计算机网络分为专用网和公用网;按照网络的交换方式将计算机网络分为报文交换网、分组交换网、电路交换网;按照计算机网络的功能将计算机网络分为资源子网以及通信子网。

　　简单的来说,计算机网络技术经历了从低级到高级,从简单到复杂的过程,具体来说,总共可以将计算机网络技术的发展划分为这四个阶段。

　　第一阶段是远程终端联机阶段。计算机网络技术发展最早的时期便是远程终端联机阶段,远程终端通过利用大型主机和通信线路相互连接,进而组成联机系统,来实现远程处理工作。

　　第二阶段是计算机网络阶段。早在六十年代后期,人类便迈入了计算机网络阶段,计算机网络阶段的先驱是美国的阿帕网,它把在不同区域分布的计算机的主机通过通信线路进行相互连接，使得不同计算机之间能够相互交换信息与数据。与此同时，各个计算机之间又能各自的形成各自的系统，并且独立的完成各自的工作，从这个时期开始，计算机网络技术便开始迅速的发展。

第三阶段计算机网络互联阶段。为了能够在更广阔的范围之内全面的实现资源共享，并且把更多的计算机网络相互连接起来，进而逐渐的形成了规模更为庞大的计算机网络，至此，计算机网络技术的发展进入了网络互联阶段。

第四阶段是信息高速公路阶段。美国于一九九三年提出了"信息基础建设"的计划，进而掀起了建设信息高速公路的热潮，极大的推进了计算机网络技术的迅速发展，计算机网络技术逐渐向高速化以及综合化的发展方向开始迅速发展。？但是，关于计算机网络发展的阶段概述，行内一直议论不休。回顾计算机网络技术从发生、发展到应用的历程，也有人将计算机网络技术的发展大致分为两个阶段：计算机网络技术发展完善阶段和因特网高速发展阶段。人们能够从计算机网络技术发展中得到启发和教益：国防需求促进了新技术的发展；关键应用促进了技术的完善；良好的性价比满足了社会需求并催生了新产业。

人类文明进入更高发展阶段的重要标志就是计算机网络技术的迅速发展和普及，而且计算机网络技术有效的推动了现代化的历史进程。先进的计算机网络技术成功的打破了空间以及时间之间的范畴，缩短了人与人之间的距离，给现代人们的生活和学习带来了极大的便捷。除此之外，计算机网络的飞速发展也给人类的社会生活带来了更新且更大的挑战，因此，我们必须不断的提高自身的思想意识，积极的面对挑战，并且及时的抓住计算机网络时代所带来的发展机遇，全面的推动人类社会的向前发展。

本书从网络技术基础入手，让读者了解网络技术的基础知识，在这个前提下，再从网络安全、管理及网络技术在互联网中的作用全面的将网络技术展现出来，受个人学识、认知及时间所限，书中的错误将在所难免，恳请广大读者谅解并指出。

目录

1 计算机网络

何为计算机网络?计算机网络是通信技术与计算机技术密切结合的产物。它最简单的定义是:以实现远程通信为目的,一些互联的、独立自治的计算机的集合。("互联"是指各计算机之间通过有线或无线通信信道彼此交换信息。"独立自治"则强调它们之间没有明显的主从关系)1970 年,美国信息学会联合会的定义:以相互共享资源(硬件、软件和数据)方式而连接起来,且各自具有独立功能的计算机系统之集合。此定义有三个含义:一是网络通信的目的是共享资源;二是网络中的计算机是分散、且具有独立功能的;三是有一个全网性的网络操作系统。

随着计算机网络体系结构的标准化,计算机网络又被定义为:计算机网络具有三个主要的组成部分,即①能向用户提供服务的若干主机;②由一些专用的通信处理机(即通信子网中的结点交换机)和连接这些结点的通信链路所组成的一个或数个通信子网;③为主机与主机、主机与通信子网,或者通信子网中各个结点之间通信而建立的一系列协议。

1.1 计算机网络的发展历程

在过去的三百年中, 每一个世纪都有一种技术占据主要的地位。18 世纪伴随着工业革命而来的是伟大的机械时代;19 世纪是蒸汽机时代;20 世纪的关键技术是信息的获取、存储、传送、处理和利用;而在 21 世纪的今天人们则进入了一个网络时代,使我们周围的信息更在高速的传递着。

计算机是 20 世纪人类最伟大的发明之一,它的的产生标志着人类开始迈进一个崭新的信息社会, 新的信息产业正以强劲的势头迅速崛起。为了提高信息社会的生产力,提供一种全社会的、经济的、快速的存取信息的手段是十分必要的,因而,计算机网络这种手段也应运而生,并且在我们以后的学习生活中,它都起着举足轻重的作用,其发展趋势更是可观。

1.1.1 计算机网络在全球的发展历程

计算机网络已经历了由单一网络向互联网发展的过程。1997年,在美国拉斯维加斯的全球计算机技术博览会上,微软公司总裁比尔盖茨先生发表了著名的演说。在演说中强调,"网络才是计算机"的精辟论点充分体现出信息社会中计算机网络的重要基础地位。计算机网络技术的发展越来越成为当今世界高新技术发展的核心之一,而他的发展历程也曲曲折折,绵延至今。计算机网络的发展分为以下几个阶段。

第一阶段诞生阶段(计算机终端网络)

20 世纪 60 年代中期之前的第一代计算机网络是以单个计算机为中心的远程联机系统。典型应用是由一台计算机和全美范围内 2000 多个终端组成的飞机订票系统。终端是一台计算机的外部设备包括显示器和键盘,无 CPU 和内存。随着远程终端的增多,在主机前增加了前端机(FEP)。当时,人们把计算机网络定义为"以传输信息为目的而连接起来,实现远程信息处理或进一步达到资源共享的系统",但这样的通讯系统已具备网络的雏形。早期的计算机为了提高资源利用率,采用批处理的工作方式。为适应终端与计算机的连接,出现了多重线路控制器。

第二阶段形成阶段(计算机通信网络)

20 世纪 60 年代中期至 70 年代的第二代计算机网络是以多个主机通过通信线路互联起来,为用户提供服务,兴起于 60 年代后期,典型代表是美国国防部高级研究计划局协助开发的ARPANET。主机之间不是直接用线路相连,而是由接口报文处理机(IMP)转接后互联。IMP 和它们之间互联的通信线路一起负责主机间的通信任务,构成了通讯子网。通讯子网互联的主机负责运行程序,提供资源共享,组成资源子网。这个时期,网络概念为"以能够相互共享资源为目的互联起来的具有独立功能的计算机之集合体",形成了计算机网络的基本概念。

ARPA 网是以通信子网为中心的典型代表。在 ARPA 网中,负责通信控制处理的 CCP 称为接口报文处理机 IMP(或称结点机),以存储转发方式传送分组的通信子网称为分组交换网。

第三阶段互联互通阶段(开放式的标准化计算机网络)

20 世纪 70 年代末至 90 年代的第三代计算机网络是具有统一的网络体系结构并遵守国际标准的开放式和标准化的网络。ARPANET 兴起后,计算机网络发展迅猛,各大计算机公司相继推出自己的网络体系结构及实现这些结构的软硬件产品。由于没有统一的标准,不同厂商的产品之间互联很困难,人们迫切需要一种开放性的标准化实用网络环境,这样应运而生了两种国际通用的最重要的体系结构,即 TCP/IP 体系结构和国际标准化组织的 OSI 体系结构。

第四阶段高速网络技术阶段(新一代计算机网络)

20 世纪 90 年代至今的第四代计算机网络,由于局域网技术发展成熟,出现光纤及高速网络技术,多媒体网络,智能网络,整个网络就像一个对用户透明的大的计算机系统,发展为以 Internet 为代表的互联网。而其中 Internet(因特网)的发展也分三个阶段:

(1)从单一的 APRANET 发展为互联网

1969 年,创建的第一个分组交换网 ARPANET 只是一个单个的分组交换网(不是互联网)。20 世纪 70 年代中期,ARPA 开始研究多种网络互联的技术,这导致互联网的出现。1983 年,ARPANET 分解成两个:一个实验研究用的科研网 ARPANET(人们常把 1983 年作为因特网的诞生之日),另一个是军用的 MILNET。1990 年,ARPANET 正式宣布关闭,实验完成。

(2)建成三级结构的因特网

1986 年,NSF 建立了国家科学基金网 NSFNET。它是一个三级计算机网络,分为主干网、地区网和校园网。1991 年,美国政府决定将因特网的主干网转交给私人公司来经营,并开始对接入因特网的单位收费。1993 年因特网主干网的速率提高到 45Mb/s。

（3）建立多层次 ISP 结构的因特网

从 1993 年开始，由美国政府资助的 NSFNET 逐渐被若干个商用的因特网主干网（即服务提供者网络）所替代。用户通过因特网提供者 ISP 上网。1994 年开始创建了 4 个网络接入点 NAP（Network Access Point），分别由 4 个电信公司。1994 年起，因特网逐渐演变成多层次 ISP 结构的网络。1996 年，主干网速率为 155 Mb/s（OC-3）。1998 年，主干网速率为 2.5 Gb/s（OC-48）。

1.1.2 计算机网络在我国的发展历程

我国计算机网络起步于 20 世纪 80 年代。1980 年进行联网试验。并组建各单位的局域网。1989 年 11 月，第一个公用分组交换网建成运行。1993 年建成新公用分组交换网 CHINANET。80 年代后期，相继建成各行业的专用广域网。1994 年 4 月，我国用专线接入因特网（64kb/s）。1994 年 5 月，设立第一个 WWW 服务器。1994 年 9 月，中国公用计算机互联网启动。目前已建成 9 个全国性公用性计算机网络（2 个在建）。2004 年 2 月，建成我国下一代互联网 CNGI 主干试验网 CERNET2 开通并提供服务（2.5-10Gb/s）。

1.1.3 计算机网络的现状

随着计算机技术和通信技术的发展及相互渗透结合，促进了计算机网络的诞生和发展。通信领域利用计算机技术，可以提高通信系统性能。通信技术的发展又为计算机之间快速传输信息提供了必要的通信手段。计算机网络在当今信息时代对信息的收集、传输、存储和处理起着非常重要的作用。其应用领域已渗透到社会的各个方面，信息高速公路更是离不开它。因此，计算机网络对整个信息社会有着极其深刻的影响，已引起人们高度重视和极大兴趣。21 世纪已进入计算机网络时代。计算机网络极大普及，计算机应用已进入更高层次，计算机网络成了计算机行业的一部分。新一代的计算机已将网络接口集成到主板上，网络功能已嵌入到操作系统之中,智能大楼的兴建已经和计算机网络布线同时、同地、同方案施工。随着通信和计算机技术紧密结合和同步发展,我国计算机网络技术飞跃发展。我们现在已经进入 web 2.0 的网络时代。这个阶段互联网的特征包括搜索,社区化网络,网络媒体(音乐,视频等),内容聚合和聚集(RSS),mashups(一种交互式 Web 应用程序),宽带接入网、全光网、IP 电话,智能网、P2P、网格计算,NGN、三网融合技术,IPv6 技术,3G 移动通信系统技术以及更多。目前大部分都是通过电脑接入网络。

1.1.4 计算机网络的发展趋势

(一)计算机系统结构的未来发展

纵观目前各大高校计算机系统结构方向的研究生院专业设置,以及各种计算机系统结构的学术会议和论文,网格计算、高性能计算与并行处理、容错计算、光计算机系统、嵌入式系统,都是计算机系统结构未来发生重大突破的契机。

现阶段研究领域的突破

截止前不久第十五届全国计算容错会议落下帷幕,我国容错计算领域已经走过了超过 18 个年头。在充分考虑成本、可靠性、处理能力、升级、开发周期、灵活性等因素的基础上,提出了一种开放的、高性价比的、通用的计算机结构。

随着云计算、大数据逐渐渗透进计算机各个领域,并行计算也成为目前计算机系统结构领域的重要研究方向。为我们介绍了可扩展并行计算机系统结构的发展。可以看到,并行机的发展取得了很多成就,国内外有许多优秀的并行机也已经投入使用,而我国在这个领域也具有相当的影响力。

在计算机体系结构发展中,除了处理器的发展受到广泛关注外,其他如存储器和总线的发展也至关重要。为我们介绍了计算机总线技术的发展。

(二)计算机系统结构的发展趋势分析

计算模型是计算机体系结构发展的主要标志,后者是前者的具体体现。因此，计算机体系结构的发展可以参照计算模型的发展。基于控制驱动和共享数据的计算模型是传统体系结构的主要控制机制，未来主要有三个研究趋势：数据流系统结构、归约系统结构、智能系统结构，分别对应数据流计算机、归约计算机和智能计算机。

计算模型有如下四种控制机制：控制驱动、数据驱动、消息传送和模式匹配。数据流系统结构基于数据驱动和消息传送。图归约和串归约均为归约系统结构，其中，图归约系统结构是基于需求驱动和消息传送的计算模型。智能机主要应用在知识处理领域。

1.数据流计算机：数据流计算机顾名思义是基于数据流的计算机，它采用数据驱动的计算模型，较传统计算机具有更高的并行性。

2.数据驱动的数据流方式是指：一条指令或一组指令的执行由其所需的操作数驱动，一旦操作数全部准备就绪，指令立即被激发执行。而下一条或下一组指令的执行，同样由上条或上组指令的输出结果及其他所需操作数驱动执行。采用这种方式的 CPU 将不再需要程序计数器。由于指令的执行完全受数据流驱动，指令并非按所属的程序存储顺序，而是基本无序的。

为展示了一种数据流计算机的实现，介绍了数据流机的数据驱动二种、数据流程图、数据流程序设计语言以及其特殊的系统结构。

3.归约机：归约机同样是基于数据流，但其驱动方式与数据流机不同，归约机采用的是需求驱动的计算模型。在归约机中，指令的执行受其他指令的驱动，即指令因其他指令的需要而执行。

归约是指将表达式不断化简直到获得最简表达式的过程，得到最简表达式也就得到了最终的计算结果。归约机的设计是面向函数式程序设计语言的。这种程序设计语言也简称为函数式语言，是一种面向问题的说明性问题，即它是描述问题而非解决问题的程序设计语言。

函数式语言通过对表达式的归约产生结果数据，进而驱动归约机中指令的执行，由此产生指令执行顺序。

按照函数表达式存储结构不同，归约机分为串行归约机和图归约机两类。前者以字符串形式存储函数表达式而后者以图的形式存储。

4.智能机：智能机用于知识信息处理，它由以下几个部分组成：推理系统、智能机口、数据库系机和知识库机。其中，后两者是包含存储器及处理器的专用机，用来获取、表达、存储和处理庞大的数据和各种人类知识。智能机的发展跟数据挖掘、信息抽取、人工智能等领域的研究密不可分。

随着计算机网络的飞速发展，信息时代计算机需要处理的远不止传统的冯?诺依曼机复杂的数值计算任务，更多的是应对各种各样数量庞大的非数值计算任务。处理非数值数据涉及到的核心问题是如何对人类知识进行存储和处理，这就需要保证知识一致性和快速实时响应。然而传统冯?诺依曼机却不能有效保证这两点。数据库机和知识库机的概念的产生真是基于以上需求。数据库机和知识库机结构的设计应满足一下几点要求：

（1）具有快速查询数据和知识的能力

（2）能够存储大量数据和知识

采用模块化结构，一边能够充分利用 VLSI 技术提供性能良好的用户接口，使数据库和知识库机能与各种前端机连接，以便让更多用户访问。

5.后 PC 时代的计算机系统结构的发展：由于个人移动电脑将是后 PC 时代上的主流产品，因此对当今的微处理器在实时响应、DSP 支持、高效能量供给等方面提出了新的挑战。新的微处理器实际上是通用处理器与数字信号处理器（DSP）的结合。因此主要需要满足下列 4 个条件。

（1）高性能：首先是实时响应，能保证在效率最差的情形下也能对实时信号(如视频)作出反应。连续媒体数据类型,要求系统能处理连续数据流的输入,并不间断输出结果。其他还要求高存储器带宽、高网络带宽、细粒度并行性、粗粒度并行性、高指令参照定位等。

(2)高效率能量系统:这种装里预计功耗应小于 2w,处理器的功耗应设计在 1w 以下, 且仍能处理像语音识别这样的高性能操作。现今高性能微处理器数十 W 的功耗是不能接受的。

(3)小巧玲珑:尺寸小、重量轻也是重要条件之一这就需减少芯片数,提高集成度,像在 PD A 里一样,要节省内存的开销,减小代码和程序的大小。

设计的复杂性和可缩放性:一个系统结构应该不仅在性能上而且在物理计上,能有效地缩放。台式计算机芯片间长线互连的方式在未来处理器狭小空间里是不合适的,应该避免。

(4)其他:中国工程院院士邬江兴在 2013 年"高效能计算机体系结构"国际战略高端论坛上发布了"基于认知的主动重构计算体系"(简称 PRCA)的新概念高效能计算机体系,邬院士称该体系经初步原理验证,效能至少比传统高性能计算机提高 10 倍以上。

计算机系统结构的变革是同器件变革以及技术变革相辅相成的,目前量子计算机、光子计算机、生物计算机、纳米计算机等新型计算机正处于研测试用或设想阶段, 未来计算机系统结构发展必将出现飞跃。

计算机网络及其应用的产生和发展,与计算机技术(包括:微电子、微处理机)和通信技术的科学进步密切相关。由于计算机网络技术,特别是 Internet/Intranet 技术的不断进步,又使各种计算机应用系统跨越了主机/终端式、客户/服务器式、浏览器/服务器式的几个时期。今天的计算机应用系统实际上是一个网络环境下的计算系统。未来网络的发展有以下几种基本的技术趋势:

(1)朝着低成本微机所带来的分布式计算和智能化方向发展,即 Client/Server(客户/服务器)结构;

（2）向适应多媒体通信、移动通信结构发展；

（3）网络结构适应网络互联，扩大规模以至于建立全球网络。应是覆盖全球的，可随处连接的巨型网；

（4）计算机网络应具有前所未有的带宽以保证承担任何新的服务；

（5）计算机网络应是贴近应用的智能化网络；

（6）计算机网络应具有很高的可靠性和服务质量；

（7）计算机网络应具有延展性来保证时迅速的发展做出反应；

（8）计算机网络应具有很低的费用。

未来比较明显的趋势是宽带业务和各种移动终端的普及，如可照相手机越来越多，实际上这对网络带宽和频谱产生了巨大的需求。整个宽带的建设和应用将进一步推动网络的整体发展。IPv6和网格等下一代互联网技术的研发和建设将在今后取得比较明显的进展。未来的几大网络趋势是：

（1）语义网

Sir Tim Berners-Lee（Web 创始者）关于语义网的观点成为人们的重要关注已经很长一段时间了。事实上，它已经像大白鲸一样神乎其神了。总之，语义网关涉到机器之间的对话，它使得网络更加智能化，或者像 Berners-Lee 描述的那样，计算机"在网络中分析所有的数据—内容、链接以及人机之间的交易处理"。在另一个时候，Berners-Lee 把它描述为"为数据设计的似网程序"，如对信息再利用的设计。一些公司，如 Hakia，Powerset 以及 Alex 自己的 adaptive blue 都正在积极的实现语义网，因此，未来我们将变得关系更亲密，但是我们还得等上好些年，才能看到语义网的设想实现。

（2）人工智能

人工智能可能会是计算机历史中的一个终极目标。从 1950 年，阿兰图灵提出的测试机器如人机对话能力的图灵测试开始，人工智能就成为计算机科学家们的梦想，在接下来的网络发展中，人工智能使得机器更加智能化。在这个意义上来看，这和语义网在某些方面有些相同。我们已经开始在一些网站应用一些低级形态人工智能。由于电脑的计算速度远远超过人类,我们希望新的疆界将被打破,使我们能够解决一些以前无法解决的问题。

（3）虚拟世界

作为将来的网络系统,第二生命(second life)得到了很多主流媒体的关注。但在最近一次 Sean 参加的超新星小组(Supernova panel)会议中,讨论了一些涉及许多其他虚拟世界的机会。

（4）移动网络

移动网络是未来另一个发展前景巨大的网络应用。便携式智能终端(PCS,Personal Communication System)可以使用无线技术,在任何地方以各种速率与网络保持联络。用户利用 PCS 进行个人通信,可在任何地方接收到发给自己的呼叫。PCS 系统可以支持语音、数据和报文等各种业务。PCS 网络和无线技术将大大改进人们的移动通信水平,成为未来信息高速公路的重要组成部分。它已经在亚洲和欧洲的部分城市发展迅猛。今年推出的苹果 IPHONE 是美国市场移动网络的一个标志事件。这仅仅是个开始,在未来的几年的时间将有更多的定位感知服务可通过移动设备来实现, 例如当你逛当地商场时候,会收到很多你定制的购物优惠信息,或者当你在驾驶车的时候,收到地图信息,或者你周五晚上跟朋友在一起的时候收到玩乐信息。我们也期待大型的互联网公司如,YAHOO,GOOGLE 成为主要的移动门户网站,还有移动电话运营商。

（5）在线视频／网络电视

这个趋势已经在网络上爆炸般显现,但是你感觉它仍有很多未待开发的,还有很广阔的前景。在未来,互联网电视将和我们现在完全不一样,更高的画面质量,更强大的流媒体,个性化,共享以及更多优点,都将在接下来的几年年里实现.从去年我们组织"中国互联网发展报告"的过程中看到,中国互联网的制造业在网络设备方面的研发已经取得了很多突破,包括现在在高、中、低端路由器产品方面都已经有具有自主知识产权的产品出现。我们现在有许多邮件服务商、技术提供商在网络标准方面进行积极的研究和开发。网络时代的到来,给人类教育带来的冲击是前所未有的,教育要面向现代化、面向世界、面向未来,首先要面向网络。教育只有与网络有机结合,才能跟上时代的发展。尽管对网络安全技术的研究越来越深入,但是网络自身的特点,即它的简单性、便宜性,使得它的安全问题仍然很突出。尤其是 IPv6 出现以后,它的安全性、服务质量会有更大提高, 在将来一段时间针对 IPv6 的网络安全问题也会出现。PFP 业务将来对网络结构和网络安全会产生重大影响,这是互联网技术开发和政策管制部门所关心的。网络教育将是下一个互联网业务的热点问题,网络搜索,大容量电子邮件,电子商务平台,移动互联网,无线局域网,网络资源信息开发等业务都将成为互联网业务的热点问题。

计算机网络的普及性和重要性已经导致在不同岗位上对具有更多网络知识的人才的大量需求。企业需要雇员规划、获取、安装、操作、管理那些构成计算机网络和 Internet 的软硬件系统。另外,计算机编程已不再局限于个人计算机,而要求程序员设计并实现能与其他计算机上的程序通信的应用软件。

总之,计算机网络网络在今后的发展过程中不再仅仅是一个工具,也不再是一个遥不可及仅供少数人使用的技术专利,它将成为一种文化、一种生活,融入到社会的各个领域,遍布世界的各个角落,而我们的使用也会将它的功能发挥到淋漓尽致。

参考文献:

[1]杨心强.数据通信与计算机网络[M].北京:电子工业出版社,2007.

[2]计算机网络的发展趋势 ——《科技风》,2008(14).

[3]王森.计算机原理[M].北京:电子工业出版社,2002.

[4]谢希仁.计算机网络[M].北京:电子工业出版社.

[5]温冲.浅谈未来计算机网络系统的发展趋势 ——《黑龙江科技信息》2010.

[6]徐斯斯.计算机网络发展浅析 ——《才智》2010.

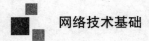

1.1.5 计算机网络的工作原理

一、计算机硬件系统

1.教师活动：计算机的硬件由主机和外部设备两部分组成。同学们刚刚提到的鼠标、键盘、音响等都是设备。对于外部设备根据作用不同又分为输入和输出设备。

2.输入、输出设备。

（1）输入设备：将信息输入到计算机中的设备叫做输入设备。键盘、鼠标是最基本的输入设备。数码照相机还有麦克风、扫描仪、数码摄像机、摄像头也是输入设备。

（2）输出设备：具有输出计算机结果和数据信息等功能的设备叫输出设备。如显示器、打印机等。在有些特定的情况下计算机也可以作为输出设备，当计算机和 Internet 网连接后，它成为网络终端，这个时候计算机就是输出设备。

完整的计算机系统是由硬件和软件组成的。硬件和软件互相配合，计算机系统才能正常工作。归纳并强化记忆。培养学生自己总结的习惯与能力，使知识在主动记忆中得到强化。这节课我们除了学习课本的知识之外，还尝试了合作学习方法，希望同学们在今后的学习中也能够互相合作，共同进步。

随着我国科学技术的发展，计算机的普及，社会对计算机电子信息技术水平有了更高的标准或者要求，这就需要学校的计算机相关专业的老师在进行相应的教育教学工作过程中，付出更多的努力或者接受更高要求的挑战。在计算机相关知识进行教育教学工作的过程中，计算机原理这门课程无论是对于老师的教育教学，还是学生的学习过程，一直都被作为重点问题以及难点问题进行对待。

计算机原理课程的教授以及计算机相关故障的解决或者处理问题的现状分析。大部分的计算机教学老师对计算机原理这门课程进行教授的过程中，经常告诉同学们学习计算机原理的重要性以及必要性，其中具体来说就是计算机原理这门课程能够对以后更高层次的计算机知识的学习提供相对来说比较大的帮助作用或者指导效果，与此同时更重要的是能够为以后的学习或者工作中解决以及处理计算机故障问题奠定一个比较扎实的基础。

然而有些学校的学生在学习过程中，仍然不能够理解计算机原理课程的重要性，从而使得他们在学习过程中不好好学习计算机原理课程。经过专业工作人员的调查以及分析，发现学生在初学计算机原理课程的时候不好好学习的主要原因，就是该门学科在实践生活或者学习过程中，对于计算机原理相关知识或者基本技能的运用相对来说比较少，这样就使得学生们认为计算机原理课程不重要的或者不实用。这样的教学现状以及学习环境，在很大程度上使得学生在学习计算机原理以及解决计算机各种故障问题的过程中没有相应的兴趣，与此同时也使得部分计算机老师或者其他相关学科的教育教学工作人员在工作过程中遇到很多困难。

计算机在未来道路上的发展问题和计算机相关故障处理问题的内在关系分析。无论是对于计算机相关理论知识的不断前进，还是对于计算机基本技能的改进，在很大程度上都需要有计算机相关故障的处理工作作为推动力量。从本质上这两者之间的关系可以说是相辅相成，互相影响的关系。假如在实际工作过程中没有发生计算机技术的进步或者发展，可能就会使得相关工作人员解决各种故障的工作，没有了其相应的研究作用或者实际意义。与此同时在实践工作过程中，假如计算机故障处理工作被忽视，就可能使得计算机在未来道路上发展以及进步，失去其进步或者发展的动力。

计算机原理相关者知识的教授和计算机相关故障处理问题存在的内部关系分析。对于计算机原理的相关知识以及计算机各种故障的处理工作来说，它们在发展过程中可以说是一对矛盾，也就是说既有相辅相成的一面，与此同时也拥有相矛盾的一面。学生在校期间如果能够学好相应的计算机原理的知识或者基本技能，那么他们就能够在遇到相应的计算机故障的时候，利用计算机原理的知识具体的解释或者解决这些故障问题。与此同时在计算机实际工作中遇到的各种故障处理的问题的过程中，故障处理工作在很大程度上也能够从反面的角度去证明相关的计算机原理知识，这样导致的结果就是计算机故障处理在一定程度上推动计算机原理相关知识的进步或者发展。

计算机原理的相关知识是计算机故障处理工作过程中，处理各种问题或者病症的基础技术。学校的计算机教育教学老师在对学生进行相应的教学工作过程中，主要从几个重点方面入手，具体来讲就是关于数字电路的相关分析工作以及电路的设计工作，同时也对计算机中的各种运算方法进行了相应的解释，以及对于存储器、控制器甚至相应的操作系统的介绍。

计算机原理课程以及相关知识的学习，不能够脱离学生以后的实践工作或者实际生活，这样才可以让学生在以后走向社会之后，对于计算机的各种运用以及相关故障的处理工作更加熟练。

计算机原理这门课程在进行讲授的过程中，需要进行相关代码以及各种数据的讲解，这些专业知识在实际生活以及学习中实战的机会少之又少，这也就说明了这些知识在实际工作中的案例非常少，从而使得教育教学老师在工作过程中更加的费力，与此同时大部分的学生在听课过程中，可能会出现不能够很好的理解这些计算机知识的现象，因而部分在学习过程中就会失去学习计算机原理的相关知识的兴趣以及热情，最终导致的结果就是学生更加对计算机其他相关知识的学习或者基本技能的训练失去原有的兴趣。

计算机组成原理课程是计算机科学与技术、软件工程等相关本科专业的主干核心课程，该课程比较全面的阐述计算机硬件系统的组成结构和工作原理，学生通过本课程的系统学习，能够较好的掌握计算机系统的工作过程，建立起完整的计算机系统框架知识，为其他后继课程的学习打下良好的基础；同时自 2009 年开始，全国硕士研究生统一入学考试中计算机组成原理课程被列为计算机学科专业基础综合的必考科目之一。而且,随着电子技术和计算技术的飞速发展,计算机组成原理课程的内容也不能一成不变,只有保证课程教学内容与新技术、新知识的一致性,才能确保教学效果的优秀性。因此教师在教学的过程当中,如何对计算机组成原理课程在教学内容、教学方法及手段等方面进行改革,以提高教学效果和教学质量,使它跟上计算机技术的发展,是我们必须探索的课题。

二、教学改革与实践——合理的组织教学内容

各个学校的定位不同,学生基础有别,因此应根据课程设置和学生的实际情况制定合适的教学大纲,合理的安排教学内容。根据我院的实际情况,我们选择科学出版社出版白中英主编的《计算机组成原理》(第四版.立体化教材)或高等教育出版社出版唐朔飞主编的《计算机组成原理》(第2版)作为授课用的教材,在内容安排时把重点放在数据的表示和运算、存储器层次结构、指令系统、时序控制方式、中央处理器、总线原理、输入输出(I/O)系统的工作原理上,这些内容的安排既和本课程考研大纲的要求一致,又能构成本课程完整的知识体系。同时,教师在教学的过程中要注意三个方面的内容:(1)本课程具有涉及面广、抽象性强和学习难度大的特点,因此教师在每节课上课前都应先做进行精心的准备,确保每节课的重点、难点突出,清晰的阐述基本理论知识,对于重点内容力争讲深、讲透;(2)本课程以其先导课程计算机导论、程序设计、电子电路、汇编语言和逻辑电路等为基础对计算机专业知识进行拓展,它与其先导课程的内容有着密切的关系,因此在授课的过程中应注意它和这些课程的融合和联系;(3)在讲授基本原理的过程中,注意融入计算机发展的新技术和新动向,注重基础理论与先进技术的融合,使得本课程内容既符合计算机技术的发展潮流,又具有专业基础课的相对稳定性。

1.采用多种教学方法和教学手段

计算机组成原理课程内容多、难度大,很多工作过程都发生在芯片内部,既看不见也摸不着,内容很抽象,而且时序图和电路图也非常多,因此有些学生因为课程难度太大而失去学习的兴趣,甚至产生畏学或厌学的心理。为此我们在本课程教学改革的研究中,应该注重改进教学方法、实验方式、教学辅导方式,采用多种教学方法及充分使用多种教学手段以保障对该课程教学的需求,在提高教学质量的同时,提高学生学习的积极性。

(1)采用启发式教学法提高学生的注意力

计算机学科的知识体系是一个动态变化的知识体系,对于计算机组成原理这门课,在教学的过程中,启发学生充分思考计算机硬件系统发展不同阶段的需求、基本背景和应解决的问题,远比直接的知识灌输重要得多。启发式教学法是指在课堂上激发学生思考问题,然后引导学生提出问题,又引导学生去思考如何解决这些问题的教学方法,它可以由一问一答、一讲一练的形式来体现,也可以通过教师的生动讲述使学生产生联想,留下深刻的印象而实现。例如,针对存储器这一章,存储器的设计是一个重点的内容,对于存储器的设计,教师可以这样对学生进行启发:①单个芯片的容量很小,而计算机中的内存容量很大,能否用多个存储芯片构成一个存储器? ②若能,需要解决什么问题? ③地址线、数据线、片选信号等问题又该如何解决? ④解决上述问题,存储器内部的芯片应如何排列? ⑤CPU 是如何使用组合后的存储器的? 通过对上述问题的提出和解答引导学生进行积极思考,使其参与其中,从而实现观点的撞击。

(2)突出多媒体教学的核心地位

计算机组成原理课程的内容具有较强抽象性, 授课的过程当中有很多知识点的讲授如存储器的组成、指令的执行过程、微程序控制器等需要一些辅助的图示才能讲解清楚, 而这些图在黑板上用手画出来将占用比较多的课堂时间,因此现在许多教师都普遍采用多媒体教室授课来代替普通教室传统的黑板授课。电子教案应力求从静态为主的幻灯片方式变为动态演示为主的多媒体课件,用形象的动画在大屏幕上展示抽象的原理和算法的实现过程,可以使学生寓教于乐,极大的改善课程中枯燥、抽象难懂部分的教学效果,既能提高课堂效率,又能吸引学生的注意力。

(3)突出网络教学的重要性

提高教学质量不仅要充分利用上课时间,而且也要发挥现有课外资源让课堂效果持续增长。这方面我们主要利用我校局域网上提供的"天空教室"教学平台。将自己精心准备的课件、学习资料、相关的教学视频等上传到该平台,以方便学生下载来学习。另外,还可以通过该平台布置在线作业和在线批改作业、在线答疑或者针对某个问题设置一些讨论组进行讨论等,及时了解学生反馈的信息。通过网络教学平台改变了传统的师生交流方式,实现网络化的教学互动,可以提高教学效率,极大地提高教学质量,并获得了良好的教学反馈。

2.适当的设置习题

针对计算机组成原理课程抽象难懂的这一特点,适当的做一些习题使学生加深课本基本知识的理解和巩固所学的知识都有很大的帮助。教师在设置习题时应遵循验证所学、启发思考的选题思路。习题一般有两类:一是针对理论课教学中一些比较抽象的、易混淆的基本概念和基本原理而设计的习题;二是针对基本理论的操作和应用而设置的习题。对于习题完成情况的检查,可以让学生先独立完成后教师批改,然后根据批改的结果进行适当的讲解;也可以根据具体情况组织学生进行讨论,这种讨论可以在课堂上进行,也可以通过网络教学平台进行。在讨论的过程中会不断有多钟解决方案的提出、已有问题的解决及新问题的产生,学生的独立思考能力就能得到锻炼和提高。通过了解学生的对习题的完成情况,教师可以及时的发现教学中的问题,采取适当的补救方法,以提高教学效果。

3.加强实践教学环节

计算机组成原理是一门理论性比较强的课程,但其实践性亦不容忽视,通过实践教学环节提高学生分析问题、解决问题的能力。本课程的实践教学环节可分为基础验证型实验、设计应用型实验和综合设计型实验三个层次。

基础验证型实验是通过实验让学生验证各单元模块的工作过程，其目的是让学生掌握实验系统单元模块的内部结构及相关电子芯片的基本逻辑，理解单元模块的工作原理，其内容包括运算器、存储器、总线传输和微程序控制器等，这些实验内容涉及课程的相关知识点，通过实验验证加深学生对课堂基本教学内容的理解。根据我院学生的情况，我们把重点放在基础验证型实验上，对这类实验要求所有的学生必须完成，而对于设计应用型实验和综合设计型实验有能力的学生可以在已经完成第一类实验的情况下选做，不做统一的要求。

计算机组成原理课程的教学改革需要长期的研究探索和实践，是一个逐步深化的长期过程。在计算机技术不断发展的今天，计算机组成原理课程的教学仍然还有很多工作要我们去研究和实践，只有不断探索、不断总结才能有效地提高教学质量，满足学生不断增长的求知需要。

创新素质教育在国外起步较早。德国柏林大学最早于 19 世纪初推出了"教学与科研相统一"的办学原则；美国哈佛大学早在 1945 年发表的哈佛"红皮书"——《自由社会中的一般教育》中提出了知识和能力协调发展的原则，把教育分成一般教育和专门教育，其中的专门教育即注重学生创新能力的训练；美国麻省理工学院致力于给学生打下牢固的科学、技术和人文知识基础，培养创造性地发现问题和解决问题的能力。20 世纪 70 年代，美国教育界就明确提出了培养具有创新精神的人才的目标。斯坦福大学在美国硅谷成功过程中发挥了巨大的作用，则更加证明了创新素质教育对国家的发展极为重要。

我国在 20 世纪 80 年代中期开始倡导培养创新型人才，但对创造型人才培养这一问题的深入研究，却是 20 世纪 90 年代以后。1999 年 10 月，中国比较教育研究会第十届学术年会在西南师大召开,大会的主题是"跨世纪创新人才培养的国际比较",并在会后出版了年会的学术论文选《跨世纪创新人才培养的国际比较》。2006年7月,在上海举行的第三届中外大学校长论坛以"创新与服务"为主题,关于创新人才的研究再一次成为研究的热点。

从目前计算机组成原理的教学情况来看,国内外有较大的差异。国外的教学通常是通过以下几种方式进行的:1.给学生指派研究性课题。这种课题涉及文献检索,销售产品的 Web 检索,实验室的研究活动等。2.给学生指派仿真性课题。领悟处理器的内部操作,学习和评价某些设计性能的最好方法之一就是仿真处理器的某些关键元器件,因此,这也是国外教学的主要方式之一。3.给学生指派阅读、报告类题目,即要求学生阅读并分析文献中的论文。而国内的教学基本上是以教师讲授基本原理和学生做实验相结合的方式进行的。

在全社会提倡创新素质教育的前提下,地方高校的《计算机组成原理》课程教学也应有所改革。高校教师应该把创新教育融入到《计算机组成原理》课程的教学工作中,让学生在每一次的学习过程中,都能够欣赏到前人创新的经历与成果培养起他们创新的兴趣和勇气,初步领略到创新的思路和方法,使学生在毕业走出校门时,具备基本的创新素质,成为建设创新型国家的栋梁之才。

我通过对创新素质教育下的计算机组成原理教学改革的研究,对《计算机组成原理》教学存在的一些问题进行了分析和讨论,并提出了一些改进措施和方法,以促进学生动手能力和创新能力的提高。学生通过感受到创新在推动技术进步中的巨大作用,从而培养起的创新兴趣与创新意识,初步掌握创新的能力与方法,可为将来在建设创新型国家的伟大事业中建功立业打下扎实的基础。

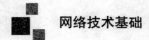

1.1.6 计算机网络的层次结构

在最终用户眼中,早期的计算机非常昂贵,只能由少数专业化人员使用。但是到了 20 世纪 80 年代个人计算机迅速普及,以及 20 世纪 90 年代初多媒体计算机的广泛应用,特别是互联网技术的发展,计算机已经成为了人们日常生活中的重要工具。计算机最终用户使用键盘和鼠标等外设与计算机交互,通过操作系统提供的用户界面,启动执行应用程序或系统命令,从而完成用户任务。因此,最终用户能够感知到的只是系统提供的简单人机交互界面和安装在计算机中的相关应用程序。

一、计算机在不同人员眼里的存在

1.计算机在系统管理员眼中的存在

系统管理员作为管理和维护计算机系统的专业人员,相比于普通的计算机最终用户而言,对计算机系统的了解要深入得多。必须能非常熟悉操作系统提供的有关系统配置和管理方面的功能、系统管理员必须能够解决,很多普通用户解决不了的问题,还要必须能安装配置、维护系统的硬件和软件,能建立和管理用户账户,需要时能够升级硬件和软件,备份和恢复业务系统和数据等,软件配置和系统管理层面以及相关的使用程序,系统管理员能感知到的是系统中部分硬件层面,以及相关实用程序和人机交互界面。在开发操作系统,编译器和实用程序等系统软件时、需要能够熟悉计算机底层和相关硬件和系统结构,甚至还需要直接与指令系统和计算机硬件打交道。比如:"对各种控制计算器 I/O 接个口、用户可见集成器直接进行编程和控制、所以系统程序员有时还要直接用汇编语言等低级程序,设计语言编写程序代码,必须熟悉指令系统、及其结构和相关几期功能特性"。

2.计算机在应用程序员眼中的存在

计算机系统除了计算机硬件、操作系统提供的编程接口(API)、相应的程序语言处理系统和人机交互界面、还包括实用程序,这是应用程序员所看到的计算机系统。高级程序设计语言

（High level programming language）是指面向算法设计得较接近于日常所用的英语书面语言的设计语言,例如 BASC、C、FORTRAN、java等,所以大多应用程序员使用高级程序设计语言编写程序。

3.系统程序员的程序开发与执行过程

程序的开发和执行设计计算机系统的各个不同层面,因为计算机系统层析话结构的思想体现在程序开发和执行过程的各个环节中。程序开发通过程序编辑软件得到 hello.C 文件。Hello.c 在计算机中以 ASCII 字符方式存放。然后再将 hello.c 进行预处理、编译、汇编和连接,最终生成颗执行代码文件。

计算机的控制器自动执行的是指令,每条指令由操作码和地址码两部分组成,操作码是指出操作类型,地址码之处操作数的地址。执行程序世纪上是执行一个指令序列。也就是说不管用什么高级语言编写的程序都能够转换为一个指令序列才能在计算机上执行。任何高级语言源程序和汇编语言源程序都必须转换为机器语言程序才能被计算机执行,通常这种进行转换的软件被称之为"程序设计语言处理系统"。应用程序员和系统程序员都是借助"程序设计语言处理系统"来开发软件。任何一个语言处理系统,都包含一个翻译系统, 它能够把一种编程语言表示的程序转换为等价的另一种编程语言程序。

4.翻译程序有以下三类

（1）汇编程序:也称汇编器,涌来将汇编语言源程序翻译成机器语言目标程序。

（2）解释程序、也称计时器,涌来将源程序中的语句按其执行顺序逐条翻译成机器指令必过立即执行。例如,BASIC 解释程序直接气功 BASIC 源程序执行,不生成目标程序。

（3）编译程序:也称编译器,涌来将高级语言源程序翻译成汇编语言或机器语言目标程序。

在计算机技术中, 一个存在的实物或概念从某个角度看似不存在,成为透明性现象。通常,在一个计算机系统中,系统程序员所看到的底层机器级的概念性结构和功能也行对高级语言程序员（通常就是应用程序员）来说是透明的，即看不见的。一个计算机系统可以认为是由各种硬件和各类软件采用层次化方式构建的分层系统，不同用户工作在不同的系统结构层。因此：系统管理员工作在操作系统层所看到的是配置了操作系统的虚拟机器，汇编语言程序员工作在提供汇编程序的虚拟机器，应用程序员大多工作在提供翻译器或者解释器等翻译程序的语言处理系统中，最终用户则工作在最上面的应用程序层。

二、系统结构层

1. 分层次教学

分层次教学的指导思想是教师的教要适应学生的学，而学生是有差异的，所以，教学也应有一定的差异。根据差异，学生可以分为不同的层次，教学也可以根据不同的学生层次进行分层，教学要最大限度地开发利用学生的差异，促进全体学生的发展。分层次教学是一种重视学生间的差异，强调教师的"教"一定要适应学生的"学"。教学中要针对不同层次的学生的实际，在教学目标、内容、途径、方法和评价上区别对待，使各层次学生都能在各自原有基础上得到较好的发展的课堂教学策略。

分层次教学的思路是教师在教学活动中要以学生为主，学生基础是不完全相同的，有差异的。所以要依据差异把学生分成不同的层次，再根据相应的层次来设计教学，最终达到全体学生都能掌握基本知识和基本操作，又能顾及优等生，让他们都学有所得。

2. 分层次教学的设计

结合自己几年的教学实践，本人找到了适合高职院校计算机基础的教学方法——分层次教学。分层次教学既解决了对大一新生由于开学晚、课时少、知识点多的问题，又调动了学生学习的积极性、主动性及参与性，以学生为本，形成了师生间的良性互动。教师根据学生的实际把学生分为不同的层次，再根据教学标准分层备课，接下来就是重要的环节分层授课，最后是分类指导，加强对不同层次学生的指导,促使学生由低到高的转化,使整个班级计算机基础课程的成绩整体提高,参加省计算机一级考试的通过率、优秀率都大大的提高。分层次教学避免了部分学生上课无所事事,让班级全体学生都学有所成,极大的优化了师生关系,同时也使教师上课有的放矢、教学目标明确,加大了教学的内容也增强了学生的学习信心,有利于提高教学的效率和质量。

3.采用分层次进行教学的过程为:学生分层、分层备课、分层授课、分类指导四个环节。

(1)学生分层

采用分层教学,首先就要对学生进行分层。我的做法是先一到二次课不分层,而是在前一到二次课中了解学生的现状,做到心中有数,再对学生提出分层教学的思想。根据不同班级的情况可以给出不同的层次。例如可分为 ABC 三个层次,让学生自己来选。A 层(优)基础好,接受能力强,有一定上升空间的学生;B 层(中)基础一般,自觉有上进心的学生;C 层(差)基础不好,接受能力不强,没有上进心的学生。根据经验 ABC 的比例控制在 2∶6∶2 比较适合。上机课时各层次可以合理搭配组成学习小组。分层是动态的, 在 15 周的教学过程中,学生可以有 2 到 3 次动态的调节过程,好的学生可以上升一层,成绩下降的学生可以下降一个层次,但在分层中要充分尊重学生的意愿,不能伤害学生的自尊心,老师要在分层中起到辅助的作用。

(2)分层备课

学生分层之后,必须对不同层次的学生进行分层备课,可以根据计算机基础课程标准提出"全体"、"优"、"差"三个层次的要求。在上机课时也可对不同层次的学生设计不同的上机任务, 达到全体学生共同进步的目的。例如,对 A 层学生可以提出创新要求,对 B 层学生要求熟练掌握基本的操作, 对 C 层的学生要求掌握基本的操作。整个教学目标以达到省计算机一级考试要求为主。

(3)分层授课

分层教学过程中以分层授课最为关键。如果这一环节处理不好,整个分层教学就会流于形式,起不到作用。当然这也对教师提出了较高的要求。整体授课过程要以 B 层学生为主,讲课面对全体学生,又要顾及 A 层和 C 层的学生,让所有的学生都有收获、达到知识的传授。在上机课时对不同层次的学生设置不同的任务。对 B 层的学生安排基本的任务,C 层学生减少操作任务,A 层适当增加任务。使不同层次的学生都能满足自己的需求,之后在综合实验时再逐步提高。不可以一下子就达到省计算机一级考试的要求,根据自己的经验,如果分层授课处理的好,省一级考试可以实现 100%的通过。

(4)分类指导

分类指导主要体现在答疑和上机课,我的做法是在上计算机基础第一次课时就把自己的电话、QQ、办公室、网络资源地址统统告诉学生,只要学生有疑问可以随时与老师沟通。为了弥补计算机基础上机课时少,课下可以给学生留作业,定期检查,如果有共性的问题,上课时可以一并解决,个别问题可以在课间或上机时来解决。在设计上机任务时要充分考虑梯度性,降低切入点、降低难度,让大部分学生都能收获成功的喜悦。对于学生多表扬,发现他们的"闪光点"并给予肯定,循序渐进地训练他们,使他们不断地进步,从而整个班级集体进步。

分层教学虽然有它好的方面,但在整个操作过程中,对教师提出了较高的要求,上述四个环节都不是很好把握的。根据不同的班级情况,操作步骤也不是一直不变的。我也是在经过近 5 年的教学经验的积累和发掘中才有一点点的体会,还有整个学校要进行分层教学,由于不同的院系、不同的专业,整个学校的分层还没有实现。只能在自己所上的班级小范围的进行,但也不尽如人意。比如,今年我上一个中外合作班的计算机基础,学生就没有办法分层,学生学习上进心都不高、上课纪律差、上机出勤率不高,以至于分层次教学没有办法实施。

分层次教学在具体的实施中是有一定难度的。对于不同的课程实施的环节也不尽相同，对于同一门课，不同的教学方法也可以相互补充。分层次教学的应用有待于在以后的教学过程中继续改进与探讨。

学校计算机基础教育的重要性在信息社会里，对信息的获取、存储、传输、处理、和应用能力越来越成为一种最基本的生存能力，也正在逐步被社会作为衡量一个人文化素质高低的重要标志之一。虽然，当前具体的教学方案有必要通过相关课程的设置得以实现，但课程的安排只是必要条件，最关键的仍然是通过学生的具体实践来改善教学效果。计算机基础课程的教授关系到高层次计算机技术学习的效果，应当受到学校有关方面的重视。在学生中开展计算机专业教学，需要改变教学手段，充分发挥互联网技术的交互性，在课堂中增加学生的实践能力。

4.多层次计算机教育教学平台的实现

根据教育教学平台的分析不难发现，在四大层次的计算机教育中，我们在构建教学体系中需要对三个部分进行把握。第一部分是绝大部分学生均需要的计算机基本操作以及一般网络应用的基础知识；第二部分则是面向不同市场需求的各特定专业计算机技术的教授和培训；第三部分则是对网络技术进行开发的高级网络工程课程安排。

5.多层次教育教学平台的学生知识体系构建

多层次教育教学平台虽然在教学原则上有着一致性，但是在实际操作中对各层次的人才有着不同的要求，这首先在课程安排中得到体现。

总的说来，我国高校所开设的计算机专业相关课程主要有四大门类，并且根据学生不同的需求以及专业层次进行分类。学习计算机专业的学生则需要掌握特定的计算机技术以及软件的开发或者操作等方面，对这一层次的学生进行教学需要安排大量的计算机课程，并且能够根据其未来就业方向做出调整。对于理工科学生,我们需要安排基本层次的计算机课程,这涉及到一系列工程研究软件的应用。而对于文科学生而言,必要的办公软件就能满足其要求,故采用一般的课程层级安排。计算机专业的学生学习的东西较为宏观,在技术层面涉及较少,而其他专业仅仅是掌握一些入门的技术和软件使用。

在网络工程专业课程的安排中,这些课程还能分为三个层级,分别是计算机网络理论、网络技术、网络设计与应用。在网络设计与应用中,门类分布广泛,除了上述一些课程安排,还有网站建设与维护、计算机网络课程设计等同其他行业或者专业相关的技术课程,这在下文会有所提及。因此,多层次的计算机教育教学平台并不是封闭的,在各层级的交互中会有所体现。并且在专业的学习汇总,需要遵循由理论到实践的学习步骤,对学生的基础知识、软件使用以及软件设计均有需求。但是由于当前各专业人才的培养逐渐走向专业化,文科类以及理工科类等非计算机、网络专业课程需要重新设置和安排。

6.多层次教学实验设计

在各课程的教学安排中,具体实验课程占据了重要地位。目前,在计算机公共课程安排中,会根据各具体专业进修专业应用课程实验。对于工科学生而言,在教学设计中应当专注于图形设计以及编程等课程安排。此外,教师教学还需根据我国计算机等级考试中的笔试以及操作测试进行教学实验设计,提供更符合市场需求的专业人才。文科类的学生在利用互联网检索信息方面的需求比较高,因此在设计教学实验中,需要对此进行专项训练,以满足其专业需求。

三、多层次的计算机教育原则

1.对计算机理论以及基本概念的重视

作为一门实践性很强的课程,计算机技术必须在实践运用中加以掌握。但是科学运用计算机处理日常事务则需要具备相关的计算机基础理论以及基本概念,这是各层次的计算机教学中所必须重视的。由于计算机技术具有更新快的特殊性，教学内容的变化日益加快，在这一变化中掌握计算机技术尤其需要对基本理论的了解，如此才能在熟练的操作中掌握这一技术。根据目前的高校计算机公共课安排，计算机基础理论以及基本实践操作占据了很大一部分的学分，该课程的安排则体现了对基础理论和基本概念的重视。

2.以培养学生实践能力为主

所谓计算机实践能力，是对学生通过计算机操作来解决实际日常生活以及工作中出现的问题进行分析，以此得出计算机专业能力。对于普通的文员而言，熟练的掌握办公软件则能够满足其大部分要求。对于图像编辑人员而言，一些专业的图形处理软件则是其学习的核心。因此在各专业的课程安排之时，虽然会有不同，但是其课程实践的本质不会有所改变。此外，掌握计算机技术的根本还在于对信息的接收和处理，如此才能跟上信息时代的变化发展。

3.课程教学中的多媒体应用

由于计算机技术在教学技能中的特殊要求，广大计算机专业教师能够很好地掌握多媒体设备在教学中的应用。因此，当前高校教育中非常重视交互性的教学体验，并且能够集成图像音频等教育教学信息，在教学中可以发挥学生的主体性。

在全日制高校计算机教育体系中，根据各专业能力的要求，多层次的计算机教育课程在各专业中得以实行。这一教学平台主要根据学生的计算机应用能力以及一系列的教育因素而构建，通过各科计算机技术课程来满足学生实际需求，能够适应当前市场对人才的需求。由于各专业人才对计算机技术的不同需求，我国高校的计算机教育体系在课程分布和安排时会做一定的安排，这一安排直接体现为多层次教学平台的构建。在构建这一平台时，我们需要对各专业学生的能力以及对计算机技术的需求做一定分析，并应当从其知识结构着手，使得计算机教育具有针对性和实用性。

现代计算机的发展历程可以分为 2 个时代：串行计算时代和并行计算时代。并行计算是在串行计算的基础上发展起来的。并行计算将一项大规模的计算任务交由一组相同的处理单元共同完成。在此期间，各处理单元相互通信与协作，从而获得更高的效率。体系结构的发展是每个计算时代到来的重要标志，其次才是基于该结构的系统软件（尤其是操作系统和编译软件）、应用软件的发展，最后随新问题的发生发展解决达到顶峰。

计算机体系结构是选择并相互连接硬件组件的一门科学和艺术，在人们不断探索研究的过程中，一直在追求计算机的功能、性能、功率以及花费的高度协调，以期达到各方面的最佳状态，在花费、能量、可用性的抑制下，实现计算机的多功能、高性能、低功率、少花费的一个新时代。根据当前体系结构的发展现状，要实现以上全部要求的一台计算机，还存在着诸多的限制条件，包括逻辑和硬件上的两方面限制条件。

现如今，随着其他领域，包括数据存储处理、计算机网络、移动平台等的飞速发展，给计算机体系结构的设计带来了新的挑战也提出了新的要求，除了需要解决历史发展中的遗留问题外，还需融入新的功能。总之，未来计算机系统结构的发展值得期待。

四、计算机体系结构的历史发展

计算机已有近 70 年的发展史，一般认为经历了 5 代的发展，主要都是以硬件技术的发展为标志的。其中最蓬勃的时期，当属 1946 年 ISA 计算机提出的最早时期到 1972 年 CRAY_1 问世的这一段时间，因为自此期间出现的技术及结构，几乎囊括了迄今为止所有的新技术、新结构。从 1973 年开始，因 LSI/VLSI 技术的发展和成熟，微处理器及微型计算机纷纷引入该技术，使得计算机技术一时间广泛应用于各个领域，于是计算机应用开始呈现出前所未有的繁荣景象。虽然如此，计算机的发展单从体系结构来看并没有发生革命性的变化，已被提出的体系结构和所谓非冯·诺依曼结构的并行处理，通常也没有完全脱离冯?诺依曼的基本思想，不过是多个冯·诺依曼部件的重复。人们尚需不断创新和努力,才有可能从本质上革新计算机体系结构。

1. 冯·诺依曼结构的发展

最初的冯?诺依曼结构计算机的主要特点:包括运算器、控制器、存储器以及输入/输出设备五大部分,其中运算器为中心。存储器是一维顺序模型,含有定长存储单元,访问需按地址。一个存储器同时存储程序和数据,指令和数据具有相同的地位。

采用存储程序并顺序执行的思想,由程序控制器控制按序指,当遇转移指令时改变指令执行顺序程序和数据均采用二进制编码及二进制运算。

最初的计算机,元器件可靠性较低,因而采用冯·诺依曼结构是较为合适的,它作为所有串行算法的基础,在过去、目前以及未来相当长的一段时间,都将作为计算机体系结构的主要模式,影响着计算机的发展。

改进的冯·诺依曼体系结构计算机的主要特点:以存储器为中心,外部设备与中央处理的运算以及不同的外设之间均采取并行方式。为缩小数据结构和算法之间的语义间隔,增加了新的数据表示,包括:常数、浮点数、字节、字符串、可变长 10 进制、队列等。引入堆栈,更加方便实现与链接相关的操作以及程序载入、递归计算等。为访问复杂数据结构对象引入变址寄存器,并增加了间接寻址方式;为解决 CPU 和内存间信息交换的速度不匹配问题,增加 CPU 内的通用寄存器数量;为减少 CPU 与主存的信息交换频率,增加高速缓冲器 Cache,形成三级存储结构;为提高处理器的吞吐量和效率,采取先行控制、指令重叠、流水线等技术,在指令内、指令间、任务间、作业间等不同层次上开发并行性。

提高存储器带宽,采用存储器交叉访问等技术,使程序和数据的存储空间分开,以增加存储器带宽;采用页式存储管理及段式存储管理等虚拟存储技术,使计算机运行方式上从单作业单通道处理发展为批处理、多道程序处理等。改进的冯·诺依曼结构计算机的能够很好地进行较大规模的数值计算和数据处理，但还不能很好地对图像和自然语言数据对象等进行处理。

2.并行处理结构的发展

虽然计算机性能的提高很大程度上取决于元器件的发展，但是另一方面，体系结构的发展也扮演着相当重要的角色。尤其是并行技术的引入和发展。并行性包括时间并行性和空间并行性两部分。一般时间并行性的开发采用资源共享和时间重叠的方法，而空间并行性的提高则采用资源重复的方法。由于并行性的开发体现在计算机的不同硬件不同层次结构上，这里只针对存储系统的并行性进行讨论阐述。

在双核系统还未出现的早期，并行技术主要应用于单机系统。微指令、指令、程序等不同粒度的流水线，多道程序设计，多功能部件，以及向量处理机等技术的发展，一时间单处理机系统的吞吐量和其他性能达到几乎饱和的状态。问题规模的持续扩大催生了多处理器系统的发展，同时也导致了共享存储结构(SMP)的产生。

SMP采用多处理器共享内存的方式，同时也采用高速缓存的多级存储结构，提高处理器访存速度。然而这必将出现访问冲突问题。为进一步提高SMP结构的并行规模和系统性能，有如下几种策略解决该问题。

分布存储多处理机结构(DMP)，又称为非共享存储结构，它利用资源重复的并发性策略，使各处理器节点并发地访问分布的存储器。其特点是主存分布，不共享。然而这种存储结构存在地址空间的不连续问题，造成单处理器程序向DMP上移植的困难性，加大了程序员在该结构上编程的难度，因而DMP在主流机上很快消失。

非一致存储访问(NUMA)结构，把实际分布的各存储器看成连续的存储的空间，解决了DMP地址空间不连续的问题。其特点是物理上分布存储，逻辑上统一编址，存储器共享，Cache不共享。由于Cache不共享，又会导致Cache一致性问题。

大规模并行处理(MPP)结构,其特点是不共享存储器,各处理器节点独立工作,只交换必要的信息,即打包的数据和程序,这样就能够彻底解决 Cache 一致性的问题。MPP 可方便扩展节点,具有很好的伸缩性。目前优选的节点通讯互联网络有超立方体和网络加"虫蛀式"路由,均难以解决系统效率的问题。然而这种不共享的方式,导致数据流路径选择困难,可编程性大大降低,程序执行效率也随之下降。鉴于 MPP 结构的这些特点严重制约了并行技术的发展, 人们将焦点再次聚集到解决 NUMA 结构 Cache 一致性的问题上来,产生了 Cache 一致性 NUMA 结构——CC—NUMA。

目前, 大规模并行结构尚有三大难题:节点负载均衡问题,Cache 一致性问题和通讯同步问题,均为全局优化问题。一系列并行处理结构的发展,说明大规模并行处理结构并没有新东西,实属无奈和被动。冯·诺依曼结构的一维顺序存储模型严重地制约了并行体系结构的发展, 在此基础上进行并行性的挖掘只能有限地提高计算机性能。

五、计算机系统结构的新技术

Cell 和多核等新型处理器结构带来新的方向。现代科技对科学计算的精度要求日益提高,处理问题的规模也日益扩大,这些都加快了计算机体系机构的发展。由于微电子技术发展的制约以及单机并行处理结构的限制,计算机系统结构发展有了新思路,即 Cell 和多核架构技术。

Cell 采取单芯片多核处理单元的结构,共享存储器资源被多个处理单元共享。Cell 采用的是称为协处理器的技术,并依靠多个处理单元并行来提高运算速度。Cell 架构的综合效率高、功耗低、可扩展性好,因此被广泛应用在服务器、大型机、移动设备等应用环境。Cell 的可移植性也值得一提,不同的机器虽然频率和内核数量等参数可能不同, 然而在同款机器上开发的程序, 仅需改变相应的参数, 即可被一直到所有机器上运行。正是由于 Cell 极佳的可移植性,Cell 可以方便使用相同架构的移动设备和服务器的通信和资源的共享,从而使得网络资源整合成为可能,为电子信息网络变革带来福音。

与 Cell 架构不同,多核处理器的出现则是另一种计算方式的体现。从多核处理器出现开始,多核处理器逐渐发展,已经从仅限于高端服务器演变为在 PC 机中普及,从而使 PC 机也演变为并行计算机,多核处理器由此占据大部市场。由此带来的是利用多核优势进行并行程序设计的研究。多核设计也使得摩尔定律转变为基辛格定律成为可能。英特尔、AMD、IBM、SUN 公司等计算机行业巨头均相继推出各自的多核处理器,从双核到四核,从四核到八核,升值 96 核,192 核的芯片也相继诞生,预计千核处理器也有望在 2020 年诞生。由此衍生出基于多核技术的高性能计算领域的发展。

六、可重构计算技术带来新的亮点

过去的计算机硬件由于采用固化方式,硬件仅能使用一种环境,环境变更必将造成大量电子垃圾的产生,不利于可持续发展。可重构计算技术的出现,则很好的解决了这一问题。可重构计算采用 FPGA(现场可编程门阵列)和 CPLD 编程技术等底层技术实现硬件可编程,继而可以根据不同计算任务需求实时改变硬件的结构以满足实际应用环境中的多元性和可变性,进一步提高了计算机的性能。

可重构计算技术主要应用在处理器芯片体系结构设计中,其基本目标是支持不同类型的并行性计算模型以达到不同级别的高性能,并提高芯片上硬件资源的利用率。该技术的基本实现思路是动态配置芯片上大量的处理单元、存储单元和互联结构。由于可重构计算技术能够很好地把握半导体技术发展的内在动力,采用该技术的多型微处理芯片体系结构不仅能够适应应用环境的多样性,同时还降低了设计复杂性、成本、功耗,提高了资源利用率和系统可靠性。该技术的应用,使得传统处理器芯片设计过程中的指令集体系结构和微体系结构的设计和实现也发生了相应的巨大变化。

可重构计算技术在很大程度上降低了计算机硬件的复杂度，因为硬件也被赋予了软件特性，变得可"编程"，因而也就具有高计算能力和低硬件复杂度。在这类单片系统上开发各种类型的应用，同时根据应用本身的并行性特征，采取体系结构模型的资源重复技术并进行动态配置，进而达到提高计算机系统性能，减低设计复杂度和功耗的目的。

七、可重构技术与多核技术的融合

冯? 诺依曼体系结构在过去的计算机体系结构发展中一直占据着主导地位。同时，计算机硬件和软件，尤其是 CPU 和存储技术也在不断发展着。随着信息时代的到来，现有的技术也许远无法满足人们的需求。网络环境和信息化社会使得计算机的应用需求从简单的科学计算、资源共享功能的需求逐步发展为对大规模不同类型数据信息进行处理、智能升级等能力的需求。可重构技术与多核技术作为基础，比将带动计算机体系结构的后续发展。对于未来计算机系统结构发展，有学者提出以下几个方面的构想：(1)CPU 将发展为 Cell 结构和多核结构融合结构，即多 Cell 结构处理器；(2)信息通路取代存储器，成为体系结构的中心；(3)计算机的构成部件由冯?诺依曼体系结构五大部件转变为由多个信息处理节点构成，且每个节点的智能化和集成化程度逐步提高；(4)硬件设计也将被纳入程序设计的范畴；(5)生产商提供中间件，用户无需关心程序设计本身，从而获取更好的体验感。

1.2 计算机网络的分类

计算机网络的分类方式有很多种，可以按网络的覆盖范围、交换方式、网络拓扑结构等分类。

一、根据网络的覆盖范围进行分类，我们可以分为三类：局域网 LAN（Local Area Network）、广域网 WAN（Wide Area Network）和城域网 MAN（Metropolitan Area Network）。

1.局域网 LAN：

局域网用于将有限范围内（如一个实验室、一幢大楼、一个校园）的各种计算机、终端与外部设备互联成网。局域网按照采用的技术、应用范围和协议标准的不同可以分为共享局域网与交换局域网。局域网技术发展迅速，应用日益广泛，是计算机网络中最活跃的领域之一。

局域网的特点：

限于较小的地理区域内，一般不超过 2km，通常是由一个单位组建拥有的。如一个建筑物内、一个学校内、一个工厂的厂区内等。并且局域网的组建简单、灵活，使用方便。

2.城域网 MAN

城市地区网络常简称为城域网。目标是要满足几十公里范围内的大量企业、机关、公司的多个局域网互联的需求，以实现大量用户之间的数据、语音、图形与视频等多种信息的传输功能。其实城域网基本上是一种大型的局域网，通常使用与局域网相似的技术，把它单列为一类主要原因是它有单独的一个标准而且被应用了。

城域网地理范围可从几十公里到上百公里，可覆盖一个城市或地区，分布在一个城市内，是一种中等形式的网络。

3.广域网 WAN

广域网也称为远程网。它所覆盖的地理范围从几十公里到几千公里。广域网覆盖一个国家、地区，或横跨几个洲，形成国际性的远程网络。广域网的通信子网主要使用分组交换技术。广域网的通信子网可以利用公用分组交换网、卫星通信网和无线分组交换网，它将分布在不同地区的计算机系统互联起来,达到资源共享的目的。

局域网的范围在 2 km 内,同一栋建筑物内或同一园区,传输速度快(10M/100M),成本便宜。

城域网的范围比局域网的大,2~10 km,同一都市内,但传输速度比不上局域网,属于中等,成本也较昂贵。

广域网是三个网中范围最大的,10 km 以上,可跨越国家或洲界,可传输速度是最慢的,成本很贵。

原因关键在于:传输距离不同,技术不同,性能和成本也不同。

二、按交换方式进行分类,我们可以分为三类:电路交换、报文交换、分组交换。

1.电路交换

最早出现在电话系统中,早期的计算机网络就是采用此方式来传输数据的,数字信号经过变换成为模拟信号后才能在线路上传输。

2.报文交换

是一种数字化网络。当通信开始时,源机发出的一个报文被存储在交换器里,交换器根据报文的目的地址选择合适的路径发送报文,这种方式称做存储—转发方式。

3.分组交换

采用报文传输,但它不是以不定长的报文作为传输的基本单位,而是将一个长的报文划分为许多定长的报文分组,以分组作为传输的基本单位。灵活性高且传输效率高。

这不仅大大简化了对计算机存储器的管理,而且也加速了信息在网络中的传播速度。由于分组交换优于线路交换和报文交换,具有许多优点,因此它已成为计算机网络的主流。

三、按网络拓扑结构进行分类,我们可以分为五类:星形网络、树形网络、总线形网络、环形网络、网状网络计算机网络的物理连接形式叫做网络的物理拓扑结构。连接在网络上的计算机、大容量的外存、高速打印机等设备均可看作是网络上的一个节点,也称为

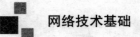

工作站。

1.星形拓扑结构

星形布局是以中央结点为中心与各结点连接而组成的，各个结点间不能直接通信，而是经过中央结点控制进行通信。这种结构适用于局域网，特别是近年来连接的局域网大都采用这种连接方式。这种连接方式以双绞线或同轴电缆作连接线路。

星型拓扑结构的优点是：

安装容易,结构简单,费用低,通常以集线器(Hub)作为中央节点,便于维护和管理。中央节点的正常运行对网络系统来说是至关重要的,便于管理、组网容易、网络延迟时间短、误码率低。

星型拓扑结构的缺点是：

共享能力较差、通信线路利用率不高、中央结点负担过重。

2.环形拓扑结构

环形网中各结点通过环路接口连在一条首尾相连的闭合环形通信线路中，环路上任何结点均可以请求发送信息。请求一旦被批准,便可以向环路发送信息。

一个结点发出的信息必须穿越环中所有的环路接口，信息流中目的地址与环上某结点地址相符时，即被该结点的环路接口所接收，而后信息继续流向下一环路接口，一直流回到发送该信息的环路接口结点为止这种结构特别适用于实时控制的局域网系统。

环型拓扑结构的优点是：

安装容易,费用较低,电缆故障容易查找和排除。有些网络系统为了提高通信效率和可靠性，采用了双环结构，即在原有的单环上再套一个环，使每个节点都具有两个接收通道，简化了路径选择的控制、可靠性较高、实时性强。

环型拓扑结构的缺点是：

结点过多时传输效率低、故扩充不方便、总线形拓扑结构、用一条称为总线的中央主电缆，将相互之间以线性方式连接的工作站连接起来的布局方式称为总线形拓扑。

3.总线形拓扑结构

用一条称为总线的中央主电缆，将相互之间以线性方式连接的工作站连接起来的布局方式称为总线形拓扑。总线拓扑结构是一种共享通路的物理结构。这种结构中总线具有信息的双向传输功能,普遍用于局域网的连接,总线一般采用同轴电缆或双绞线。

总线拓扑结构的优点是:

安装容易,扩充或删除一个节点很容易,不需停止网络的正常工作,节点的故障不会殃及系统。由于各个节点共用一个总线作为数据通路,信道的利用率高。

结构简单灵活、便于扩充、可靠性高、响应速度快;设备量少、价格低、安装使用方便、共享资源能力强、便于广播式工作

总线结构也有其缺点:

由于信道共享,连接的节点不宜过多,并且总线自身的故障可以导致系统的崩溃。总线长度有一定限制,一条总线也只能连接一定数量的结点。

4.树形拓扑结构

树形结构是总线形结构的扩展，它是在总线网上加上分支形成的,其传输介质可有多条分支,但不形成闭合回路。树型拓扑结构就像一棵"根"朝上的树,与总线拓扑结构相比,主要区别在于总线拓扑结构中没有"根"。这种拓扑结构的网络一般采用同轴电缆,用于军事单位、政府部门等上、下界限相当严格和层次分明的部门。

树型拓扑结构的优点:优点是容易扩展、故障也容易分离处理,缺点是整个网络对根的依赖性很大,一旦网络的根发生故障,整个系统就不能正常工作。具有一定容错能力、可靠性强、便于广播式工作、容易扩充树型拓扑结构的缺点:联系固定、专用性强。

5.网状拓扑结构

将多个子网或多个网络连接起来构成网际拓扑结构。在一个子网中,集线器、中继器将多个设备连接起来,而桥接器、路由器及网关则将子网连接起来。

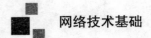

网状拓扑结构的优点：

可靠性高、资源共享方便、有好的通信软件支持下通信效率高

网状拓扑结构的缺点：

贵、结构复杂、软件控制麻烦。

1.3 计算机网络的结构

一个完整的计算机网络系统是由网络硬件和网络软件所组成的。网络硬件是计算机网络系统的物理实现,网络软件是网络系统中的技术支持。两者相互作用,共同完成网络功能。

网络硬件:一般指网络的计算机、传输介质和网络连接设备等。

网络软件:一般指网络操作系统、网络通信协议等。

一、计算机的硬件结构

随着社会进步和信息化时代的发展，计算机应用能力变得越来越必要。如何掌握计算机相关知识也成了大家关心的话题。在计算机的硬件知识体系中,知识点纷繁复杂,因此,构建合理的计算机硬件知识体系框架有重要意义。笔者就如何构架计算机硬件知识体系框架几点浅薄的认识:

(一)计算机硬件知识体系的特点

1.硬件知识整体性强、富有层次性

计算机硬件知识的许多知识点都是密切相关的,相互影响的。在某个知识点的掌握程度和理解如何直接影响着对其他知识点的把握,如门阵列控制器就一知识点的学习就需要有"可编程阵列逻辑"为基础。除此之外,富有层次性也是硬件知识体系的一个重要特点。比如在计算机硬件的设计中,就需要经过三个过程,从概念结构到逻辑结构,再到物理结构,这三个模块层次分明。

2.计算机硬件知识体系的特征

一般而言，计算机的硬件知识点难度都不小，如在存储系统中,就会涉及局部的存储和访问,以及如何精心相关的替换算法和存储系统的应用诸多问题。同时,计算机硬件知识的理论知识和实际的要求却相差甚远,例如说电脑中都会有 CPU 这一核心配置,但我们却很难看到 CPU 的具体内部结构。

3.知识体系的重点和界限变化快

以往的硬件知识体系培养的是人们设计电脑硬件的能力和底层使用的硬件,而从上世纪八十年代后期开始,硬件知识体系则是以嵌入式系统的设计、软件和硬件的结合为目标。同时,硬件知识的重点也有了很大改变,同时,界限也在变化。

(二)计算机硬件知识体系结构框架

1.计算机硬件知识的教学目标

计算机硬件知识的教学目标主要有以下三个:让学生掌握相关的计算机硬件知识,为以后的计算机软件和其他知识的学习奠定基础;学会嵌入式系统的相关技术和设计方法;形成能够直接以已有的基础知识来运用计算机。计算机硬件所研究的包括对计算机的工作原理、结构的分析和以及一些编程和技术的运用。

2.计算机硬件知识体系结构框架

计算机硬件的知识体系可以分成以下四种:工作原理知识系列、编程应用知识系列、组成结构知识系列和技术方法的知识系列。这四者的具体的构建方法和如何构建各有不同。比如说工作原理的知识系列通过一定手段让理论知识转化为现实,这可以通过一些相关的过程驱动、指令执行等来实现;而编程应用知识系列则不同,编程应用看重的是从基础知识到具体应用和操作的一种转变,编写程序可以通过一些特性结构、指令系统等来实现。具体来说:

工作原理的知识系列的重要内容是计算机的组成和结构方面的一些知识,它是计算机硬件的基础知识,也是重要根据。工作原理相关的主要知识包括:顺序程序驱动的含义和重要性、电脑指令的表现形式、控制器的使用以及程序设计的一些基础知识。

作为计算机硬件知识体系中的核心,组成结构方面的知识对于计算机的使用有着十分重要的意义。组成结构方面的知识涵盖了计算机的组成原理、数字逻辑和系统结构等多方面的知识，如运算器和逻辑代数等重要部件的设计方法和相关的存储系统等。

除了以上两种知识系列，编程应用知识系列也是重要的知识系列之一。编程应用是计算机硬件技术的目标之所在，介绍的是汇编语言和相关的程序设计、计算机系统结构等相关内容，如指令系统、接口芯片和微型计算机的结构等都是编程应用知识体系中的重要知识点。

此外，作为计算机硬件技术的一大思路，技术方法的知识体系的重要性越来越受到肯定。技术方法方面的知识体系主要涉及了计算机组成原理、微型计算机的组成原理和相关的接口技术等，具体的包括数字指令的种类、流水线技术和互联网的网络技术等等。

（三）如何构建计算机硬件的知识体系结构

正如前面我们所提到的计算机硬件知识体系的四种系列，在构建相关的知识体系的时候也应当加以区别对待。

1.工作原理的知识体系的构建方法

在构建工作原理的知识体系时，应当本着从理论到实践的想法来构建。计算机硬件方面的知识有许多是理论性强，较抽象的，这就需要我们能将这个抽象转化为具体的操作。如计算模型本身是一个较抽象的概念，在这个概念的表达中，我们要加深对计算过程的程序和驱动的认识，以及加深对数字指令的发布和运行方面的认识，这样就能更加明白的理解该怎样通过控制计算机中的相关元件和配备来达到计算的目的。

2.编程应用知识体系的构建方法

在构建编程应用知识系列的锅中，要遵循从基础到应用的指导思想。我们直接通过给计算机指令来让机器运行，这时的计算机指令的能够发布和执行的基础就是计算机的外部特征，同时，机器之所以能够执行这些指令，依靠的又是在计算机里编写好了的程序，在这个基础上，计算机才能够计算和解决那些实际意义的应用难题。

3.组成结构知识体系的构建方法

和工作原理知识系列的构建不同的是，组成结构的知识体系应当遵循从部分到整体的方法。部分是局部的概念，要将部分纳入到整体中去。如逻辑元件是计算机系统中的最小组成单元，我们通过对逻辑元件等小的计算机器件的内部结构及其功能的认识，进一步能够加深对整个计算机操作系统的组成和功能设计等的认识，这就是通过部分认识整体的一个方面。

4.技术方法知识体系的构建方法

技术方法知识体系的构建应当遵循抽到到具体的转变。计算机的功能如何是计算机程序设计等的重要基础，概念性的结构较为抽象、不容易理解，而计算机的物理性结构则较为具体，因此，应当以某种逻辑形式或联系来将它们连接好。

总之，在计算机应用如此广泛的今天，如何掌握计算机的硬件和软件方面的必备知识是我们都需要关注的问题。因此，计算机硬件知识体系的构建也日益重要。笔者相信，在不断的探索之下，计算机硬件知识体系的结构框架会越来越完整。

那么如何保养和维护好计算机，我们才能尽最大的努力来使计算机的使用寿命得以延长，这是我们非常关心和经常面临的热点问题。文中就计算机硬件的基本维护的方法和计算机硬件的保养进行了简要论述。

（四）排除故障遵循的原则

营造良好的计算机工作环境，特别是要注意计算机工作的场所要尽量避免有灰尘以及要保持工作环境的干燥，以保证计算机电源供应的稳定性。一个无形的杀手对于计算机来说就是灰尘，天长日久计算机上的零件随着使用时间的推移，灰尘将覆盖计算机。那么多的灰尘把外部的设施和插分离，这样一来，我就将外的设备和空气分隔开来。而这样计算机的散热功能被损害，又会部分零件造成老化，一来，会使设备接触不到位等而大大的影响工作，状况不佳。

诸如以上所说，如果在过于潮湿的环境中，将会对主板产生接触不好等事故，更容易将其形状发生变化，你的计算机正常使用会受到很大的影响。我们在进行灰尘的清理过程中，要会识别指示灯和工作的状态进行正确的判断。

在计算机的各个环节和设备中都会存在着故障，所以要彻底地清除故障要进行细致的分析：(1)要有良好接触性：首先要想好是什么，为什么、如何解决如何处理。(2)要对观察到的现象，在处理时先查阅网上类似故障在定处理措施。(3)要认真分析故障，在进行判断时要根据自身已有的知识、经验去分析理解，如果自己不明白，要及时向有经验的人请教以求他们的帮助。

(五)排除故障的技巧

当我们认为计算机硬件有故障后，就要进行合理的故障排除和机器的维护，维护的具体方法如下：

要做到先看。我们要对计算机的周围环境和外界的环境进行仔细检查，即：室内、要认真检查插头插座接触情况、还要确认用户操作的方式是否合理。

要做到检查电源、部件。我们人所共知电源是最容易引起故障的根源。比如：电源的功率不充足，所输出得电流不正常这样将会导致故障的发生，所以在检查内存中的一些部件前，先必须检查电源有是否存在问题。

要做到先简后繁。当电脑发生故障时，我们要先从最简单的原因开始认真的检查，切不可操之过急，如看看数据线有没有问题；再看看插座有没有接触不良等现象。倘若简单方法检查完了还有问题，然后再考虑硬件。

要做到认真比较。不同设备工作的状态要靠我们进行认真的检测。如果是断定或猜测内存有问题，将一根内存条换上。最后进行仔细地查看是计算机系统是否恢复正常运行，假使有正常的、运行新系统在工作，就可以确定原内存有问题。我们运用这样比较的方法来进行猜测排查,双管齐下,这样判断准确无误。

细心地观察。就是要做到"用眼看、用鼻子闻、用耳朵听、用手摸"。用眼睛看就是要认真观察插头、插座是不是放得整齐、位置是不是合理,电阻、引脚是不是互相碰撞,表面有没有磨损现象。"听"就是监听电源及风扇、软硬盘电机或寻道机构的工作是不是正常的运行。"闻"就是要分辨主机、板卡中是不是有烧焦的气味存在。用手摸就是用手把住管座的芯片,芯片是不是松弛或者接触不好的现象存在。

总体来说,排除计算机的故障应该有一个合理有序的操作流程和原则,比如由易而难,有里而外;先检查环境状况,再确定电源是否有问题故障,最后再考虑是否应该拆箱和换相关的设备。这样自然会提高故障排查的效益。

(六)计算机硬件的日常维护与养护

保持洁净工作环境。计算机整机运行要有一个干燥良好通风的环境,这是至关重要的。计算机不要安置在灰尘的环境中,一个月最好能清理一下计算机机箱内的灰尘,来确保计算机的正常的运行。为了防患于未然,在日常的生活中尤其要注意:风道、风扇、插头、座、槽、等的清洁。

要特别注意大规模集成电路、元器件等引脚处的清洁卫生;在除掉灰尘时,要用小毛刷、吸尘器等,同时要仔细地观察引脚有没有潮湿的现象。如果比较潮湿,应该想方设法使其干燥后再继续使用。清洁时使用的工具,首先是要防静电。其次要是用金属工具进行清洁,切记要切断电源。在擦拭液晶显示器时尽量不要使用酒精或其他化学溶剂。计算机在工作的状态应保持通风的最佳效果,否则计算机内的线路板很容易腐蚀,造成板卡过早老化。

先查电源,后看机器。机器及配件的心脏是电源,假使电源不正常,就不能保证别的工作正常进行,也就没有办法检查其他的故障。凭借自己的经验,在机中占的比例最高的是电源的故障,有许多的故障常常是由电源引起的,所以先查电源将会收到事半功倍的效果。

及时拔下插座。我们检查故障的一种常用的、有效的检查方法就是要把插件板"拔出"或"拔入"。每拔出一块就要开机观察机器的运行状态,如果系统要正常,那么故障就在该插件上面。如果拔出所有插件板后系统仍然不正常,就保证事故很可能在主板的上面。平时碰到最多的是随意热插拔部位,这会给造成接口严重的损坏,较为严重时会使相关芯片或电路板烧掉毁灭。

普通用户使用规则。个人办公娱乐所需要的工作环境要保持温度,工作的时间不能持续太长,温度控制在 75 以上。反之,如温度偏低,计算机的各种零件间就会产生接触不良的结果,从而导致计算机不能正常的工作运行,如果条件允许的话,特别是要在计算机的房间里装上空调,环境温度是保证计算机正常运行的前提条件。而最好的保护设备是风扇,它主要起到了降温除尘的作用,要定期保养。

硬盘是数据存储的标准设备。硬盘是非常容易损坏的设备,但对计算机用户来说非常重要,所以我们要从硬盘维护着手,在硬盘的使用时间上要尽量降低,不要做一些磨损硬盘工作的举动。如果有较大的震动发生,就会发现磁头与盘片的碰撞,从而会导致硬盘损坏严重的现象发生。所以,我们最好不要将正在运行的计算机移动到别处,另外,硬盘在移动或装运时最好用比较柔软的物品进行包装起来,从而保护它不受损坏,尽量避免较大的震动。

要有良好的环境系统。要想减少电网供电及计算机本身产生的干扰就是要良好的接地系统,这样可以减少或避免计算机系统数据出现故障,以此来很好地保护计算机的各个系统。

综上所述:计算机现在已经成为我们密切生活的伙伴,在平时使用与保养时,要认真学习计算机的维护知识,要学会自己保养计算机,更为主要的是能让计算机正常运行,让计算机为我们的日常工作和娱乐提供有力的保障,让我们通过计算机能了解更多的计算机专业知识,拓展视野,提高自我的能力,使计算机真正成为我们工作、学习、生活中的好助手,使它发挥出计算机最大的功效。为我们的工作保驾护航,人们不难相信计算机硬件的发展前景会更加璀璨。

（七）计算机硬件维护原则

1.在检测前应该进行必要的清洁

计算机的本身工作环境在一定的程度上对于计算机在工作时产生的效率起着一定的影响。在计算机中的很多的硬件问题在一定的程度上都是由于其处于的环境造成的。一般灰尘大或者是湿度大环境对于计算机都是有着一定的破坏,减少计算机的使用的年数。所以,在对计算机进行检测其硬件的问题以及养护方法时都应该对计算机进行简单的清洁,主要是对计算机内部环境的情侣,减少因环境而引发计算机硬件的问题。

2.技术人员应该注意硬件的维护顺序

在对计算机进行养护的时候,首先要对计算机进行外设的维护,这样对计算机的故障能够快速的排除,计算机在一定的程度上会对于计算机外设的故障报错,这样就可以根据计算机所提供的信息对计算机的工作情况进行检查,之后技术人员就可以根据计算机的故障进行适当的日常维修了。其次,技术人员在对计算机进行维护的时候应该要对计算机的电源部件的维修格外的注意,因为电源的功率若是不稳定就会导致计算机有时候无法的正常工作,但是对于电源的检查往往是被忽略的。再次,在对计算机进行维护的时候应该要是计算机处于断电的情况下进行相关的测量,之后进行通电对计算机进行相关的检查,这样在一定的程度上能够使硬件故障减到最少。最后,在对计算机硬件在进行检查排除时候应该对计算机的硬件一些共同的故障进行考虑,可以先进行平常的维修,其次在针对一些特别的故障根据相应的解决方法进行解决。

（八）计算机硬件故障的维护

1.计算机硬件故障的分类

计算机的硬件也是有着其相关的分类,这里主要是分为前期、中期、后期,主要指的是计算机在保修期间、使用三年左右与使用数年以后之后计算机所反生的各种故障。在不同的时期计算机所发生的故障也是不同。在计算机硬件在前期所发生的故障主要就是工艺性上故障,质量上的故障是其次的。在中期的时候计算机硬件的故障主要表现在电源上的故障,电源使用的时间就会产生相应的故障。后期的时候计算机的硬件故障主要表现在设备的老化问题,这些的特征不是很明显,需要专业的技术人员进行检测与排除。

2.计算机硬件故障分析。

计算机故障产生的原因主要分为外部原因与内部原因。这里的内部原因主要指的是计算机硬件质量的好坏、性能如何这样很大的程度上是决定计算机使用的年数的。外部的原因这里主要指的是外部的环境与认为的原因,外部环境主要指的是广大的用户对于计算机使用的外部环境,若是电压的不稳定在一定的程度上就会对于计算机电源造成一定的损坏,对计算机的综合性能有着很大的影响。认为的原因主要就是用户对计算机进行认为的改装,这样在一定的程度也会对计算机硬件造成一定的伤害。

(九)计算机硬件维修的方法

1.对计算机硬件进行一般的观察。对计算机在进行观察的时候首先要打开设备的后盖,观察里面是否有损坏的地方。之后对计算机进行通电,在观察里面是否有异味、打火等,但主要的就观察是否有电源线的断裂等情况的产生。

2.故障现象的观察。对计算机硬件故障分析首先要对其进行观察,了解计算机硬件的电路特点。电压法主要就是通过对计算机的工作时使用的电压与计算机电路端点的电压就行测量,对比这两组的测量结果,分析最终产生故障的原因是什么。电阻法主要就是利用万能表对电路中的一些可疑的故障进行检测与排除的。

3.对硬件的插播进行替换来排除故障。这里主要是针对计算机的硬件在哪里产生了问题,对计算机硬件能产生的问题进行判断,将有可能产生故障的部分拆下来,之后可以将他们安装到可以正常运行的电脑的,若是能够正常运行,那么就继续对其他的硬件进行排除,若是不能够运行就证明这个部件产生了故障,对其进行维修。

4.运用系统最小化对硬件进行检测。利用这样的方法在开机与运行的时候能够使计算机的硬件系统达到最小化,这样就能够对计算机硬件产生的故障进行检测判断。

5.软件检测方法。软件检测的方法主要就是使用专门的硬件对软件进行检测,这样在一定的程度上也能够快速的检测出故障出现在哪里。这种方法不仅仅能够对在运行的系统进行检查还能够对计算机运行是否稳定以及工作性能等方面进行检测。在发现故障之后就会显示报告信息,之后就是对于故障进行维修。

6.其他方法。在计算机产生故障的时候,一般情况下我们还可以采用干扰的方法进行故障的查询。可以对硬件的信号进行检测,将检测出来的结果与正常的信号进行对比,这样就可以判断是否有故障的出现。

(十)计算机硬件的日常养护

1.保持良好的工作环境

计算机的使用时候的工作环境对于计算机硬件的损坏有着一定的影响。在电源方面,应该确保计算机的硬件在工作的时候能够有个稳定的电压,这样在一定的程度就可以减少突然断电对计算机硬件的损坏。对于计算机的温度在控制在一定的范围内,这样在很多的程度上就可以减少计算机硬件高温的损坏。对湿度也是有着一定的控制。若是湿度太低就会产生静电,若是湿度过高也会影响计算机工作时候的性能。因此,计算机在适合的温度与湿度下以及干净的环境下进行工作在很大的程度是可以减少因为灰尘引发的硬件故障。

2.保持合理的使用方式。

对计算机要保持合理的使用方法,一方面,在对计算机进行开关机的时候要按照一定的顺序,不能够过于频繁的进行开关机,在进行工作的计算机也是不能够关机的,这样在很多的程度上对于计算机硬件有很大的伤害。另一方面,我们在进行硬件更换的时候,一定要切断电源。因此,在保持合理的对计算机的使用,这样在很大的程度可以减少对计算机硬件的损坏。

3.加强对计算机硬件的养护

我们平时的时候要对计算机的显示器上灰尘要经常擦拭,最好可以将显示器放在比较宽敞的地方,这样有利于显示器的散热。与此同时,计算机最好可以远离电磁的干扰,这样在一定的程度上对于计算机的显示器中的晶体管有着一定的保护作用。要对计算机进行日常的清洁,不可人为的进行拆装。在进行更换计算机各个部分零件的时候一定要注意切断电源,这样在一定的程度能够减少计算机的损坏。

计算机已经很普遍了,对人们的日常生活起着费城重要的作用,但是在使用的过程中难免会有些故障产生,就这要求维修的技术人员应该能够快速的找出是哪里产生的故障,并且分析产生这个故障的原因以及怎么样进行维系。同时,广大用户的使用计算机的时候也应该要注意一些使用的要求。这样才能更好地延长计算机的使用寿命。

1.3.1 网络硬件的组成

计算机网络硬件系统是由计算机(主机、客户机、终端)、通信处理机(集线器、交换机、路由器)、通信线路(同轴电缆、双绞线、光纤)、信息变换设备(Modem,编码解码器)等构成。

1.主计算机

在一般的局域网中,主机通常被称为服务器,是为客户提供各种服务的计算机,因此对其有一定的技术指标要求,特别是主、辅存储容量及其处理速度要求较高。根据服务器在网络中所提供的服务不同,可将其划分为文件服务器、打印服务器、通信服务器、域名服务器、数据库服务器等。

2.网络工作站

除服务器外，网络上的其余计算机主要是通过执行应用程序来完成工作任务的，我们把这种计算机称为网络工作站或网络客户机，它是网络数据主要的发生场所和使用场所，用户主要是通过使用工作站来利用网络资源并完成自己作业的。

3.网络终端

是用户访问网络的界面，它可以通过主机联入网内，也可以通过通信控制处理机联入网内。

4.通信处理机

一方面作为资源子网的主机、终端连接的接口，将主机和终端连入网内；另一方面它又作为通信子网中分组存储转发结点，完成分组的接收、校验、存储和转发等功能。

5.通信线路

通信线路(链路)是为通信处理机与通信处理机、通信处理机与主机之间提供通信信道。

6.信息变换设备

对信号进行变换，包括：调制解调器、无线通信接收和发送器、用于光纤通信的编码解码器等。

1.3.2 网络软件的组成

在计算机网络系统中，除了各种网络硬件设备外，还必须具有网络软件。

1.网络操作系统

网络操作系统是网络软件中最主要的软件，用于实现不同主机之间的用户通信，以及全网硬件和软件资源的共享，并向用户提供统一的、方便的网络接口，便于用户使用网络。目前网络操作系统有三大阵营：UNIX、NetWare 和 Windows。目前，我国最广泛使用的是 Windows 网络操作系统。

2.网络协议软件

网络协议是网络通信的数据传输规范，网络协议软件是用于

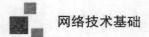

实现网络协议功能的软件。目前，典型的网络协议软件有 TCP/IP 协议、IPX/SPX 协议、IEEE802 标准协议系列等。其中，TCP/IP 是当前异种网络互联应用最为广泛的网络协议软件。

3.网络管理软件

网络管理软件是用来对网络资源进行管理以及对网络进行维护的软件，如性能管理、配置管理、故障管理、计费管理、安全管理、网络运行状态监视与统计等。

4.网络通信软件

是用于实现网络中各种设备之间进行通信的软件，使用户能够在不必详细了解通信控制规程的情况下，控制应用程序与多个站进行通信，并对大量的通信数据进行加工和管理。

5.网络应用软件

网络应用软件是为网络用户提供服务，最重要的特征是它研究的重点不是网络中各个独立的计算机本身的功能，而是如何实现网络特有的功能。

1.3.3 计算机网络的拓扑结构

当我们组建计算机我网络时，要考虑网络的布线方式，这也就涉及到了网络拓扑结构的内容。网络拓扑结构指网路中计算机线缆，以及其他组件的物理布局。

局域网常用的拓扑结构有：总线型结构、环型结构、星型结构、树型结构。拓扑结构影响着整个网络的设计、功能、可靠性和通信费用等许多方面，是决定局域网性能优劣的重要因素之一。

1.总线型拓扑结构

总线型拓扑结构是指：网络上的所有计算机都通过一条电缆相互连接起来。

总线上的通信：在总线上，任何一台计算机在发送信息时，其他计算机必须等待。而且计算机发送的信息会沿着总线向两端扩散，从而使网络中所有计算机都会收到这个信息，但是否接收，还取决于信息的目标地址是否与网络主机地址相一致，若一致，则接受;若不一致,则不接收。

信号反射和终结器:在总线型网络中,信号会沿着网线发送到整个网络。当信号到达线缆的端点时,将产生反射信号,这种发射信号会与后续信号发送冲突,从而使通信中断。为了防止通信中断,必须在线缆的两端安装终结器,以吸收端点信号,防止信号反弹。

特点:其中不需要插入任何其他的连接设备。网络中任何一台计算机发送的信号都沿一条共同的总线传播,而且能被其他所有计算机接收。有时又称这种网络结构为点对点拓扑结构。

优点:连接简单、易于安装、成本费用低。

缺点:①传送数据的速度缓慢:共享一条电缆,只能有其中一台计算机发送信息,其他接收。

②维护困难:因为网络一旦出现断点,整个网络将瘫痪,而且故障点很难查找。

2.星型拓扑结构:

每个节点都由一个单独的通信线路连接到中心节点上。中心节点控制全网的通信,任何两台计算机之间的通信都要通过中心节点来转接。因中心节点是网络的瓶颈,这种拓扑结构又称为集中控制式网络结构,这种拓扑结构是目前使用最普遍的拓扑结构,处于中心的网络设备跨越式集线器(Hub)也可以是交换机。

优点:结构简单、便于维护和管理,因为当中某台计算机或头条线缆出现问题时,不会影响其他计算机的正常通信,维护比较容易。

缺点:通信线路专用,电缆成本高;中心结点是全网络的可靠瓶颈,中心结点出现故障会导致网络的瘫痪。

3.环型拓扑结构:

环型拓扑结构是以一个共享的环型信道连接所有设备,称为令牌环。在环型拓扑中,信号会沿着环型信道按一个方向传播,并通过每台计算机。而且,每台计算机会对信号进行放大后,传给下一台计算机。同时,在网络中有一种特殊的信号称为令牌。令牌按顺时针方向传输。当某台计算机要发送信息时,必须先捕获令牌,

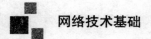

再发送信息。发送信息后在释放令牌。

环型结构有两种类型,即单环结构和双环结构。令牌环(Token Ring)是单环结构的典型代表,光纤分布式数据接口(FDDI)是双环结构的典型代表。

环型结构的显著特点是每个节点用户都与两个相邻节点用户相连。

优点:电缆长度短:环型拓扑网络所需的电缆长度和总线拓扑网络相似,但比星型拓扑结构要短得多。增加或减少工作站时,仅需简单地连接。可使用光纤;它的传输速度很高,十分适用—环型拓扑的单向传输。传输信息的时间是固定的,从而便于实时控制。

缺点:节点过多时,影响传输效率。环某处断开会导致整个系统的失效,节点的加入和撤出过程复杂。

检测故障困难:因为不是集中控制,故障检测需在网个各个节点进行,故障的检测就不很容易。

4.树型拓扑结构

树型结构是星型结构的扩展,它由根结点和分支结点所构成。

优点:结构比较简单,成本低。扩充节点方便灵活。

缺点:对根结点的依赖性大,一旦根结点出现故障,将导致全网不能工作;电缆成本高。

5.网状结构与混合型结构

网状结构是指将各网络结点与通信线路连接成不规则的形状,每个结点至少与其他两个结点相连,或者说每个结点至少有两条链路与其他结点相连。大型互联网一般都采用这种结构,如我国的教育科研网 CERNET(b)、Internet 的主干网都采用网状结构。

优点:可靠性高;因为有多条路径,所以可以选择最佳路径,减少时延,改善流量分配,提高网络性能,但路径选择比较复杂。

缺点:结构复杂,不易管理和维护;线路成本高;适用于大型广域网。

1.3.4 混合型结构

混合型结构是由以上几种拓扑结构混合而成的，如环星型结构，它是令牌环网和 FDDI 网常用的结构。再如总线型和星型的混合结构等。

计算机网络的分类，由于计算机网络自身的特点，其分类方法有多种。根据不同的分类原则，可以得到不同类型的计算机网络。

1.3.4.1 按覆盖范围分类

按网络所覆盖的地理范围的不同，计算机网络可分为局域网（LAN）、城域网（MAN）、广域网（WAN）。

1.局域网（Local Area Network，LAN）

局域网是将较小地理区域内的计算机或数据终端设备连接在一起的通信网络。局域网覆盖的地理范围比较小，一般在几十米到几千米之间。它常用于组建一个办公室、一栋楼、一个楼群、一个校园或一个企业的计算机网络。局域网主要用于实现短距离的资源共享。如图所示的是一个由几台计算机和打印机组成的典型局域网。

局域网的特点是分布距离近、传输速率高、数据传输可靠等。

2. 城域网（Wide Area Network，WAN）

城域网是一种大型的 WLAN，它的覆盖范围介于局域网和广域网之间，一般为几千米至几万米，城域网的覆盖范围在一个城市内，它将位于一个城市之内不同地点的多个计算机局域网连接起来实现资源共享。城域网所使用的通信设备和网络设备的功能要求比局域网高，以便有效地覆盖整个城市的地理范围。一般在一个大型城市中，城域网可以将多个学校、企事业单位、公司和医院的局域网连接起来共享资源。如图所示的是不同建筑物内的局域网组成的城域网。

3.广域网（Wide Area Network，WAN）

广域网是在一个广阔的地理区域内进行数据、语音、图像信息传输的计算机网络。由于远距离数据传输的带宽有限，因此广域网的数据传输速率比局域网要慢得多。广域网可以覆盖一个城市、一个国家甚至于全球。因特网(Internet)是广域网的一种,但它不是一种具体独立性的网络,它将同类或不同类的物理网络(局域网、广域网与城域网)互联,并通过高层协议实现不同类网络间的通信。如图所示的是一个简单的广域网。

1.3.4.2 按照网络中计算机所处的地位的不同

按照网络中计算机所处的地位的不同, 可以将计算机网络分为对等网和基于客服机、服务器模式的网络。

①对等网:在对等网中,所有的计算机的地位是平等的,没有专用的服务器。每台计算机即作为服务器,又作为客户机;即为别人提供服务,也从别人那里获得服务。由于对等网没有专用的服务器,所以在管理对等网时,只能分别管理,不能统一管理,管理起来很不方便。对等网一般应用于计算机较少、安全不高的小型局域网。

②基于客户机/服务器模式的网络:在这种网络中,两种角色的计算机,一种是服务器,一种是客服机。

服务器:服务器一方面负责保存网络的配置信息,另一方面也负责为客户机提供各种各样的服务。因为整个网络的关键配置都保存在服务器中, 所以管理员在管理网络时只需要修改服务器的配置,就可以实现对整个网络的管理了。同时,客户机需要获得某种服务时,会向服务器发送请求,服务器接到请求后,会向客户机提供相应服务。服务器的种类很多,有邮件服务器、Web 服务器、目录服务器等,不同的服务器可以为客户提供不同的服务。我们在构建网络时,一般选择配置较好的计算机,在其上安装相关服务,它就成了服务器。

客户机:主要用于向服务器发送请求,获得相关服务。如客户机向打印服务器请求打印服务,向 Web 服务器请求 Web 页面等。

1.3.4.3 按传播方式分类

如果按照传播方式不同,可将计算机网络分为"广播网络"和"点 - 点网络"两大类。

1.广播式网络

广播式网络是指网络中的计算机或者设备使用一个共享的通

信介质进行数据传播，网络中的所有结点都能收到任一结点发出的数据信息。广播式网络的基本连接如图所示。

目前，在广播式网络中的传输方式有 3 种：

单播：采用一对一的发送形式将数据发送给网络所有目的节点。

组播：采用一对一组的发送形式，将数据发送给网络中的某一组主机。

广播：采用一对所有的发送形式，将数据发送给网络中所有目的节点。

2.点 – 点网络（Point-to-point Network）

点 – 点式网络是两个结点之间的通信方式是点对点的。如果两台计算机之间没有直接连接的线路，那么它们之间的分组传输就要通过中间结点的接收、存储、转发，直至目的结点。

点 – 点传播方式主要应用于 WAN 中，通常采用的拓扑结构有：星型、环型、树型、网状型。

1.3.4.4 按传输介质分类

1.有线网（Wired Network）

（1）双绞线：其特点是比较经济、安装方便、传输率和抗干扰能力一般，广泛应用于局域网中。

（2）同轴电缆：俗称细缆，现在逐渐淘汰。

（3）光纤电缆：特点是光纤传输距离长、传输效率高、抗干扰性强，是高安全性网络的理想选择。

2.无线网（Wireless Network）

（1）无线电话网：是一种很有发展前途的连网方式。

（2）语音广播网：价格低廉、使用方便，但安全性差。

（3）无线电视网：普及率高，但无法在一个频道上和用户进行实时交互。

（4）微波通信网：通信保密性和安全性较好。

（5）卫星通信网：能进行远距离通信，但价格昂贵。

1.3.4.5 按传输技术分类

计算机网络数据依靠各种通信技术进行传输，根据网络传输技术

分类,计算机网络可分为以下 5 种类型:

普通电信网:普通电话线网,综合数字电话网,综合业务数字网。

数字数据网:利用数字信道提供的永久或半永久性电路以传输数据信号为主的数字传输网络。

虚拟专用网:指客户基于 DDN 智能化的特点,利用 DDN 的部分网络资源所形成的一种虚拟网络。

微波扩频通信网:是电视传播和企事业单位组建企业内部网和接入 Internet 的一种方法,在移动通信中十分重要。

卫星通信网:是近年发展起来的空中通信网络。与地面通信网络相比,卫星通信网具有许多独特的优点。

事实上,网络类型的划分在实际组网中并不重要,重要的是组建的网络系统从功能、速度、操作系统、应用软件等方面能否满足实际工作的需要;是否能在较长时间内保持相对的先进性;能否为该部门(系统)带来全新的管理理念、管理方法、社会效益和经济效益等。

1.3.5 网络连接设备

1.3.5.1 网络连接组件

网卡(网络适配器 NIC)

网卡是连接计算机与网络的基本硬件设备。网卡插在计算机或服务器扩展槽中,通过网络线(如双绞线、同轴电缆或光纤)与网络交换数据、共享资源。

由于网卡类型的不同,使用的网卡也有很多种。如以太网、FDDI、AIM、无线网络等,但都必须采用与之相适应的网卡才行。目前,绝大多数网络都是以太网连接形式,使用的便是与之配套的以太网网卡,在这里我们就讨论以太网网卡。

说明:网卡虽然有多种,不够有一个共同点就是每块网卡都拥有唯一的 ID 号,也叫做 MAC 地址(48 位),MAC 地址被烧录在网卡上的 ROM 中,就像我们每个人的遗传基因 DNA 一样,即使在全世界也绝不会重复。

安装网卡后,还要进行协议的配置。例如,IPX/SPX 协议、TCP/IP 协议。

1.网卡的功能

网卡的功能主要有两个,一是将计算机的数据进行封装,并通过网线将数据发送到网络上;二是接收网络上传过来的数据,并发到计算机中。

2.网卡的分类:

按总线分类:ISA 总线、PCI 总线、PCMCIA 总线

按端口分类:RJ-45 端口、AUI 粗缆端口、BNC 细缆端口

3.按带宽分类:

10Mb/s、1000Mb/s、10/100Mb/s、1000Mb/s

ISA 网卡以 16 位传送数据,标称速度能够达到 10M。PCI 网卡以 32 位传送数据,速度较快。目前市面上大多是 10M 和 100M 的 PCI 网卡。建议不要购买过时的 ISA 网卡,除非用户的计算机没有 PCI 插槽。

1.3.6 网络传输介质

传输介质就是通信中实际传送信息的载体,在网络中是连接收发双方的物理通路;常用的传输介质分为:有线介质和无线介质。

有线介质:可传输模拟信号和数字信号(有双绞线、细/粗同轴电缆、光纤)

无线介质:大多传输数字信号(有微波、卫星通信、无线电波、红外、激光等)

1.3.6.1 有线介质

外表　　　　金属网　　　　绝缘层　　　　芯线

1.同轴电缆

同轴电缆的核心部分是一根导线,导线外有一层起绝缘作用的塑性材料,再包上一层金属网,用于屏蔽外界的干扰,最外面是起保护作用的塑性外套。

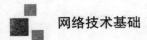

网络技术基础

　　同轴电缆的抗干扰特性强于双绞线,传输速率与双绞线类似,但它的价格接近双绞线的两倍。

　　同轴电缆分类:

　　A. 细同轴电缆(RG58),主要用于建筑物内网络连接;

　　B. 粗同轴电缆(RG11),主要用于主干或建筑物间网络连接;

对比项	细 缆	粗 缆
直径	0.25 英寸	0.5 英寸
传输距离	185 米	500 米
接头	BNC 头、T 型头	AUI
阻抗	50	50
应用的局域网	10BASE2	10BASE5

　　2.双绞线

　　是两条相互绝缘的导线按一定距离绞合若干次, 使得外部的电磁干扰降到最低限度,以保护信息和数据。

　　双绞线的广泛应用比同轴电缆要迟得多, 但由于它提供了更高的性能价格比, 而且组网方便, 成为现在应用最广泛的铜基传输媒体。缺点是传输距离受限。

　　双绞线分为非屏蔽双绞线(UTP)和屏蔽双绞线(STP)。

　　屏蔽双绞线外护套加金属材料,减少辐射,防止信息窃听,性能优于非屏蔽双绞线,但价格较高。而且安装比非屏蔽双绞线复杂。所以,在组建局域网时通常使用非屏蔽双绞线。但如果是室外使用,屏蔽线要好些。

　　目前共有 6 类双绞线,各类双绞线均为 8 芯电缆,双绞线的类型由单位长度内的绞环数确定。

1 类双绞线通常在局域网中不使用,主要用于模拟话音,传统的电话线即为 1 类线;

2 类双绞线支持 4Mb/s 传输速率,在局域网中很少使用;

3 类双绞线用于 10Mb/s 以太网;

4 类双绞线适用于 16Mb/s 令牌环局域网;

5 类和超 5 类双绞线带宽可达 100Mb/s,用于构建 100Mb/s 以太网,是目前最常用的线缆;

另外还有 6 类、7 类,能提供更高的传输速率和更远的距离。

应用最广的是五类双绞线,最大传输率为 100Mbps,最大传输距离 100 米。

双绞线的连接:在制作网络时,要用的 RJ-45 接头,俗称"水晶头"的接头,在将网络插入水晶头前,要对每条线排序。根据EIA/TIA接线标准,RJ-45 接口制作有两种排序标准:

EIA/TIA568A 标准的线序为:

白绿、绿、白橙、蓝、白蓝、橙、棕、白棕

EIA/TIA568B 白棕的线序为:

白橙、橙、白绿、蓝、白蓝、绿、白棕、棕

另外,根据双绞线两端线序的不同,有两种不同的连接方法:

直线连接法:直线连接法是将电缆的一端按一定顺序排序后接入 RJ-45 接头,线缆的另一端也用相同的顺序排序后接入 RJ-45 接头。直接连接法通常用于不同类型的设备的互相连接。

交叉连接法:交叉连接法是线缆的一端用一种线序排列,如 T568B 标准线序,而另一端用不同的线序,如 T568A 标准线序,这种线序用于连接同种设备。

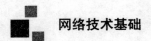

具体连接情况如表		
PC 网卡	PC 网卡（对等网）	交叉线
PC 网卡	集线器 Hub	直通线
集线器 Hub	集线器 Hub（普通口）	交叉线
集线器 Hub	集线器 Hub（级连口 -- 级连口）	交叉线
集线器 Hub	集线器 Hub（普通口 -- 级连口）	直通线
集线器 Hub	交换机 Switch	交叉线
集线器 Hub（级连口）	交换机 Switch	直通线
交换机 Switch	交换机 Switch	交叉线
交换机 Switch	路由器 Router	直通线
路由器 Router	路由器 Router	交叉线

3.光纤

光缆则是由一组光导纤维组成的用来传播光束的、细小而柔韧的传输介质。与其他传输介质相比较,光缆的电磁绝缘性能好,信号衰变小,频带较宽,传输距离较大。光缆主要是在要求传输距离较长,布线条件特殊的情况下用于主干网的连接。光缆通信由光发送机产生光束,将电信号转变为光信号,再把光信号导入光纤,在光缆的另一端由光接收机接收光纤上传输来的光信号,并将它转变成电信号,经解码后再处理。光缆的最大传输距离远、传输速度快,是局域网中传输介质的佼佼者。

光缆是数据传输中最有效的一种传输介质。

它有以下几个优点:

①频带极宽(GB);　　　②抗干扰性强(无辐射);
③保密性强(防窃听);　④传输距离长(无衰减);2-10km
⑤电磁绝缘性能好;　　　⑥中继器的间隔较大

主要用途:长距离传输信号,局域网主干部分,传输宽带信号。

网络距离:一般为 2000 米。

每干线最大节点数:无限制。

光纤跳线连接:在 1000M 局域网中,服务器网卡具有光纤插口,交换机也有相应的光纤插口,连接时只要将光纤跳线进行相应的连接即可。在没有专用仪器的情况下,可通过观察让交换机有光亮的一端连接网卡没有光亮的一端,让交换机没有光亮的一端连接网卡有光亮的一端。

光纤通信系统组成:光纤通信系统是以光波为载体、光导纤维为传输介质的通信方式,起主导作用的是光源、光纤、光发送机和光接收机。

缆分类:传输点模数类(又可分为多模光纤和单模光纤两类);折射率分布类(又可分为跳变式光纤和渐变式光纤两类)。

多模光纤:由发光二极管产生用于传输的光脉冲,通过内部的多次反射沿芯线传输。可以存在多条不同入射角的光线在一条光纤中传输。

单模光纤:使用激光,光线与芯轴平行,损耗小,传输距离远,具有很高的带宽,但价格更高。在 2.5Gb/s 的高速率下,单模光纤不必采用中继器可传输数十公里。

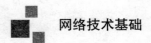

1.3.6.2 无线传输介质

无线传输指在空间中采用无线频段、红外线激光等进行传输，不需要使用线缆传输。不受固定位置的限制，可以全方位实现三维立体通信和移动通信。

目前主要用于通信的有：无线电波、微波、红外、激光。

计算机网络系统中的无线通信主要指微波通信，分为两种形式：地面微波通信和卫星微波通信。

无线局域网通常采用无线电波和红外线作为传输介质。其中红外线的基本速率为 1MB/s，仅适用于近距离的无线传输，而且有很强的方向性，而无线电波的覆盖范围较广，应用较广泛，是常用的无线传输媒体。吴国一般使用 2.4-2.4835GHZ 频段的无线电波进行局域网的光线通信。

1.3.7 网络设备

1.集线器（HUB）

集线器是目前使用较广泛的网络设备之一，主要用来组建星型拓扑的网络。在网络中，集线器是一个集中点，通过众多的端口将网络中的计算机连接起来，使不同计算机能够相互通信。

集线器类型：

独立型：具有价低、故障易查、网络管理方便等优点；性能差、速度低等缺陷；

模块化：带机架和多个卡槽；每槽可安装一块扩展卡，每卡相当于一个独立型；通常 4-14 个槽，可管理性好；

可堆叠：利用高速总线"堆叠"或短距离连接成整体；

（1）集线器的通信特性

集线器的基本功能是信息分发，它将一个端口收到的信号转发给其他所有端口。同时，集线器的所有端口共享集线器的带宽。当我们在一台 10Mb/s 带宽的集线器上只连接一台计算机时，此计算机的带宽是 10Mb/s；而当我们连接两台计算机，每台计算机的带宽是 5Mb/s；当连接 10 计算机时，带宽则是 1Mb/s。即用集线器组网时,连接的计算机越多,网络速度越慢。

（2）集线器的分类

按通信特性分,集线器分为无源集线器和有源集线器。无源集线器只能转发信号,不能对信号作任何处理。有源集线器会对所传输的信号进行整形、放大并转发,并可以扩展传输媒体的传输距离。目前市面上的集线器属于有源集线器,无源集线器已被淘汰。

按带宽分,集线器分为 10Mb/s、10/100Mb/s、100Mb/s 集线器。我们通常选择 10/100Mb/s 自适应的集线器。因为这种集线器可以根椐网卡和网线所提供的带宽而自动调整带宽。当网线和网网卡为 10Mb/s 时，集线器以 10Mb/s 的速率通信。当网线与网卡达到 100Mb/s 时,集线器则以 100Mb/s 的速率通信。

按端口个数分,集线器分为 5 口、8 口、16 口、24 口等。

（3）集线器的连接

集线器通过其端口实现网络连接。集线器主要有 RJ-45 接口和级联口两种接口。

RJ-45 接接口:集线器的大部分接口属于这种接口,主要用于连接网络中的计算机,从而组建计算机网络。

级联口:级联口主要用于连接其他集线器或网络设备。比如我们在组网时,集线器的端口数量不够,可以通过级联口将两个或多个集线器级联起来，达到拓展端口的目的。级联口一般标有"UP-LINK"或"MDI"等标志。在级联时，我们可以通过直连接线将集线器的级联口与另一台集线器的 RJ-45 接口连接起来，从而组建更大的网络。

2.交换机（Switch）

交换机也是目前使用较广泛的网络设备之一，同样用来组建星型拓扑的网络。从外观上看，交换机与集线器几乎一样,其端口与连接方式和集线器几乎也是一样,但是,由于交换机采用了交换技术,其性能优于集线器。

（1）交换机的通信特性

由于交换机采用交换技术，使其可以并行通信而不像集线器那样平均分配带宽。如一台 100 Mb/s 交换机的每端口都是 100Mb/s,互连的每台计算机均以 100Mb/s 的速率通信,而不像集线器那样平均分配带宽,这使交换机能够提供更佳的通信性能。

（2）交换机的分类

按交换机所支持的速率和技术类型,可分为以太网交换机、千兆位以太网交换机、ATM 交换机、FDDI 交换机等。

按交换机的应用场合,交换机可分为工作组级交换机、部门级交换机和企业级交换机三种类型。

工作组级交换机:是最常用的一种交换机,主要用于小型局域网的组建,如办公室局域网、小型机房、家庭局域网等。这类交换机的端口一般为 10/100Mb/s 自适应端口。

部门级交换机:常用来作为扩充设备,当工作组级交换机不能满足要求时可考虑使用部门级交换机。这类交换机只有较少的端口,但支持更多的 MAC 地址。端口传输速率一般为 100Mb/s。

企业级交换机:用于大型网络,且一般作为网络的骨干交换机。企业级交换机一般具有高速交换能力,并且能实现一些特殊功能。

（3）交换机的连接

像集线器一样,交换机的接口也分为 RJ-45 接口和级联口,其中 RJ-45 接口用于连接计算机,级联口用于连接其他交换机或集线器。连接方式也与集线器相同。

（4）交换机工作原理

交换机工作原理:当交换机从某一节点收到一个以太网帧后,将立即在其内存中的地址表(端口号 – MAC 地址)进行查找,以确认该目的 MAC 的网卡连接在哪一个接口上,然后将该帧转发至相应的接口,如果在地址表中没有找到该 MAC 地址,也就是说,该目的 MAC 地址是首次出现,交换机就将数据包广播到所有节点。拥有该 MAC 地址的网卡在接收到该广播帧后,将立即做出应答,从而使交换机将其节点的"MAC 地址"添加到 MAC 地址表中。交换机的主要功能包括物理编址、网络拓扑结构、错误校验、帧序列以及流量控制。

MAC(Media Access Control)地址,或称为 MAC 位址、硬件位址,用来定义网络设备的位置。在 OSI 模型中,第三层网络层负责 IP 地址,第二层资料链结层则负责 MAC 位址。因此一个主机会有一个 IP 地址,而每个网络位置会有一个专属于它的 MAC 位址。

3.路由器(Router)路由器并不是组建局域网所必需的设备,但随着企业网规模的不断扩大和企业网接入互联网的需求, 使路由器的使用率越来越高。

路由器的功能:路由器是工作在网络层的设备,主要用于不同类型的网络的互联。概括起来,路由器的功能主要体现在以下几个方面。

路由功能:所谓路由,即信息传输路径的选择。当我们使用路由器将不同网络连接起来后, 路由器可以在不同网络间选择最佳的信息传输路径,从而使信息更快地传输到目的地。事实上,我们访问的互联网就是通过众多的路由器将世界各地的不同网络互联起来的,路由器在互联网中选择路径并转发信息,使世界各地的网络可以共享网络资源。

隔离广播、划分子网:当我们组建的网络规模较大时,同一网络中的主机台数过多,会产生过多的广播流量,从而使网络性能下降。为了提高性能,减少广播流量,我们可以通过路由器将网络分隔为不同的子网。路由器可以在网络间隔离广播,使一个子网的广播不会转发到另一子网,从而提高每个子网的性能,当一个网络因流量过大而性能下降时,可以考虑使用路由器来划分子网。

广域网接入: 当一个较大的网络要访问互联网并要求有较高带宽时,通常采用专线接入的方式,一些大型网吧、校园网、企业网等往往采用这种接入方法。当通过专线使局域网接入互联网时,则需要用路由器实现接入。

路由器的接接口: 路由器的接口主要有串口、以太口和

CONSOLE 口等，通常，串口连接广域网，以太口连接局域网，而CONSOLE 口用于连接计算机或终端,配置路由器。

4.调制解调器(Modem)

调制解调器(Modem,俗称"猫")的功能就是将电脑中表示数据的数字信号在模拟电话线上传输,从而达到数据通信的目的,主要由两部分功能构成:调制和解调。调制是将数字信号转换成适合于在电话线上传输的模拟信号进行传输，解调则是将电话线上的模拟信号转换成数字信号,由电脑接收并处理。

(1)调制解调器的分类:

一般来说,根据 Modem 的形态和安装方式,可以大致可以分为以下四类:

外置式 Modem:外置式 Modem 放置于机箱外,通过串行通讯口与主机连接。这种 Modem 方便灵巧、易于安装,闪烁的指示灯便于监视 Modem 的工作状况。但外置式 Modem 需要使用额外的电源与电缆。

内置式 Modem:内置式 Modem 在安装时需要拆开机箱,并且要对终端和 COM 口进行设置,安装较为繁琐。这种 Modem 要占用主板上的扩展槽,但无需额外的电源与电缆,且价格比外置式 Modem 要便宜一些。

PCMCIA 插卡式 Modem:插卡式 Modem 主要用于笔记本电脑,体积纤巧。配合移动电话,可方便地实现移动办公。

机架式 Modem:机架式 Modem 相当于把一组 Modem 集中于一个箱体或外壳里,并由统一的电源进行供电。机架式 Modem 主要用于 Internet/Intranet、电信局、校园网、金融机构等网络的中心机房。

除以上四种常见的 Modem 外，现在还有 ISDN 调制解调器和一种称为 Cable Modem 的调制解调器,另外还有一种 ADSL 调制解调器。Cable Modem 利用有线电视的电缆进行信号传送,不但具有调制解调功能,还集路由器、集线器、桥接器于一身,理论传输速度更可达 10Mbps 以上。通过 Cable Modem 上网,每个用户都有独立的 IP 地址,相当于拥有了一条个人专线。目前,深圳有线电视台天威网络公司已推出这种基于有线电视网的 Internet 接入服务,接入速率为 2Mbps–10Mbps!

USB 接口的调制解调器

USB 技术的出现,给电脑的外围设备提供更快的速度、更简单的连接方法,SHARK 公司率先推出了 USB 接口的 56K 的调制解调器, 这个只有呼机大小的调制解调器确给传统的串口调制解调器带来了挑战。只需将其接在主机的 USB 接口就可以,通常主机上有 2 个 USB 接口,而 USB 接口可连接 127 个设备,如果要连接多设备还可购买 USB 的集线器。通常 USB 的显示器、打印机都可以当作 USB 的集线器,因为它们有除了连接主机的 USB 接口外还提供 1–2 个 USB 的接口。

(2)传输模式

Modem 最初只是用于数据传输。然而,随着用户需求的不断增长以及厂商之间的激烈竞争, 目前市场上越来越多的出现了一些"二合一"、"三合一"的 Modem。这些 Modem 除了可以进行数据传输以外,还具有传真和语音传输功能。

①传真模式(Fax Modem)

通过 Modem 进行传真,除省下一台专用传真的费用外,好处还有很多: 可以直接把计算机内的文件传真到对方的计算机或传真机,而无需先把文件打印出来;可以对接收到的传真方便地进行保存或编辑;可以克服普通传真机由于使用热敏纸而造成字迹逐渐消退的问题;由于 Modem 使用了纠错的技术,传真质量比普通传真机要好,尤其是对于图形的传真更是如此。目前的 Fax Modem 大多遵循 V.29 和 V.17 传真协议。其中 V.29 支持 9600bps 传真速率,而 V.17 则可支持 14400bps 的传真速率。

②语音模式(Voice Modem)

语音模式主要提供了电话录音留言和全双工免提通话功能,真正使电话与电脑融为一体。这里, 主要是一种新的语音传输模式—DSVD(Digital Simultaneous Voice and Data)。DSVD 是由 Hayes、Rockwell、U.s.Robotics、Intel 等公司在 1995 年提出的一项语音传输标准,是现有的 V.42 纠错协议的扩充。DSVD 通过采用 Digi Talk 的数字式语音与数据同传技术,使 Modem 可以在普通电话线上一边进行数据传输一边进行通话。

DSVD Modem 保留了 8K 的带宽(也有的 Modem 保留 8.5K 的带宽)用于语音传送,其余的带宽则用于数据传输。语音在传输前会先进行压缩,然后与需要传送的数据综合在一起,通过电话载波传送到对方用户。在接收端,Modem 先把语音与数据分离开来,再把语音信号进行解压和数/模转换,从而实现的数据/语音的同传。DSVD Modem 在远程教学、协同工作、网络游戏等方面有着广泛的应用前景。但在目前,由于 DSVD Modem 的价格比普通的 Voice Modem 要贵,而且要实现数据/语音同传功能时,需要对方也使用 DSVD Modem,从而在一定程度上阻碍了 DSVD Modem 的普及。

(3)传输速率

Modem 的传输速率,指的是 Modem 每秒钟传送的数据量大小。通常所说的 14.4K、28.8K、33.6K 等,指的就是 Modem 的传输速率。传输速率以 bps(比特/秒)为单位。因此,一台 33.6K 的 Modem 每秒钟可以传输 33600bit 的数据。由于目前的 Modem 在传输时都对数据进行了压缩,因此 33.6K 的 Modem 的数据吞吐量理论上可以达到 115200bps,甚至 230400bps。

Modem 的传输速率,实际上是由 Modem 所支持的调制协议所决定的。在 Modem 的包装盒或说明书上看到的 V.32.V.32bis、V.34.V.34+、V.fc 等等,指的就是 Modem 的所采用的调制协议。其中 V.32 是非同步/同步 4800/9600bps 全双工标准协议;V.32bis 是 V.32 的增强版,支持 14400bps 的传输速率;V.34 是同步 28800bps 全双工标准协议;而 V.34+ 则为同步全双工 33600bps 标准协议。以上标准都是由 ITU(国际通讯联盟)所制定,而 V.fc 则是由 Rockwell 提出的 28800bps 调制协议,但并未得到广泛支持。

提到 Modem 的传输速率，就不能不提时下被炒得最热的 56K Modem。其实，56K 的标准已提出多年，但由于长期以来一直存在以 Rockwell 为首的 K56flex 和以 U.S.Robotics 为首 X2 的两种互不兼容的标准，使得 56K Modem 迟迟得不到普及。1998 年 2 月，在国际电信联盟的努力下，56K 的标准终于统一为 ITU V9.0，众多的 Modem 生产厂商亦已纷纷出台了升级措施，而真正支持 V9.0 的 Modem 亦已经遍地开花。56K 有望在一到两年内成为市场的主流。由于目前国内许多 ISP 并未提供 56K 的接入服务，因此在购买 56K Modem 前，最好先向你的服务商打听清楚，以免造成浪费。

以上所讲的传输速率，均是在理想状况下得出的。而在实际使用过程中，Modem 的速率往往不能达到标称值。实际的传输速率主要取决于以下几个因素：

①电话线路的质量

因为调制后的信号是经由电话线进行传送，如果电话线路质量不佳，Modem 将会降低速率以保证准确率。为此，在连接 Modem 时，要尽量减少连线长度，多余的连线要剪去，切勿绕成一圈堆放。另外，最好不要使用分机，连线也应避免在电视机等干扰源上经过。

Modem 所支持的调制协议是向下兼容的，实际的连接速率取决于速率较低的一方。因此，如果对方的 Modem 是 14.4K 的，即使用的是 56K 的 Modem，也只能以 14400bps 的速率进行连接。

②是否有足够的带宽

如果在同一时间上网的人数很多，就会造成线路的拥挤和阻塞，Modem 的传输速率自然也会随之下降。因此，ISP 是否能供足够的带宽非常关键。另外，避免在繁忙时段上网也是一个解决方法。尤其是在下载文件时，在繁忙时段与非繁忙时段下载所费的时间会相差几倍之多。

③对方的 Modem 塑料

Modem 所支持的调制协议是向下兼容的，实际的连接速率取决于速率较低的一方。因此，如果对方的 Modem 是 14.4K 的，即使用的是 56K 的 Modem，也只能以 14400bps 的速率进行连接。

（4）传输协议

Modem 的传输协议包括调制协议（Modulation Protocols）、差错控制协议（Error Control Protocols）、数据压缩协议（Data Compression Protocols）和文件传输协议。调制协议前面已经介绍，现在介绍其余的三种传输协议。

①差错控制协议

随着 Modem 的传输速率不断提高，电话线路上的噪声、电流的异常突变等，都会造成数据传输的出错。差错控制协议要解决的就是如何在高速传输中保证数据的准确率。目前的差错控制协议存在着两个工业标准：MNP4 和 V4.2。其中 MNP（Microcom Network Protocols）是 Microcom 公司制定的传输协议，包括了 MNP1—MNP10。由于商业原因，Microcom 目前只公布了 MNP1—MNP5，其中 MNP4 是目前被广泛使用的差错控制协议之一。而 V4.2 则是国际电信联盟制定的 MNP4 改良版，它包含了 MNP4 和 LAP-M 两种控制算法。因此，一个使用 V4.2 协议的 Modem 可以和一个只支持 MNP4 协议的 Modem 建立无差错控制连接，而反之则不能。所以在购买 Modem 时，最好选择支持 V4.2 协议的 Modem。

另外，市面上某些廉价 Modem 卡为降低成本，并不具备硬纠错功能，而是使用使用了软件纠错方式。大家在购买时要注意分清，不要为包装盒上的"带纠错功能"等字眼所迷惑。

②数据压缩协议

为了提高数据的传输量，缩短传输时间，现时大多数 Modem 在传输时都会先对数据进行压缩。与差错控制协议相似，数据压缩协议也存在两个工业标准：MNP5 和 V4.2bis。MNP5 采用了 Run-Length 编码和 Huffman 编码两种压缩算法，最大压缩比为2:1。而 V4.2bis 采用了 Lempel-Ziv 压缩技术，最大压缩比可达 4:1。这就是为什么说 V4.2bis 比 MNP5 要快的原因。要注意的是，数据压缩协议是建立在差错控制协议的基础上，MNP5 需要 MNP4 的支持，

V4.2bis 也需要 V4.2 的支持。并且,虽然 V4.2 包含了 MNP4,但 V4.2bis 却不包含 MNP5。

③文件传输协议

文件传输是数据交换的主要形式。在进行文件传输时,为使文件能被正确识别和传送,需要在两台计算机之间建立统一的传输协议。这个协议包括了文件的识别、传送的起止时间、错误的判断与纠正等内容。常见的传输协议有以下几种:

ASCII:这是最快的传输协议,但只能传送文本文件。

Xmodem:这种古老的传输协议速度较慢,但由于使用了 CRC 错误侦测方法,传输的准确率可高达 99.6%。

Ymodem:这是 Xmodem 的改良版,使用了 1024 位区段传送,速度比 Xmodem 要快。

Zmodem:Zmodem 采用了串流式(streaming)传输方式,传输速度较快,而且还具有自动改变区段大小和断点续传、快速错误侦测等功能。这是目前最流行的文件传输协议。

除以上几种外, 还有 Imodem、Jmodem、Bimodem、Kermit、Lynx 等协议。

1.3.8 网络通信协议

1.3.8.1 常用局域网协议

IPX / SPX 及其兼容协议(网际包交换、顺序包交换)

IPX / SPX 协议是由 Novell 公司开发的,主要用于 NetWare 网络的协议。这种协议功能强大、适应性强、适合在大型网络中的使用。但由于此协议只能用于 NetWare 网络环境,不能用于其他网络环境,使其普及性越来越差。随着 Novell NetWare 网络操作系统的使用越来越少,使 IPX / SPX 协议的使用也越来越少了。

另外,微软公司为了使 Windows 系统可以访问 NetWare 网络,开发了与其兼容的协议 NWLINK, 从而使 Windows 网络可以与 Novell 网络通信。但由于 NetWare 网络本身已经很少用了,所以,对 IPX / SPX 兼容协议的使用也越来越少了。

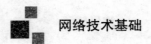

NETBEUI 协议(用户扩展接口)

NETBEUI 是一种体积小,效率高、速度快的协议。这种协议的主要特点是占用内存少、使用方便。在网络中基本不需作任何配置。但由于 NETBEUI 协议不具有路由功能,所以只能在同一网段内部通信,不能跨网段通信。这使得 NETBEUI 协议只能用于单网段的网络环境,不适合在多网络互联的环境中使用。

TCP / IP 协议(传输控制协议 / 网际协议)

是目前使用最广泛的协议,也是 Internet 上使用的协议。由于 TCP / IP 具有跨平台、可路由的特点,可以实现导构网络的互联,同时也可以跨网段通信。这使得许多网络操作系统将 TCP / IP 作为内置网络协议。我们组建局域网时,一般主要使用 TCP / IP 协议。当然,TCP / IP 协议相对于其他协议来说,配置起来也比较复杂,因为每个节点至少需要一个 IP 地址、一个子网掩码、一个默认网关、一个计算机名等。

IP 地址

1.为什么要配置 IP 地址

在网络中,为了实现不同计算机之间的通信,每台计算机都必须有一个唯一的地址。就像日常生活中的家庭住址一样,我们可以通过一个人的家庭住址找到他的家。当然,在网络中要找到一台计算机,进而和它通信,也需要借助一个地址,这个地址就是IP 地址,IP 地址是唯一标识一台主机的地址。

2.什么是 IP 地址

IP 地址是一个 32 位二进制数,用于标识网络中的一台计算机。IP 地址通常以两种方式表示:二进制数和十进制数。

二进制数表示:在计算机内部,IP 地址用 32 位二进制数表示,每 8 位为一段,共 4 段。10000011.01101011.00010000.11001000。

十进制数:为了方便使用,通常将每段转换为十进制数。如 10000011.01101011.00010000.11001000 转 换 后 的 格 式 为:130.107.16.200。这种格式是我们在计算机中所配置的 IP 地址的格式。

3.IP 地址的组成

IP 地址由两部分组成:网络 ID 和主机 ID。

网络 ID:用来标识计算机所在的网络,也可以说是网络的编号。

主机 ID:用来标识网络内的不同计算机,即计算机的编号。

4.IP 地址规定

网络号不能以 127 开头,第一字节不能全为 0,也不能全为 l。

主机号不能全为 0,也不能全为 l。

5.IP 地址的分类

由于 IP 地址是有限资源,为了更好的管理和使用 IP 地址,INTERNIC 根据网络规模的大小将 IP 地址分为 5 类(ABCDE)如图:

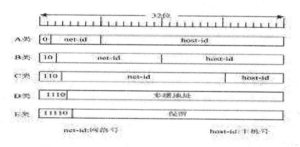

A 类地址:第一组数(前 8 位)表示网络号,且最高位为 0,这样只有 7 位可以表示网络号,能够表示的网络号有 27-2=126(去掉全"0"和全"1"的两个地址)个,范围是:1.0.0.0~126.0.0.0。后三组数(24 位)表示主机号,能够表示的主机号的个数是 224-2=16777214 个,即 A 类的网络中可容纳 16777214 台主机。A 类地址只分配给超大型网络。

B 类地址:前两组数(前 16 位)表示网络号,后两组数(16 位)表示主机号。且最高位为 10,能够表示的网络号为 214=16384 个,范围是:128.0.0.0~191.255.0.0。B 类网络可以容纳的主机数为 216-2=65534 台主机。B 类 IP 地址通常用于中等规模的网络。

C 类地址:前三组表示网络号,最后一组数表示主机号,且最高位为 110,最大网络数为 $2^{21}=2097152$,范围是:192.0.0.0~223.255.255.0,可以容纳的主机数为 $2^8-2=254$ 台主机。C 类 IP 地址通常用于小型的网络。

D 类地址:最高位为 1110,是多播地址。

E 类地址:最高位为 11110,保留在今后使用。

注意:在网络中只能为计算机配置 A、B、C 三类 IP 地址,而不能配置 D 类、E 类两类地址。

几个特殊 IP 地址

主机号全 0:表示网络号,不能分配给主机。如:192.168.4.0 为网络地址。

主机号全 1:表示向指定子网发广播。如:192.168.1.255 表示向网络号 192.168.1.0 发广播。

255.255.255.255:本子网内广播地址。

127.X.Y.Z:测试地址,不能配置给计算机。

6.IP 地址的分配

如果需要将计算机直接连入 Internet,则必须向有关部门申请 IP 地址,而不能随便配置 IP 地址。这种申请的 IP 地址称为"公有 IP"。在互联网中的所有计算机都要配置公有 IP。如果要组建一个封闭的局域网,则可以任意配置 A、B、C 三类 IP 地址。只要保证 IP 地址不重复就行了。这时的 IP 称为"私有 IP"。但是,考虑到这样的网络仍然有连接 Internet 的需要,因此,INTERNIC 特别指定了某些范围作为专用的私有 IP,用于局域网的 IP 地址的分配,以免与合法的 IP 地址冲突。建议我们自己组建局域网时,使用这些专用的私有 IP,也称保留地址。INTERNIC 保留的 IP 范围为:

A 类地址:10.0.0.1~10.255.255.254

B 类地址:172.16.0.1~172.31.255.254

C 类地址:192.168.0.0~192.168.255.254

7.子网掩码

我们在配置 ICP/IP 参数时,除了要配置 IP 地址之外,还要配置子网掩码。子网掩码也是 32 位的二进制数,具体的配置方式是:将 IP 地址网络位对应的子网掩码设为"1",主机位对应的子网掩码设为"0",如:对于 IP 地址是 131.107.16.200 的主机,由于是 B 类地址,前两组数为网络号,后两组数为主机号。则子网掩码配置为:11111111.11111111.00000000.00000000,转换为十进制数为:255.255.0.0。由此,各类地址的默认子网掩码为:

A 类:11111111.00000000.0000000.00000000 即 255.0.0.0

B 类:11111111.11111111.00000000.00000000 即 255.255.0.0

C 类:11111111.11111111.11111111.00000000 即 255.255.255.0

之所以要配置子网掩码,是因为在 Internet 中,每台主机的 IP 地址都是由网络地址和主机地址两部分组成,为了使计算机能自动的从 IP 地址中分离出相应的网络地址,需专门定义一个网络掩码,也称子网屏蔽码,这样就可以快速地确定 IP 地址的哪部分代表网络号,哪部分代表主机号,判断两个 IP 地址是否属于同一个网络。

8.默认网关

在 Internet 中网关是一种连接内部网与 Internet 上其他网的中间设备,网域名地址(DNS)。

它是由解析器和域名服务器组成的。域名服务器是指保存有该网络中所有主机的域名和对应 IP 地址,并具有将域名转换为 IP 地址功能的服务器。其中域名必须对应一个 IP 地址,而 IP 地址不一定有域名。

域名解析:将域名映射为 IP 地址。

1.3.8.2 网络操作系统

1.3.8.2.1 网络操作系统简介

网络操作系统概述

1.操作系统(OS)

操作系统(OS)是计算机系统中负责提供应用程序的运行环境

以及用户操作环境的系统软件，同时也是计算机系统的核心与基石。它的职责包括对硬件的直接监管、对各种计算资源的管理、以及提供诸如作业管理之类的面向应用程序的服务等。

2.网络操作系统（NOS）

除了实现单机操作系统全部功能外，还具备管理网络中的共享资源，实现用户通信以及方便用户使用网络等功能，是网络的心脏和灵魂。

网络操作系统是网络用户与计算机网络之间的接口，是计算机网络中管理一台或多台主机的软硬件资源、支持网络通信、提供网络服务的程序集合。

1.3.8.3 局域网中常用的网络操作系统

1.3.8.3.1 UNIX

UNIX 是美国贝尔实验室开发的一种多用户、多任务的操作系统。作为网络操作系统，UNIX 以其安全、稳定、可靠的特点和完善的功能，被广泛应用于网络服务器、Web 服务器、数据库服务器等高端领域。主要有以下几个特点：

（1）可靠性高：UNIX 在安全性和稳定性方面具有非常突出的表现，对所有用户的数据都有非常严格的保护措施。

（2）网络功能强：作为 Internet 技术基础的 TCP/IP 协议就是在 UNIX 上开发出来的，而且成为 UNIX 不可分割的组成部分。UNIX 还支持所有最通用的网络通信协议，这使得 UNIX 能方便地与单主机、局域网和广域网通信。

（3）开放性好

UNIX 的缺点是系统过于庞大、复杂，一般用户很难掌握。

1.3.8.3.2 NetWare

NetWare 是 Novell 公司开发的网络操作系统，也是以前最流行的局域网操作系统。NetWare 主要使用 IPX/SPX 协议进行通信。主要具有以下特点：

（1）强大的文件和打印服务功能：NetWare 通过高速缓存的方式

实现文件的高速处理,还可以通过配置打印服务实现打印机共享。

(2)良好的兼容性及容错功能:NetWare 不仅与不同类型的计算机兼容,还与不同的操作系统兼容。同时,NetWare 在系统出错时具有自我恢复的能力,从而将因文件丢失而带来的损失降到最小。

(3)比较完备的安全措施:NetWare 采取了四级安全控制,以管理不同级别用户对网络资源的使用。

NetWare 的缺点:相对于 Windows 操作系统来说,NetWare 网络管理比较复杂。它要求管理员熟悉众多的管理命令和操作,易用性差。

1.3.8.3.3Linux

Linux 是一个"类 UNIX"的操作系统,最早是由芬兰赫尔辛基大学的一名学生开发的。

Linux 是自由软件,也称源代码开放软件,用户可以免费获得并使用 Linux 系统。主要有以下特点:

(1)Linux 是免费的;

(2)较低的系统资源需求;

(3)广泛的硬件支持;

(4)极强的网络功能;

(5)极高的稳定性与安全性。

Linux 的缺点:相对于 Windows 系统来说,Linux 是易用性较差。

1.3.8.3.4Windows9X/ME/XP/NT/2000/2003

1.Windows9X/ME/XP

Windows9X/ME/XP 系列操作系统是微软推出的面向个人计算机的操作系统。严格来说,它并不属于网络操作系统。但是,Windows 系列系统都集成了丰富的网络功能,可以利用其强大的网络功能组建简单的对等网。

2.Windows NT4.0

Windows NT4.0 是微软前一段时间开发的网络操作系统,主要对于局域网开发的。因其界面友好,易于使用,功能强大而抢占了几乎80%的中低端网络操作系统的市场份额。

Windows NT4.0共有两个版本：Windows NT Workstation（工作站版）和Windows NT Server（服务器版）。工作站版主要作为单机和网络客户机操作系统，而服务器版用于配置局域网服务器。

3.Windows 2000

Windows 2000是微软Windows家族的一个重量级产品，是微软众多程序开发者集体的智慧的结晶。主要以下特性：

（1）多任务；

（2）大内存；

（3）多处理器；

（4）即插即用；

（5）集群：利用集群技术，Windows 2000可以将多个服务器虚拟为一个功能强大的服务器，同时为用户提供服务，以引增强其处理能力和提供容错功能；

（6）文件系统：Windows2000在原有文件系统基础上引入了NTFS5.0文件系统，从而支持文件级安全、加密、压缩、磁盘配额等功能；

（7）良好的服务质量：服务质量即对网络通信带宽的保障；

（8）终端服务：通过终端服务，可以使多个用户通过终端窗口同时连接到一台服务器，使用一台计算机的资源，真正实现分步操作。同时，也可以通过终端服务，远程管理服务器；

（9）远程安装服务：通过远程安装服务，可以快速安装网络客户端。比如我们可以通过远程安装服务器同时安装整个网络的客户端系统，大大提高工作效率；

（10）活动目录：Windows 2000的活动目录是一个大型数据库，用于保存Windows 2000网络的资源信息、管理和控制信息。有了活动目录，使我们访问、管理、控制网络资源更加方便；

Windows2000共有4个版本，是一个从低端到高端的全方位的操作系统。这4个版本简介如下：

Windows2000 Professional是单用户及网络客户机操作系统，是

Windows NT Workstation 4.0 的升级版。支持 2 个处理器, 4GB 的物理内存。

Windows2000 Server 是服务器平台的标准版本, 是 Windows NT Server4.0 的升级版, 适合作为中小企业服务器操作系统。它包含了 Professional 的所有功能, 并可以此基础上支持活动目录, IIS 等。它最多支持 4 个处理器, 4GB 的物理内存。

Windows2000 Advanced Serve 适合作为大型企业服务器操作系统, 它包含了服务器版的所有功能, 同时提供了对集群的支持。最大支持 8 个处理器, 8GB 的物理内存。

1.3.8.3.5Windows Server 2003

Windows Server 2003 是微软于 2003 年 4 月正式推出。Windows Server 2003 与 Windows 2000 相比速度更快、更稳定和更安全, 同时也增加了一些新功能, 如邮件服务、IPv6、微软.NET 技术等。Windows Server 2003 同样分 4 个版本, 但全部为服务器版, 没有单机版本。

Windows Server 2003 的 4 个版本分别为:

（1）Web 服务器版: 是微软针对 Web 服务器开发的操作系统, 支持 2 个处理器, 2GB 物理内存, 支持 IIS6.0 和 Internet 防火墙, 同时提供了对微软 ASP.NET 的支持, 是构建 Web 服务器的理想平台。

（2）标准版: 是微软针对于中小企业服务器开发的操作系统, 相当于 Windows 2000 服务器版, 支持 4 个处理器、4GB 物理内存, 可以作为中小企业服务的操作系统。

（3）企业版: 是微软针对于大型企业服务器开发的操作系统, 相当于 Windows 2000 的高级服务器版, 支持 8 个处理器, 32GB 物理内存, 可以作为大型企业服务器的操作系统。

（4）数据中心版: 是微软针对于大型数据仓库开发的操作系统。分两个版本, 分别为 32 位版本和 64 位版本。其中 32 位版本支持 32 个处理器, 64GB 物理内存; 64 位版本支持 64 个处理器, 512GB 物理内存, 可以作为大型数据仓库的操作系统。

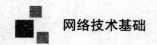

1.4 计算机网络的特点

计算机网络是现代通信技术与计算机技术相结合的产物。所谓计算机网络,就是把分布在不同地理区域的计算机与专门的外部设备用通信线路互连成一个规模大、功能强的网络系统,从而使众多的计算机可以方便地互相传递信息,共享硬件、软件、数据信息等资源。

计算机网络的发展过程大致可以分为具有通信功能的单机系统、具有通信功能的多机系统、计算机网络三个阶段。一个计算机系统连人网络以后,具有共享资源、提高可靠性、分担负荷和实现实时管理等优点。

从 80 年代末开始,计算机网络技术进入新的发展阶段,它以光纤通信应用于计算机网络、多媒体技术、综合业务数据网络 ISDN、人工智能网络的出现和发展为主要标志。90 年代至下个世纪初将是计算机网络高速发展的时期,计算机网络的应用将向更高层次发展,尤其是 Internet 网络的建立,推动了计算机网络的飞速发展。据预测,今后计算机网络具有以下几个特点:

(1)开放式的网络体系结构,使不同软硬件环境、不同网络协议的网可以互连,真正达到资源共享,数据通信和分布处理的目标。

(2)向高性能发展。追求高速、高可靠和高安全性,采用多媒体技术,提供文本、声音图像等综合性服务。

(3)计算机网络的智能化,多方面提高网络的性能和综合的多功能服务,并更加合理地进行网络各种业务的管理,真正以分布和开放的形式向用户提供服务。

随着社会及科学技术的发展,对计算机网络的发展提出了更加有利的条件。计算机网络与通信网的结合,可以使众多的个人计算机不仅能够同时处理文字、数据、图像、声音等信息,而且还可以使这些信息四通八达,及时地与全国乃至全世界的信息进行交换。

一般来说,计算机网络可以提供以下一些主要功能:

(1)资源共享

(2)信息传输与集中处理

(3)均衡负荷与分布处理

(4)综合信息服务通过计算机网络可以向全社会提供各种经济信息、科研情报和咨询服务。 其中, 国际互联网 Internet 上的环球信息网(WWW—World Wide Web)服务就是一个最典型也是最成功的例子。又例如,综合业务数据网络(ISDN)就是将电话、传真机电视机和复印机等办公设备纳人计算机网络中,提供了数字、语音、图形图像等多种信息的传输。

计算机网络目前正处于迅递发展的阶段, 网络技术的不断更新,进一步扩大计算机网络的应用范围。除了前面提到的资源共享和信息传输等基本功能外,计算机网络还具有以下几个主要方面的应用。

(1)远程登录

远程登录是指允许一个地点的用户与另一个地点的计算机上运行的应用程序进行交互对话。

(2)传送电子邮件

计算机网络可以作为通信媒介,用户可以在自己的计算机上把电子邮件(E-mail)发送到世界各地,这些邮件中可以包括文字、声音、图形、图像等信息。

(3)电子数据交换

电子数据交换(EDI)是计算机网络在商业中的一种重要的应用形式。它以共同认可的数据格式,在贸易伙伴的计算机之间传输数据,代替了传统的贸易单据,从而节省了大量的人力和财力,提高了效率。

(4)联机会议

利用计算机网络,人们可以通过个人计算机参加会议讨论。联机会议除了可以使用文字外,还可以传送声音和图像。总之,计算机网络的应用范围非常广泛，它已经渗透到国民经济及人们日常生活的各个方面。

21世纪人类社会将进入信息时代。信息时代的教育科学是什么样子？我们无法给出肯定的结论，因为不确定的因素太多。但是，有一点是确定无疑的。那就是，信息时代的教育规律必须在以计算机和网络为技术平台的教育教学活动中才可能发现。掌握教育信息技术是探索信息社会教育教学规律的基本条件，而信息技术是以计算机及其网络为核心的技术。要科学的掌握计算机及其网络现况的优缺点，在利用计算机及网络进行教学时扬长避短，才能充分发挥计算机及其网络在教学中的作用。

一、计算机及其网络从现况来看存在的优点

1.多媒体计算机及其网络的非线性及媒体综合编辑的特点

多媒体计算机及其网络与传统教学媒体相比"非线性"及媒体综合编辑性能，是多媒体计算机及其网络独具的特点。所谓"非线性及媒体综合编辑"即："媒体任何一段内容可以和媒体另一段不同类型的内容跳跃式连接。"多媒体计算机及其网络的这种功能，非常有利于不同类型的媒体内容重新编辑和交流。

2.计算机及其网络开放式、自由任意快速传播信息的特点

计算机及其网络快速开放式、自由任意传播信息的特点，也是计算机及其网络独具的特点之一。它与传统媒体相比；任意媒体的任意的不同类型的内容，任何人只要需要的话，就可以利用计算机及其网络从世界的一点快速传播到世界的另一点（只受网络协议的限制）。

3.计算机及其网络多次复制信息信息微减弱的特点

相对模拟电视信号而言，计算机及其网络信息具有多次复制，信息微减弱的特点；模拟电视信号是用录像带为载体纪录模拟电视信号，或用有线、无线线性播放实现点到面传播，录像带携带的电视模拟信号多次复制后信号减弱非常快。而计算机及其网络是以多种媒体或网络携带数字信号进行传播，数字信号具有多次复

制信息信息微减弱的特点。并且计算机及其网络可以实现点对点的非线性传播。

4.多媒体计算机及其网络可存储共享"海量"信息的特点

多媒体计算机及其网络可实现资源共享,可存储共享"海量"信息,是由于上述几个特点而使多媒体计算机及其网络,又具备的一项强大的功能;世界各国、各地都建立了庞大的资源信息库,而这些资源信息库又可以使任何人随时随意使用,为我们的学习、工作、交流等提供了非常便利的条件。

5.计算机及其网络可以成为人们终身学习工具的特点

由于上述几项多媒体计算机及其网络的特点,使多媒体计算机及其网络可以成为人们终身学习的工具,任何人在任何地点遵照一定的规定与制度,就可以便利的利用多媒体计算机及其网络进行学习。

6.计算机及其网络可以培养人们养成素质教育的学习习惯

上网可以改变学习方式;互联网既有利于学生现代思维方式的形成,又有利于他们社会化的进程,既能激发其创造潜力,又能激活现代学生的思想,网络让学生接触到了多元的世界文化,接触到开放意识、效率意识、竞争意识、平等意识和全球眼光;他们通过阅读网上大量的超文本信息,潜移默化地学习了现代的发散性思维方法,懂得在处理复杂事物时必须考虑它与周围事物的种种联系,从而改变传统线性思维固有的死板和狭隘。网络还使学生对世界的认识大大超出他们所能直接体验的生存世界,增加了信息量。上网者在上机过程中学习了网络知识,锻炼了动脑、动手能力。

网络的全方位、超时空、互动性和隐蔽性为学生的社会交往提供了更为广泛的机会。学生可以利用快捷的电子邮件、BBS与他人进行远距离交流,这种"戴面具"的交往方式可使学生在平等、宽松的社交环境中尽情展现自我。

二、任何一件事物都具有两重性,即有利就有弊计算机及其网络现在从现况来看存在的缺点

1.由于计算机及其网络是一项新的技术,它还缺少完善的知识产权、技术、运作机制的保障,人们从思想意识、习惯、技术等方面还没有完全接受它,人们对它的信任性、依赖性还很低。而且大多数人还没有掌握计算机及网络技术。并且计算机及其网络的软、硬件,信息资源都没有完善(正在快速发展完善)。这一切都需要一个较长的时间磨合、运作。

2.通过实践长期使用计算机及网络工作、学习,也会造成其人生观、价值观的冲突与失范,也会弱化其社会道德感和责任意识;也导致了一些学生人文精神的失落。有的学生承认上网影响自己的学习和生活。同时又困扰着他们。网络的各种信息真假难辨,良莠不齐。色情网站。网络的成瘾性还给一些中学生带来身心危害,间接和符号化的交往形式,削弱了同他人面对面的交往机会和愿望。上网学生中20%的人有情绪低落和孤独感,与家人、朋友关系疏远。有些学生走出网络后面对不理想的社会现实,感到悲观失落。网络的高技术容易使中学生对网络技术产生过度或单一崇拜,从而导致人文精神的失落。调查发现,许多学生沉迷于图像化、平面的、标准式的网络快餐文化,而导致思考的能力不足,写不出漂亮的汉字,计算能力下降。一些学生对网上黑客十分崇拜,缺乏对自己行为的责任感。

互联网的发展对学生的教育工作呈现新的特点,学校教育应该研究这些问题,实现网上、网下育人相结合,促进学生整体素质的提高。

我们已经现在进入被称为 web 2.0 的网络时代。这个阶段互联网的特征包括搜索,社区化网络,网络媒体(音乐,视频等),内容聚合和聚集(RSS),mashups(一种交互式 Web 应用程序),以及更多。目前大部分都是通过电脑接入网络,但是,未来我们将从移动设备(如 Iphone)和电视机(如 Xbox Live 360)上感受到更多登陆网络的愉悦。

综合所有的因素考量,未来 10 年,将有 10 大网络趋势出现。

1.语义网

Sir Tim Berners-Lee(Web 创始者)关于语义网的观点成为人们的重要关注已经很长一段时间了。事实上,它已经象大白鲸一样神乎其神了。总之,语义网关涉到机器之间的对话,它使得网络更加智能化,或者象 Berners-Lee 描述的那样,计算机"在网络中分析所有的数据—内容,链接以及人机之间的交易处理"。在另一个时候,Berners-Lee 把它描述为"为数据设计的似网程序",如对信息再利用的设计。

就象 Alex 在《通往语义网》中写道,语义网的核心是创建可以处理事物意义的元数据来描述数据,一旦电脑装备上语义网,它将能解决复杂的语义优化问题。

因此,什么时候语义网时代才会到来呢?创建语义网的组件已经出现:RDF,OWL,这些微格式只是众多组件之一.但是,Alex 在他文章中指出,将需要一些时间来诠释世界的信息,然后再以某种合适的方式来捕获个人信息。一些公司,如 Hakia,Powerset 以及 Alex 自己的 adaptive blue 都正在积极的实现语义网,因此,未来我们将变得关系更亲密,但是我们还得等上好些年,才能看到语义网的设想实现。

2.人工智能

人工智能可能会是计算机历史中的一个终极目标。从 1950 年,阿兰图灵提出的测试机器如人机对话能力的图灵测试开始,人工智能就成为计算机科学家们的梦想。

在接下来的网络发展中,人工智能使得机器更加智能化。在这个意义上来看,这和语义网在某些方面有些相同。

我们已经开始在一些网站应用一些低级形态人工智能。Amazon.com 已经开始用 Mechanical Turk(注:一种人工辅助搜索技术)来介绍人工智能,以及它的任务管理服务。它能使电脑程序调整人工智能的应用来完成以前电脑无法完成的任务。自从 2005 年 11 月创建以来,Mechanical Turk 已经逐渐有了一些追随者,有一个"Turker"聚集的论坛叫 Turker 国度,看起来已经有相当部分的人光顾这里。但是,在我们 1 月份对它进行报道的时候,它看起来当时的用户并没有刚刚建立起来时候那么多。

尽管如此,人工智能还是赋予了网络很多的承诺。人工智能技术现在正被用于一些象 Hakia,Powerset 这样的"搜索 2.0"公司。Numenta 是 Tech legend 公司的 Jeff Hawkins (掌上型电脑发明者)创立的一个让人兴奋的公司,它试图用神经网络和细胞自动机建立一个新的脑样计算范例。这意味着 Numenta 正试图用电脑来解决一些对我们来说很容易的问题,比如识别人脸,或者感受音乐中的式样。由于电脑的计算速度远远超过人类,我们希望新的疆界将被打破,使我们能够解决一些以前无法解决的问题。

3.虚拟世界

作为将来的网络系统,第二生命(second life)得到了很多主流媒体的关注。但在最近一次 Sean AmmiratiI 参加的超新星小组(Supernova panel)会议中,讨论了一些涉及许多其他虚拟世界的机会。下列图形是一个很好的概括:

4.移动

移动网络是未来另一个发展前景巨大的网络应用。它已经在亚洲和欧洲的部分城市发展迅猛。今年推出的苹果 iphone 是美国市场移动网络的一个标志事件。这仅仅是个开始。在未来的 10 年的时间将有更多的定位感知服务可通过移动设备来实现,例如当你逛当地商场时候,会收到很多你定制的购物优惠信息,或者当你在驾驶车的时候,收到地图信息,或者你周五晚上跟朋友在一起的时候收到玩乐信息。我们也期待大型的互联网公司如,YAHOO,GOOGLE 成为主要的移动门户网站,还有移动电话运营商。

虽然 iphone 在美国(或者其他当 iphone 投放到其他国家后)进行了大肆宣传,iphone 至少会存在 10 年,直到移动网络设备取得重大突破。

5.注意力经济

注意力经济是一个市场,在那里消费者同意接受服务,以换取他们的注意。例子包括：个性化新闻，个性化搜索，消费建议。注意力经济表示消费者拥有选择权，他们可以选择在什么地方'消费'他们的关注。另一个关键因素是注意力是有关联性的，只要消费者看到相关的内容，他/她会继续集中注意力关注，那样就会创造更多的机会来出售。

期望在未来十年看到这个概念在互联网经济中变得更加重要。我们已经看到像 AMAZON 和 netflix 这样的公司，但是还有很多机会有待新的创业者发掘。

6.提供网络服务的网站

三月份，Alex 在一篇文章中写道，随着越来越多的网站变得综合性，整个网站系统正在变成一个平台和数据库。大型网站将会转化提供为网络服务，将把他们的信息有效地暴露给世界。这种变革从来不是顺利的，如伸缩性是一个大问题，法律上也不是简单的。

不过，ALEX 说网站变成为提供网路服务，这并不是一个问题，问题是何时开始及怎么做。

这种转变将会以下两种方式中一种发生。有些网站会效仿 AMAZON 和 del.icio.us 以及 flickr 网站，并通过一个 REST API (专业术语)来提供信息。其他网站会尽量保持自己的信息不公开。

7.在线视频/网络电视

这个趋势已经在网络上爆炸般显现，但是你感觉它仍有很多未待开发的，还有很广阔的前景。2006 年 10 月，GOOGLE 获得了这个地球上最热门在线视频资源 youtube 。同月，kazaa 与 skype 的创始人也正在建立一个互联网电视服务，呢称威尼斯项目(后来命名 joost)。2007 年，youtube 继续称霸，同时，互联网电视服务正在慢慢腾飞。

我们的网络博客 last100 以评论 8 个主要的网络电视应用程序的方式对目前互联网电视发展前景做了一个很好概述。读写网的 JOSH CATONEYE 也分析了其中的 3 个——joost,babelgum,zattoo。

很明晰的是，在未来的 10 年里，互联网电视将和我们现在完全不一样。更高的画面质量,更强大的流媒体,个性化,共享以及更多优点,都将在接下来的 10 年里实现,或许一个大问题是"现在主流的电视网(全国广播公司,有线电视新闻网等)怎么适应?"

8.富互联网应用程序(RIA)

随着目前混合网络／桌面应用程序发展趋势的继续,我们将能期望看到 RIA (丰富互联网应用程序) 在使用和功能上的继续完善。adobe 的空中平台是富互联网应用程序的一个领跑者之一,还有微软公司的层编程框架(WPF)。另外,在交叉区域的是 LASZLO的开放性 openlaszlo 平台,还有一些其他的刚刚创建的公司提供富互联网应用程序(RIA)平台。我们不能忘记的是,AJAX(一种交互程序语言)也被认为是一种富互联网应用程序(RIA),这还需要去看 AJAX 将能持续多久,或者还是会有"2.0"。

9.国际网络

截至 2007 年,美国仍是互联网的主要市场。但是,在 10 年的时间里,事情可能会发生很大的变化。中国是一个常常被提到的增长市场,但是,其他人口大国也会增长,不如印度和非洲国家。

对于大多数 web 2.0 应用及网站(包括读写网)而言,美国市场组成了它们超过 50%的用户。确实,comscore 在 2006 年 11 月份的报告显示,顶级网站 3/4 的网络流量是来自国际用户。Comscore 还显示, 美国 25 家大网站里面, 有 14 家吸引的国际用户比本土更多,包括前 5 位的网站——YAHOO,时代华纳,微软,GOOGLE,E-BAY。

但是,现在还是刚刚开始,国际网络市场的收入在现在还不是很大。在未来 10 年的时间里,国际互联网的收入将会增加。

10.个性化

在 2007 年, 个性化一直是一个很强势的话题, 特别是对GOOGLE 来说。读写网针对个性化 GOOGLE 做了一个一周专题。但是你可以看到这个趋势在许多新兴的 2.0 公司中显示出来,从 last.fm 到 mystrands,YAHOO 个人主页以及更多。

1.5 计算机网络的应用

1.5.1 以太网

（EtherNet）以太网最早是由 Xerox（施乐）公司创建的，在 1980 年由 DEC、Intel 和 Xerox 三家公司联合开发为一个标准。以太网是应用最为广泛的局域网，包括标准以太网（10Mbps）、快速以太网（100Mbps）、千兆以太网（1000 Mbps）和 10G 以太网，它们都符合 IEEE802.3 系列标准规范。

（1）标准以太网

最开始以太网只有 10Mbps 的吞吐量，它所使用的是 CS-MA/CD（带有冲突检测的载波侦听多路访问）的访问控制方法，通常把这种最早期的 10Mbps 以太网称之为标准以太网。以太网主要有两种传输介质，那就是双绞线和同轴电缆。所有的以太网都遵循 IEEE 802.3 标准，下面列出是 IEEE 802.3 的一些以太网络标准，在这些标准中前面的数字表示传输速度，单位是"Mbps"，最后的一个数字表示单段网线长度（基准单位是 100m），Base 表示"基带"的意思，Broad 代表"宽带"。

·10Base – 5 使用粗同轴电缆，最大网段长度为 500m，基带传输方法；

·10Base – 2 使用细同轴电缆，最大网段长度为 185m，基带传输方法；

·10Base – T 使用双绞线电缆，最大网段长度为 100m；

·1Base – 5 使用双绞线电缆，最大网段长度为 500m，传输速度为 1Mbps；

·10Broad – 36 使用同轴电缆（RG – 59/U CATV），最大网段长度为 3600m，是一种宽带传输方式；

·10Base – F 使用光纤传输介质，传输速率为 10Mbps；

（2）快速以太网

（Fast Ethernet）随着网络的发展,传统标准的以太网技术已难以满足日益增长的网络数据流量速度需求。在 1993 年 10 月以前,对于要求 10Mbps 以上数据流量的 LAN 应用, 只有光纤分布式数据接口 （FDDI）可供选择,但它是一种价格非常昂贵的、基于 100Mpbs 光缆的 LAN。1993 年 10 月,Grand Junction 公司推出了世界上第一台快速以太网集线器 FastSwitch10/100 和网络接口卡 FastNIC100,快速以太网技术正式得以应用。随后 Intel、SynOptics、3COM、BayNetworks 等公司亦相继推出自己的快速以太网装置。与此同时,IEEE802 工程组亦对 100Mbps 以太网的各种标准,如 100BASE – TX、100BASE – T4、MII、中继器、全双工等标准进行了研究。1995 年 3 月 IEEE 宣布了 IEEE802.3u 100BASE – T 快速以太网标准(Fast Ethernet),就这样开始了快速以太网的时代。

快速以太网与原来在 100Mbps 带宽下工作的 FDDI 相比它具有许多的优点, 最主要体现在快速以太网技术可以有效的保障用户在布线基础实施上的投资, 它支持 3、4、5 类双绞线以及光纤的连接,能有效的利用现有的设施。

快速以太网的不足其实也是以太网技术的不足, 那就是快速以太网仍是基于载波侦听多路访问和冲突检测(CSMA/CD)技术,当网络负载较重时,会造成效率的降低,当然这可以使用交换技术来弥补。

100Mbps 快速以太网标准又分为:100BASE – TX 、100BASE – FX、100BASE – T4 三个子类。

·100BASE – TX:是一种使用 5 类数据级无屏蔽双绞线或屏蔽双绞线的快速以太网技术。它使用两对双绞线,一对用于发送,一对用于接收数据。在传输中使用 4B/5B 编码方式, 信号频率为 125MHz。符合 EIA586 的 5 类布线标准和 IBM 的 SPT 1 类布线标准。使用同 10BASE – T 相同的 RJ – 45 连接器。它的最大网段长度为 100 米。它支持全双工的数据传输。

·100BASE – FX:是一种使用光缆的快速以太网技术,可使用单模和多模光纤(62.5 和 125um)多模光纤连接的最大距离为 550 米。单模光纤连接的最大距离为 3000 米。在传输中使用 4B/5B 编码方式,信号频率为 125MHz。它使用 MIC/FDDI 连接器、ST 连接器或 SC 连接器。它的最大网段长度为 150m、412m、2000m 或更长至 10 公里,这与所使用的光纤类型和工作模式有关,它支持全双工的数据传输。100BASE－FX 特别适合于有电气干扰的环境、较大距离连接、或高保密环境等情况下的适用。

·100BASE－T4:是一种可使用 3、4、5 类无屏蔽双绞线或屏蔽双绞线的快速以太网技术。它使用 4 对双绞线,3 对用于传送数据,1 对用于检测冲突信号。在传输中使用 8B/6T 编码方式,信号频率为 25MHz,符合 EIA586 结构化布线标准。它使用与 10BASE－T 相同的 RJ－45 连接器,最大网段长度为 100 米。

(3)千兆以太网

(GB Ethernet)随着以太网技术的深入应用和发展,企业用户对网络连接速度的要求越来越高,1995 年 11 月,IEEE802.3 工作组委任了一个高速研究组(HigherSpeedStudy Group),研究将快速以太网速度增至更高。该研究组研究了将快速以太网速度增至 1000Mbps 的可行性和方法。1996 年 6 月,IEEE 标准委员会批准了千兆位以太网方案授权申请(Gigabit Ethernet Project Authorization Request)。随后 IEEE802.3 工作组成立了 802.3z 工作委员会。IEEE802.3z 委员会的目的是建立千兆位以太网标准:包括在 1000Mbps 通信速率的情况下的全双工和半双工操作、802.3 以太网帧格式、载波侦听多路访问和冲突检测(CSMA/CD)技术、在一个冲突域中支持一个中继器(Repeater)、10BASE－T 和 100BASE－T 向下兼容技术千兆位以太网具有以太网的易移植、易管理特性。千兆以太网在处理新应用和新数据类型方面具有灵活性,它是在赢得了巨大成功的 10Mbps 和 100Mbps IEEE802.3 以太网标准的基础上的延伸,提供了 1000Mbps 的数据带宽。这使得千兆位以太网成为高速、宽带网络应用的战略性选择。

1000Mbps 千兆以太网主要有以下三种技术版本：1000BASE－SX、－LX 和－CX 版本。1000BASE－SX 系列采用低成本短波的 CD（compact disc，光盘激光器）或者 VCSEL（Vertical Cavity Surface Emitting Laser，垂直腔体表面发光激光器）发送器；而 1000BASE－LX 系列则使用相对昂贵的长波激光器；1000BASE－CX 系列则打算在配线间使用短跳线电缆把高性能服务器和高速外围设备连接起来。

（4）10G 以太网

10Gbps 的以太网标准已经由 IEEE 802.3 工作组于 2000 年正式制定，10G 以太网仍使用与以往 10Mbps 和 100Mbps 以太网相同的形式，它允许直接升级到高速网络。同样使用 IEEE 802.3 标准的帧格式、全双工业务和流量控制方式。在半双工方式下，10G 以太网使用基本的 CSMA/CD 访问方式来解决共享介质的冲突问题。此外，10G 以太网使用由 IEEE 802.3 小组定义了和以太网相同的管理对象。总之，10G 以太网仍然是以太网，只不过更快。但由于 10G 以太网技术的复杂性及原来传输介质的兼容性问题（只能在光纤上传输，与原来企业常用的双绞线不兼容了），还有这类设备造价太高（一般为 29 万美元），所以这类以太网技术还处于研发的初级阶段，还没有得到实质应用。

一、高速以太网

速率达到或超过 100Mb/s 的以太网称为高速以太网。

1.高速以太网的特点

高速以太网系统分两类：由共享型集线器组成的共享型高速以太网系统和有高速以太网交换机构成的交换性高速以太网系统。100Base-FX 因使用光缆作为媒体充分发挥了全双工以太网技术的优势。100Base-T 的网卡有很强的自适应性，他能够自动识别能够自动识别 10Mb/s 和 100Mb/s。10Mb/s 和 100Mb/s 的自适应系统是指端口之间 10Mb/s 和 100Mb/s 传输率的自动匹配功能。自适应处理过程具有以下两种情况：

1）原有 10Base-T 网卡具备自动协商功能，即具有 10Mb/s 和 100Mb/s 自动适应功能，则双方通过 FLP 信号进行协商和处理，最后协商结果在网卡和 100Base-TX 集线器的相应端口上均形成 100Base-TX 的工作模式。

2）原有 10Base-T 网卡不具备自动协商功能的，当网卡与具备 10Mb/s 和 100Mb/s 自动协商功能的集线器端口连接后，集线器端口向网卡端口发出 FLP 信号，而网卡端口不能发出快速链路脉冲（FLP）信号，但由于在以往的 10Base-T 系统中，非屏蔽型双绞线（UTP）媒体的链路正常工作时，始终存在正常链路脉冲（NLP）以检测链路的完整性。所以在新系统的自动协调过程中，集线器的 10Mb/s 和 100Mb/s 自适应端口接收到的信号是 NLP 信号；由于 NLP 信号在自动协调协议中也有说明，FLP 向下兼容 NLP，这样集线器的端口就自动形成了 10Base-T 工作模式与网卡相匹配。

2.高速以太网的类型

（1）共享型快速以太网系统:使用共享型集线器。

（2）交换型以太网系统:使用快速以太网交换器。

当千兆以太高速以太网的适用范围适用于较远距离的传输，高速以太网使用的介质。光纤:作为网络的物理介质，提供基本带宽。高密度波分多路复用:基本带宽的增倍器，提高每根光纤的通信容量。太比特交换式路由器，是大量的基本带宽转化为可用的带宽。高速以太网的传输速率。

二、以太网分类

高速以太网的传输速率最低为百兆，基本传输速率应为千兆、万兆甚至更高。千兆以太网在 1995 年后期,IEEE 802.3 委员会就组建了一个工作小组，以研究在以太网的环境下如何使分组包的传输速度达到 Gbit（即千兆）级。如今千兆以太网的技术标准已经成熟,并有了一些成功的应用。千兆以太网不仅仅定义了新的媒体和传输协议，还保留了 10M 和 100M 以太网的协议、帧格式,以保持其向下兼容性。随着越来越多的人使用 100M 以太网,越来越多的业务负荷在骨干网上承载,千兆以太网就应运而生。

千兆以太网用于连接核心服务器和高速局域网交换机。每个局域网交换机都有 10/100M 自适应端口和 1G 的上行端口。图 1 为千兆以太网的典型应用。千兆以太网的协议栈结构包括物理层和介质访问层(MAC),该 MAC 层是 802.3 的 MAC 层算法的增强版本。除了使用非屏蔽的双绞线,对于其他媒介,都可以使用新定义的 gigabit medium-independent interface (GMII),GMII 是一种 8bits 的并行同步收发接口,它用于芯片和芯片的标准接口,可以满足不同芯片供应商对于 MAC 层和物理层的互连互通。

(一)介质访问层

千兆以太网使用 IEEE 802.3 定义的 10M/100M 以太网一致的 CSMA/CD 帧格式和 MAC 层协议。以太网交换机(全双工模式)中的千兆端口不能采用共享信道方式访问介质,而只能采用专用信道方式,这是因为在专用信道方式下,数据的收发能够不受干扰地同步进行。

由于以太网交换技术的发展,不采用 CSMA/CD 协议也能全双工操作。千兆以太网规范发展完善了 PAUSE 协议,该协议采用不均匀流量控制方法最先应用于 100M 以太网中。

(二)物理层

千兆以太网协议定义了以下四种物理层接口:

1.1000BASE-LX:较长波长的光纤,支持 550 m 长的多模光纤(62.5 μm 或 50 μm)或 5 Km 长的单模光纤(10 μm),波长范围为 1270 到 1355 nm;

2.1000BASE-SX:较短波长的光纤,支持 275 m 长的多模光纤(62.5 μm)或 550 m 长的多模光纤(50 μm),波长范围为 770 到 860 nm;

3.1000BASE-CX:支持 25 m 长的短距离屏蔽双绞线,主要用于单个房间内或机架内的端口连接;

4.1000BASE-T:支持 4 对 100 m 长的 UTP5 线缆,每对线缆传

输250M 数据。

（三）用于千兆以太网的数字信号编码技术

除非物理层是双绞线方式，千兆以太网的数字信号编码方式均是 8B/10B，这种方式在发送的时候将 8bits 数据转换成 10bits，以提高数据的传输可靠性。8B/10B 方式最初由 IBM 公司发明并应用于 ESCON(200M 互连系统)中。这种编码方式具有以下优点：

1.实现相对简单，并以廉价的方式制造可靠的收发器；

2.对于任何数字序列，相对平衡地产生一样多的 0,1 比特；

3.提供简便的方式实现时钟的恢复；

4.提供有用的纠错能力。

8B/10B 编码是 mBnB 编码方式的一个特例。所谓 mBnB 编码即在发送端，将 m bits 的基带数据映射成 n bits 数据发送。当 n > m 时，在发送侧就产生了冗余性。对于 8B/10B 编码，即是将 8bits 的基带数据映射成 10bits 的数据进行发送，这种方式也叫做不一致控制。从本质上讲，这种方式防止在基带数据中过多的 0 码流或 1 码流，任何一方过多的码流均造成了这种不一致性。协议中还定义了 12 种非有效数据的序列，主要用于系统同步和其他控制用途。

对于物理层为双绞线的千兆以太网，编码方式为 PAM-5（5 Level Pulse Amplitude Modulation）。PAM-5 采用 5 种不同的信号电平编码来代替简单的二进制编码，可以达到更好的带宽利用。每四个信号电平能够表示 2 个 bits 信息，再加上第五个信号电平用于前向纠错机制。

三、万兆以太网

（一）以"千"进"万"

网还没有大规模应用的时候，人们已经提出万兆以太网的概念。特别是 Internet 和 Intranet 上的业务流量呈爆炸式的增长，万兆以太网的协议研究及工程实现就越发迫切起来。目前造成 Internet 和 Intranet 上业务流量快速增长的几个因素如下：

1.网络连接数的增加；

2.网络终端的连接速率的增加(例如 10M 网用户升级到 100M 网用户,56K 的 Modem 用户升级到 xDSL 或 Cable Modem 用户);

3.对带宽要求高的业务的增加,例如高清晰度的视频点播业务;

4.网络主机的增加及主机业务的增加。

最初,运营商们主要将万兆以太网应用于大容量的以太网交换机间的高速互连,随着带宽需求的增长,万兆以太网将应用于整个网络,包括应用服务器,骨干网和校园网。这种技术使得 ISP 和 NSP 能够以一种廉价的方式提供高速的服务。

这种技术同时可以应用于城域网和广域网的建设,这样局域网技术就能够与 ATM 或其他广域网络技术竞争。在大多数情况下,用户需要数据通过 TCP/IP 实现全网的无缝连接,从用户终端到网络业务提供者,而万兆以太网真正做到这一点。由于不需要将以太网的分组包分拆或重组成 ATM 信元,避免了带宽的浪费,这种网络真正做到端到端的以太网。

IP 技术和万兆以太网技术的结合不仅仅能够提供高质量的服务,同时能够进行有效的流量控制,而在以前只有 ATM 能够做到。

根据万兆以太网的应用场合不同,已经定义了不同的光纤接口(光纤的波长和传输距离)。最大的传输距离从 300 m 一直到 40 km,并采用了多种光纤介质,以全双工方式运行。比较了几种不同以太网端口速率的最大传输距离。

(二)万兆以太网具有的显著特征

1.万兆以太网不再支持半双工数据传输,所有数据传输都以全双工方式进行,这不仅极大地扩展了网络的覆盖区域,而且使标准得以大大简化。

2.为使万兆以太网不但能以更优的性能为企业骨干网服务,更重要的是,还要从根本上对广域网以及其它长距离网络应用提供最佳支持,尤其是还要与现存的大量 SONET 网络兼容,该标准对物理层进行了重新定义,使得其兼容性大大提高。

3.网络费用是决定一种网络技术发展速度的重要因素。竞争和规模效应使以太网设备的价格很快下降。尽管快速以太网产品从1994年才进入市场,但是最近两年,这些产品的价格也大幅度下降。10G以太网的价格趋势也会与快速以太网一样。IEEE的目标是以两到三倍的100Base-FX接口的价格建立10G以太网连接。

（三）以太网技术发展存在的问题

尽管10G以太网在提供基于以太网的广域网方面向前迈出了非常重要的一步,但要作为城域网的全面解决方案还是缺乏一些关键的性能。在城域网中,10G以太网还面临着其他一些挑战。

以太网因为其数据包最优化而著称,这种技术对于共享访问和突发性业务流量是非常有效的。但是10G以太网难于支持多业务,因为它缺乏QoS能力。RSVP和IEEE802.1P能提供QoS,但是仍无法和的ATM技术的QoS相比。服务供应商们可能会在城域网中继续使用SONET/SDH技术。

建立多业务城域网的另一种方法是使用DWDM,让一部分波长载运10G以太网,另一部分载运其他业务流比如SONET/SDH,以及多个千兆以太网数据流。虽然与千兆以太网相比,10G以太网网络的可扩展性因为速度和传输距离的提高而得到了提高,但这些改进在本质上仍然是有限的。当带宽的需求扩展到OC-768（或者是40Gbps）时,问题还没有解决。此外,考虑到城域网的复杂性不断增加,所以必须进行流量工程设计。DWDM的MPLamda与10G以太网的多协议标记交换（MPLS）技术共同提供了这一至关重要的业务流量工程设计能力。

总之,虽然10G以太网的容量和传输距离得到了很大提高,但是,无法解决新型城域网对多业务的要求,同时,在传输距离进一步提高的情况下,难以应付。

四、扩展的以太网

（一）以太网的扩展

有些时候我们想在扩展以太网的范围,有以下两种方式:

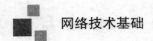

1.在物理层上扩展以太网

也就是再使用一个集线器将原本的几个以太网连接起来,这样的确扩大了以太网的范围,但是也会产生一些问题。比如一个学校有三个系,每个系有一个以太网,然后用一个集线器将这三个系在连接起来,这样的话三个系也能够通信了,但是原本一个以太网的通信量是 10M/s,三个以太网就是 30M/s,但是使用一个集线器连接起来之后三个碰撞域就变成一个碰撞域了,这样的通信量还是10M/s,这样的效率就会降低很多,另外不同的系使用不同的以太网技术就不能使用集线器直接连接了,所以这样并不是非常好。

2.在数据链路层扩展以太网

(1)在数据链路层扩展以太网要使用网桥,最最简单的网桥拥有两个接口,一般都有多个接口,每一个接口连接一个网段,网桥内部有转发表,表记录了主机所在的网段。网桥能够通过内部软件和一些协议来完成转发。网桥最主要的好处就是过滤通信量,增大通信量另外还扩大了以太网的范围,提高可靠性,当一个网段出问题的时候,其他网段不会出问题,能够连接不同物理层,不同速率的网段。但是网桥有一些问题,一个是转发的时候需要先存储在转发,然后还有运行 CSMA/CD 算法,来判断此时能否转发,以及是否发生碰撞。

此外 Mac 层并没有流量控制功能,当流量过多时,网桥缓存不够的时候就会发生溢出,造成帧的丢失。

(2)透明网桥

透明网桥是一种即插即用的设备,不需要配置转发表,它能够自己学习从而建立自己的转发表。网桥接收到消息之后首先查找转发表,看看是否有匹配的接口,有的话就通过该接口转发,否则的话通过所有其它接口进行转发。

(3)多接口网桥(以太网交换机)

以太网交换机需要特别指出的就是它可以方便的实现虚拟局域网(Virtual?LAN),当划分虚拟局域网之后,虚拟组中的任何一台主机发送信息只会组总的其他主机收到广播数据，而组之外的主机不能收到数据。这样就能够减少网络传播过多的信息而引起网络恶化。

（二）扩展以太网的优点

1.扩展传统以太网

（1）扩展传统以太网的带宽：每个以太网交换机的端口对用户提供专用的 10Mb/s 带宽，由交换机所提供的端口数目可以灵活有效地伸缩带宽性能，也可以由以太网交换机提供 100Mb/s 的快速以太网端口，用以连接高速率的服务器和网络干线 LAN 段，以进一步提高网络性能。

（2）加快网络响应时间：在以太网交换机端口上，可以由少数几个用户共享同一个 10Mb/s 的带宽，甚至只有一个用户独占 10Mb/s 带宽。这样可以明显地加快网络的响应速度。这是减少甚至消除了在网络上发生数据包碰撞的直接结果。

（3）部署和安装的费用低：以太网交换机使用现有的 10Mb/s 的以太网电缆布线（一般可以使用第 3 类 UTP），原有的网络接口卡，集线器和软件，保护了企业网原有的投资，在互连网络中加进一台以太网交换机通常简便可行。

（4）提高网络的安全性：因为交换机只对和数据包的目的地地址相联系的端口送出单点传送的数据包，其它地址的用户接收不到通信。当每个交换机端口支持单个用户，或者当部署虚拟 LAN 的情况，提高网络安全性的程度是最大的。

2.使用快速以太网的优点

无论是单独使用，或者把它和以太网交换机联合使用时，快速以太网集线器都提供直接的性能优点，包括：

（1）提高以太网的原生带宽：在任何环境下，即便不使用交换机，快速以太网使网络的原生带宽达到 100Mb /s，它特别适用在具有突发的通信和传送大型数据文件的应用环境中。

（2）对"奔腾"和其他高档的 PC 工作站提供强力的网络支持：

高档 PC 一般使用 EISA 或 PCI 总线，要获得这类计算机的完整的性能优点，要求通信网络具备 100Mb/s 的吞吐量。

（3）简便和容易安装使用：不需要装额外的软件或者设置参数，只须简便地把 100Mb/s 网卡插入快速以太网集线器中，便可以实现快速以太网的性能。

（4）低的部署费用：在有第 5 类 UTP 电缆接线和 10/100 Mb/s 自动转换网卡的新网络环境中，在每个端口的基础上，快速以太网集线器装置的费用大致和以太网集线器相当。快速以太网也保留传统以太网的技术知识和在管理工具以及应用软件方面的投资。

3.联合使用交换的以太网和快速以太网

在大多数情况，如中、大规模的企业网中，以太网交换机和快速以太网集线器是互相配合使用的，而不是两者之中择一的计划。两者配合在一起工作，经济有效地优化网络性能。

例如：在一个中、大型的企业网中，使用办公自动化和文字处理应用? 般用户能够保持在连接到以太网交换机的 10Base-T 集线器上，共享 10Mb/s 的带宽；从事工程设计，财会处理的用户能够取得在以太网交换机上专用的 10Base-T 端口，以便独占 10Mb/s 的带宽；有更高数据吞吐的用户，如有大型文件传输、图像密集处理的用户，能够连接到 100Base-T 集线器的端口上，取得 100Mb/s 的带宽。此外，100Base-T 集线器也能够提供对公司级服务器的访问，也可以用作互相连接交换机的干线。

千兆位以太网

对 LAN 的带宽需求是没有限制的。继交换的以太网和快速以太网技术以后，业界在 1994 年又提出了千兆位以太网的设想，并且在 1998 年上半年建立了在光纤和短程铜线介质上运行的千兆位以太网技术标准，同时已由某些网络厂商推出了相应的产品。

千兆位以太网更显著地提高了传统以太网的原生带宽，比后者高出 100 倍，此外，它具备以下特点：

（1）千兆位以太网使用传统的 CSMA/CD 介质访问控制协议。

因此它和传统以太网,快速以太网有良好的兼容性,容易互相配合在一起工作,网络的升级也很容易。

(2)保护原有网络的投资。可以保留现有网络的应用程序、操作系统和网络层协议。原有的网络管理软件也适用于千兆位以太网。

(3)千兆位以太网是迄今数据速率最高的局域网,但是它和快速以太网等同一族的局域网相同,是对数据通信优化设计的。因此,它不具备像 ATM LAN 所特有的多媒体通信的适用性能。

(4)千兆位以太网可用于多种传输介质。如短程和长程铜线、多模和单模光纤、在短程铜线(第 5 类 UTP)上的通信距离为 25~100m,在单模光纤介质上的通信距离为 2km。

(5)以低的成本费用提供网络升级。它以 2~3 倍当前快速以太网的成本,提供 10 倍于后者的性能。对用户和网管人员无需作新的培训,网管工具和应用程序可以保持不变。

(6)千兆位以太网和 ATMLAN 是当前两种最新型的高速局域网技术,前者比后者易于实现,立即能够收到提高网络性能的效果。

在两台快速以太网交换机之间需要有高速数据通信连接的情况,用千兆位以太网连接取代这两台交换机之间的 100Mb/s 速率的连接,是适当的应用例子。网络管理人员需要在两台快速的以太网交换机上安装千兆位以太网接口模块,通过它连接两台交换机。通过千兆位以太网段的高速连接使原有的互连网络系统能够支持更多的交换式和共享机快速以太网。为用户提供加强的对所有局域网资源的访问能力。

4.提供高速的交换机与超级服务器的连接

网络管理人员需要在交换机和超级服务器中分别安装千兆位以太网模块和千兆位以太网接口卡。为了支持一台以上的超级服务器,可以通过安装一台带有高速缓存器的分配器和交换机相连接。采用这种结构的企业网能够大幅度地提高网络中的末端用户对超级服务器的访问能力。

5.把企业网干线升级到千兆位以太网级别

使用高速率的千兆位以太网交换机作为中心交换机，它能够支持多台 100/1000 Mb/s 的交换机，用这样的高速率干线取代原来使用的 100Mb/s 快速以太网干线，原有的 100Mb/s 干线降级成为次一级的网络干线，使整个企业网中各个级别网络段的带宽各提高10 倍。这样提高的数据通信速率可以使末端用户对因特网和企业内部网各个部分更加快速的访问能力。

（三）以太网扩展的缺点

1.以太网的标准

在二层交换网中应用最广泛的是采用 IEEE 802.3 标准的以太网（Ethernet）。

目前，全世界的局域网 90%以上是采用以太网技术组网的。随着以太网技术的发展，该技术已经进入接入网和城域网领域。在本讲中，笔者提出了以太网交换技术中存在虚电路的新观点。1 以太网的分类以太网的特点是多个数据终端共享传输总线。以太网按其总线的传输速率可划分为 10 Mbit/s 以太网、100 Mbit/s 以太网、1 000 Mbit/s（吉比特）以太网以及 10 Gbit/s 以太网等；以太网按其总线的传输介质可划分为同轴电缆以太网、双绞线以太网以及光纤（多模、单模）以太网。2 载波侦听多路访问 / 冲突检测（CSMA/CD）协议共享式以太网的核心思想是多个主机共享公共传输通道。在电话通信中采用了时分、频分或码分等方法，使多个用户终端共享公共传输通道。但在数据通信中，数据是突发性的，若占用固定时隙、频段或信道进行数据通信，会造成资源上的浪费。若多个主机共享公共传输通道（总线）而不采取任何措施，必然会产生碰撞与冲突。CSMA/CD 协议正是为解决多个主机争用公共传输通道而制定的。

（1）载波侦听多路访问（CSMA）每个以太网帧（MAC 帧）均有源主机和宿主机的物理地址（MAC 地址）。当网上某台主机要发送MAC 帧时，应先监听信道。如果信道空闲，则发送；如果发现信道上有载波（指基带信号），则不发送，等信道空闲时立即发送或延迟一个随机时间再发送,从而大大减少碰撞的次数。

(2)碰撞检测(CD)对于碰撞检测,在一般情况下,当总线上的信号摆动超过正常值时,即认为发生冲突。这种检测方法容易出错,因为信号在线路上传播时存在衰耗,当两个主机相距很远时,另一台主机的信号到达时已经很弱,与本地主机发送的信号叠加时,达不到冲突检测的幅度,就会出错。为此,IEEE 802?郾3标准中限制了线缆的长度。目前,应用较多的冲突检测方法是主机的发送器把数据发送到线缆上,该主机的接收机又把数据接收回来,然后与发送数据相比,判别是否一致。若一致,则无冲突发生;若不一致,则表示有冲突发生。

2.MAC帧格式

每一帧以7个字节的前导码开始,前导码为"1010"交替码,其作用是使目的主机接收器时钟与源主机发送器时钟同步。紧接着是帧开始分界符字节"10101011",用于指示帧的开始。帧包括两个地址:目的地址和源地址。目的地址最高位如为"0",则表示普通地址;如为"1",则表示组地址。地址的次高位用于区分是局部地址还是全局地址。局部地址由局部网络管理者分配,离开这个局部网,该地址就毫无意义。全局地址由IEEE统一分配,以保证全世界没有两个主机具有相同的全局地址。允许大约有 7×10^{13} 个全局地址。全局地址可用于全球性的MAC帧寻址。数据域长度给出数据域中存在多少个字节的数据,其值为 $0 \sim 1\,500$。数据域长度为"0"是合法的,但太短的帧在传送过程中可能会产生问题,其中一个原因就是:当主机检测到冲突时,便停止发送,这时一部分数据已经发送到线缆上,而目的主机却无法简单区分这是正确帧还是垃圾帧。为此,IEEE规定:正确长度必须大于64字节,如果小于64字节,那么必须用填充字段填充到帧的最小长度。

3.以太网的互联

根据OSI 7层模型,以太网可以在低3层和高3层上互联。实现互联的网元设备有中继器、集线器、网桥、路由器、交换机和网关。

（1）中继器

中继器工作在 OSI 7 层模型的物理层。因为数字脉冲信号经过一定距离的传输后，会产生衰耗和波形失真，在接收端引起误码。中继器的作用是再生（均衡放大、整形）通过网络传输的数据信号，扩展局域网的范围。中继器工作在物理层，对高层协议是完全透明的。用中继器相联的两个网络，对链路层而言相当于一个网络，中继器仅起到扩展距离的作用，而不能提供隔离和扩展有效带宽的作用。

（2）集线器（Hub）

集线器就像一个星型结构的多端口转发器，每个端口都具有发送与接收数据的能力。当某个端口收到连在该端口上的主机发来的数据时，就转发至其它端口。在数据转发之前，每个端口都对它进行再生、整形，并重新定时。集线器可以互相串联，形成多级星型结构，但相隔最远的两个主机受最大传输延时的限制，因此只能串联几级。当连接的主机数过多时，总线负载很重，冲突将频频发生，导致网络利用率下降。与中继器一样，集线器工作在 OSI 7 层模型的物理层，不能提供隔离作用，相当于一个多端口的中继器。

（3）网桥

网桥工作在 OSI 7 层模型的链路层（MAC 层）。当一个以太网帧通过网桥时，网桥检查该帧的源和目的 MAC 地址。如果这两个地址分别属于不同的网络，则网桥将该 MAC 帧转发到另一个网络上，反之不转发。所以，网桥具有过滤与转发 MAC 帧的功能，能起到网络间的隔离作用。对共享型网络而言，网络间的隔离意味着提高了网络的有效带宽。网桥最简单的形式是连接两个局域网的两端口网桥。在多个局域网互联时，为不降低网络的有效带宽，可以采用多端口网桥或以太网交换机。但采用这些工作在链路层的设备联网，存在以下缺点：

1）多端口网桥或以太网交换机只有简单的路由表，当某一端口收到一个数据包，若设备根据其目的地址找不到对应的输出端

口时,即对所有端口广播这个包,当网络较大时易引起广播风暴;

2)多端口网桥或以太网交换机无链路层协议转换功能,因此不能做到不同协议网络的互联,例如以太网与 X.25、FR、N-ISDN 和 ATM 等网络的互联。

(4)路由器

在路由器中存放有庞大而复杂的路由表,并能根据网络拓扑、负荷的改变及时维护该路由表。当路由器找不到某一端口输入的数据包对应的输出端口时,即删除该包。因为路由器废除了广播机制,所以可以抑制广播风暴。4.5 网关网关工作在 OSI 7 层模型的高 3 层,即对话层、表示层和应用层。网关用于两个完全不同网络的互联,其特点是具有高层协议的转换功能。网关最典型的应用是 IP 电话网关。IP 电话网关将时分复用的 64 kbit/s 编码话音和 No?郾 7 共路信令转换为 IP 包,送入 Internet 进行传输,从而使 PSTN 和 Internet 两个完全不同的网络可以互联互通。

4.以太网交换机

(1)以太网交换机的基本原理大型网络为了提高网络的效率,需要将网络在链路层上进行分段,以提高网络的有效带宽。对于小型网络,可以利用网桥对网络进行分段;对于大型网络,往往采用以太网交换机对网络进行分段,即利用以太网交换机将一个共享型以太网分割成若干个网段。分段后的网络称为交换型以太网。在交换型以太网中,工作在每一网段中的主机对介质的争用仍采用 CSMA/CD 机制,而联接各网段的交换机则采用路由机制。若某一共享型以太网带宽为 M,共带有 N 台主机,则每台主机平均带宽为 M/N。若在该网内引入一台 8 端口的以太网交换机,将该网分割为 8 个网段,则每一网段带宽仍为 M,而总带宽则拓宽至 8M。

目前,大中型以太网中引入了多台交换机的级联工作方式。处在用户级的交换机一般可做到 1 个端口接 1 台主机,则该主机可享用所连接端口的全部带宽,无需竞争网络资源。在以太网中引入交换机将网络分段后,是否能使网络容量无限扩大? 答案是否定的。因为在以太网交换机中对 MAC 帧的寻址采用了广播方式,网络太大时易引起广播风暴。这就需要有路由器对网络在网络层上进行分段。路由器将计算机网分割成若干个子网,从而缩小了其底层以太网的广播域,抑制了广播风暴。

(2)以太网交换机的路由方式当该交换机中的某一个端口接收到一个 MAC 帧时,交换机的首要任务是根据该 MAC 帧的目的地址寻找输出端口,然后向该输出端口转发这个 MAC 帧。通常情况下,在以太网交换机中存有一张路由表,该表根据所接收 MAC 帧的目的地址,为每个 MAC 帧选择输出端口。

1)固定路由固定路由是指交换机有一张人工配置的路由表,表上标明各端口及其所对应的目的地址。固定路由虽然不失为一种路由方式,但如果网络规模过大,则配置路由表将变成一项很繁重的工作,再加上交换机所处的网络经常会变更网络配置或增删主机,网络管理员很难使路由表及时更新来适应拓扑结构的变化。

2)自学习路由在实际应用中,通常通过自学习方法来建立一张动态路由表,以自动适应网络拓扑结构的变化。该动态路由表可在人工建立的路由表的基础上,通过自学习过程不断修改而得到。所谓自学习,即是根据到达每一端口 MAC 帧的源地址来建立或刷新路由表。假设交换机从 X 端口收到一个 MAC 帧,检查该 MAC 帧的源地址为 A 地址,则说明凡是目的地址为 A 地址的 MAC 帧,应该通过 X 端口转发。从 X 端口收到源地址为 A 地址的 MAC 帧后,交换机控制部分检查路由表。若路由表中目的地址一项无 A 地址,则在 X 端口对应的目的地址项中增加 A 地址内容;若表中目的地址一项有 A 地址,但其对应端口为 Y 端口,则需修改路由表。

由此可见,以太网交换机利用广播帧和自学习的方法来建立路由表,一旦配置好路由表,后续的以太帧根据目的 MAC 地址(未使用标记)和路由表选择路由,从而形成一条从源主机到目的主机的虚电路。

五、使用广播信道的以太网

（一）使用集线器的星形拓扑

双绞线以太网总是和集线器配合使用的。每个站需要用两对无屏蔽双绞线（做在一根电缆内），分别用于发送和接收。10BASE-T双绞线以太网的出现,是局域网发展史上的一个非常重要的里程碑。集线器的特点:

1.从表面上看,使用集线器的局域网在物理上是一个星形网。但由于集线器是使用电子器件来模拟实际电缆线的工作，因此整个系统仍像一个传统以太那样运行。也就是说,使用集线器的以太网在逻辑上仍是一个总线网,各站共享逻辑上的总线,使用的还是CSMA/CD协议。

2.一个集线器有许多接口,像一个多接口的转发器。

3.集线器工作在物理层,它的每个接口仅仅简单地转发比特。

4.集线器采用了专门的芯片,进行自适应串音回波抵消。这样就可使接口转发出去的较强信号不至对该接口接收到的较弱的信号产生干扰。

（二）以太网的信道利用率

1.例子:假定一个10Mb/s以太网同时有10个站在工作,那么每一个站所能发送数据的平均速率似乎应当是总数据率的1/10(即1Mb/s)。其实不然,因为多个站在以太网同时工作就可能会发生碰撞。当发生碰撞时,信道资源实际上是被浪费了。因此,当扣除碰撞所造成的信道损失后,以太网总的信道利用率并不能达到100%。

2.要提高以太网的信道利用率,就要减少 τ（τ 是以太网单程端到端传播时延)和To(To是发送帧需要的时间)之比。

3.在以太网中定义了参数a(a是以太网单程端到端时延 τ 与帧发送时间To之比)a = τ / To

（1）当a->0时,表示只要一发生碰撞,就可以立即检测出来,并立即停止发送,因而信道资源被浪费的时间非常非常少。

（2）当a->+∞,表示争用期所占的比例增大,这就使得每发生一次碰撞就浪费了不少的信道资源,使得信道利用率明显降低。可看出以太网参数 a 的值应当尽可能小些。

（三）以太网的 MAC 层

1.MAC 层的硬件地址

（1）在局域网中，硬件地址又称为物理地址或 MAC 地址。用于标识系统(identification system)。IEEE802 标准为局域网规定了一种 48 位的全球地址，是指局域网上的每一台计算机中固化在适配器的 ROM 中的地址。

（2）在生产适配器时，这种 6 字节(即 48 位)的 MAC 地址已被固化在适配器的 ROM 中。因此，MAC 地址也叫作硬件地址(hard-ware address)或物理地址。

（3）MAC 地址实质是就是适配器地址或适配器标识符 EUI-48。当这块适配器被插入或嵌入到一台计算机后，适配器上的标识符 EUI-48 就成为这台计算机的 MAC 地址了。

（4）当路由器通过适配器连接到局域网时，适配器上的硬件地址就用来标志路由器的某个接口。路由器如果同时连接到两个网络上，那么它就需要两个适配器和两个硬件地址。

（5）适配器有过滤功能，适配器从网络上每收到一个 MAC 帧就先用硬件检测 MAC 中的目的地址。如果是发往本站的帧就收下，然后再进行其他处理。否则就将此帧丢弃，不再进行其他处理。这里，发往本站的帧包括以下三种帧：

（1）单播帧(一对一)：即收到的帧的 MAC 地址与本站的硬件地址相同。

（2）广播帧(一对全体)：即发送给本局域网上所有站点的帧(全1 地址)。

（3）多播帧(一对多)：即发送给本局域网上一部分站点的帧。所有的适配器都至少应当能够识别前两种帧，即能够识别单播和广播地址。

2.MAC 帧的格式，常用的有两种格式

（1）DIX Ethernet V2 标准(即以太网 V2 标准，使用得最多)

1）假定网络层使用的是 IP 协议，实际上使用其他是协议也是可以的。以太网的 MAC 帧比较简单，由五个字段组成。前两个字段分别为 6 字节长的目的地址和源地址字段。第三个字段为 2 字节长的类型字段，用来标志上一层使用的是什么协议，以便把收到的 MAC 帧的数据上交给上一层的这个协议。

2）当类型字段的值为 0x0800 时，就表示上一层使用的是 IP 数据报。

3）当类型字段的值为 0x8137 时，就表示该帧是由 Novell IPX 发过来的。第四个字段是数据字段，其长度在 46 到 1500 字节之间（46 字节是这样得出的，最小长度 64 字节减去 18 字节的首部和尾部就得出数据字段的最小长度）。第五个字段是 4 字节的帧检验序列 FCS（使用 CRC 检验）。

2.IEEE802.3 标准

IEEE802.3 标准规定的 MAC 帧格式与 V2 规定的 MAC 帧格式的主要区别：

（1）IEEE802.3 标准规定的 MAC 帧的第三个字段是"长度 / 类型"。当这个字段值大于 0x0600（相当于十进制的 1536），就表示类型，这样就与以太网 V2 的 MAC 帧完全一样。当这个字段值小于 0x0600（相当于十进制的 1536），就表示长度，即 MAC 帧的数据部分长度。

（2）当"长度 / 类型"字段的值小于 0x0600（相当于十进制的 1536）时，数据字段必须装入上面的 LLC 子层的 LLC 帧。

（四）双绞线的使用

双绞线以太网总是和集线器（可靠性高）配合使用，每个站需要用两对无屏蔽双绞线，分别用于发送和接收。

1.集线器：

使用集线器的以太网在逻辑上仍是一个总线网，各站共享逻辑上的总线，各站中的适配器仍执行 CSMA/CD 协议；一个集线器有许多接口，很像一个多接口的转发器集线器工作在物理层；采用专门的芯片,进行自适应串音回波抵消,可使接口转发出去的较强信号不至于对该接口接收到的较弱信号产生干扰(近端串音)。

2. 以太网的信道利用率:$Smax = T0/(T0 + \zeta) = 1/(1+a)a = \zeta/T0$。$\zeta$:以太网单程端到端时延,T0:帧的发送时间。

3. 以太网的 MAC 层

a. MAC 层的硬件地址:硬件地址又称为物理地址或 MAC 地址。

b. MAC 帧的格式:以太网 V2 标准。当数据字段的长度小于 46 字节时,MAC 子层就会在数据字段的后面加入一个整数字节的填充字段,接收端的 MAC 子层在剥去首部尾部后把数据字段和填充字段一个交给上层协议,那么就要求上层协议必须具有识别有效字段长度的功能。

十几的传送要比 MAC 帧还多八个字节,因为一个站开始接收 MAC 帧时,由于适配器的时钟尚未和到达的比特流达成同步,所以最前面的若干位就无法接收,从而使 MAC 成为无用帧。(使用 SONET/SDH 进行同步传输时不要要用前同步码)

c. 无效帧:帧的长度不是整数个字节;FCS 查出有差错;数据字段长度不在 46–1500 字节之间。

4.扩展的以太网

(1)在物理层扩展以太网

(2)在数据链路层扩展以太网:需要使用网桥,工作在数据链路层,它根据 MAC 帧的目的地址对收到的帧进行转发和过滤,当网桥收到一个帧时,不是向所有的接口转发此帧,而是先检查此帧的目的 MAC 地址,在确定将此帧发到哪一个接口,或者丢弃。若网桥从接口 1 收到 A 发给 B 的帧就丢弃,发给 E 就在查找转发表后将其送到接口 2 转发到另一个网段,使 E 收到。

(五)好处

过滤通信量,增大吞吐量;扩大了物理范围;提高可靠性;可互联不同物理层、不同 MAC 子层和不同速率的以太网。

透明网桥:使用最多的网桥,是指以太网上的站点并不知道所发送的帧将经过那几个网桥，以太网上的站点都看不见以太网上的网桥，透明网桥还是一种即插即使用的设备，意思是只要把网桥接入局域网，不用人工配置装法表网桥就恩能够工作。当网桥刚刚链接到以太网时，转发表是空的，网桥就按照自学习算法处理收到的帧。网桥，集线器区别：网桥是按存储转发方式工作的一定是先把整个帧收下来在进行处理，而不管其目的地址是什么。也对其CRC检验源路由网桥：在发送帧时把详细的路由信息放在帧的首部中。

　　多接口网桥(以太网交换机)：工作在数据链路层，实质是一个多接口的网桥，和工作在物理层的转发器和集线器有很大差别，而且每个接口都直接与一个单个主机或另一个集线器相连（普通网桥的接口往往是连接到以太网的一个网段），并且一般都工作在全双工方式。主机需要通信时，交换机能同时连接许多接口，是每一对相互通信的主机都能像独占通新媒体那样无碰撞传输数据（10Mb/s的共享式以太网，N个用户，那么每个占有宽带只有N分之一，使用以太交换机时，虽然每个接口到主机的宽带还是10Mb/s，但是因为是独占，那么N对接口的交换机的总容量是N*10Mb/s）。

　　利用以太网交换机可以方便的实现虚拟局域网VLAN：是由一些局域网网段构成的与物理位置无关的逻辑组，这些网段具有某些共同的需求。每一个VLAN的帧都有一个明确的标示符，指明发送这个帧的工作站是属于哪一个VLAN。及时不是连接在同一个以太网交换机上的工作站之间只要是一个虚拟局域网中的就可以互相收到其他工作站的广播消息，反之亦然。

1.高速以太网：速率达到或超过100Mb/s的以太网

　　（1）100BASE-T以太网(快速以太网)

　　（2）吉比特以太网(千兆以太网)：增加一种功能分组突发：短帧要发送时，第一个短帧要采用载波延伸的方法进行填充，随后的一些短帧可以一个接一个地发送，之间要留有帧间最小间隔，直到达到 1500 字节活稍多一些为止。(在双全工方式时不使用。)

(3)10 吉比特以太网(万兆以太网):只工作在全双工方式下,不使用 CSMA/CD 协议。有两种不同的物理层局域网物理层和可选的广域网物理层。

(4)使用高速以太网进行宽带接入

2.其他类型的告诉局域网或接口

(1)光纤分布式数据接口(FDDI)

(2)高性能并行接口(HIPPI)

1.5.2 令牌环网

令牌环网是 IBM 公司于 20 世纪 70 年代发展的,这种网络比较少见。在老式的令牌环网中,数据传输速度为 4Mbps 或 16Mbps,新型的快速令牌环网速度可达 100Mbps。令牌环网的传输方法在物理上采用了星形拓扑结构,但逻辑上仍是环形拓扑结构。结点间采用多站访问部件(Multistation Access Unit,MAU)连接在一起。MAU 是一种专业化集线器,它是用来围绕工作站计算机的环路进行传输。由于数据包看起来像在环中传输,所以在工作站和 MAU 中没有终结器。在这种网络中,有一种专门的帧称为"令牌",在环路上持续地传输来确定一个结点何时可以发送包。令牌为 24 位长,有 3 个 8 位的域,分别是首定界符(Start Delimiter,SD)、访问控制(Access Control,AC)和终定界符(End Delimiter,ED)。首定界符是一种与众不同的信号模式,作为一种非数据信号表现出来,用途是防止它被解释成其它东西。这种独特的 8 位组合只能被识别为帧首标识符(SOF)。由于以太网技术发展迅速,令牌网存在固有缺点,令牌在整个计算机局域网已不多见,原来提供令牌网设备的厂商多数也退出了市场,所以在局域网市场中令牌网可以说是"明日黄花"了。

1.5.3FDDI 网

（Fiber Distributed Data Interface）

FDDI 的英文全称为"Fiber Distributed Data Interface"，中文名为"光纤分布式数据接口"，它是于 80 年代中期发展起来一项局域网技术，它提供的高速数据通信能力要高于当时的以太网（10Mbps）和令牌网（4 或 16Mbps）的能力。FDDI 标准由 ANSI X3T9.5 标准委员会制订，为繁忙网络上的高容量输入输出提供了一种访问方法。FDDI 技术同 IBM 的 Tokenring 技术相似，并具有 LAN 和 Tokenring 所缺乏的管理、控制和可靠性措施，FDDI 支持长达 2KM 的多模光纤。FDDI 网络的主要缺点是价格同前面所介绍的"快速以太网"相比贵许多，且因为它只支持光缆和 5 类电缆，所以使用环境受到限制、从以太网升级更是面临大量移植问题。

当数据以 100Mbps 的速度输入输出时，在当时 FDDI 与 10Mbps 的以太网和令牌环网相比性能有相当大的改进。但是随着快速以太网和千兆以太网技术的发展，用 FDDI 的人就越来越少了。因为 FDDI 使用的通信介质是光纤，这一点它比快速以太网及 100Mbps 令牌网传输介质要贵许多，然而 FDDI 最常见的应用只是提供对网络服务器的快速访问，所以在 FDDI 技术并没有得到充分的认可和广泛的应用。

FDDI 的访问方法与令牌环网的访问方法类似，在网络通信中均采用"令牌"传递。它与标准的令牌环又有所不同，主要在于 FDDI 使用定时的令牌访问方法。FDDI 令牌沿网络环路从一个结点向另一个结点移动，如果某结点不需要传输数据，FDDI 将获取令牌并将其发送到下一个结点中。如果处理令牌的结点需要传输，那么在指定的称为"目标令牌循环时间"（Target Token Rotation Time，TTRT）的时间内，它可以按照用户的需求来发送尽可能多的帧。因为 FDDI 采用的是定时的令牌方法，所以在给定时间中，来自多个结点的多个帧可能都在网络上，以为用户提供高容量的通信。

FDDI 可以发送两种类型的包：同步的和异步的。同步通信用于要求连续进行且对时间敏感的传输（如音频、视频和多媒体通信）；异步通信用于不要求连续脉冲串的普通的数据传输。在给定的网络中，TTRT 等于某结点同步传输需要的总时间加上最大的帧在网络上沿环路进行传输的时间。FDDI 使用两条环路，所以当其中一条出现故障时，数据可以从另一条环路上到达目的地。连接到FDDI 的结点主要有两类，即 A 类和 B 类。A 类结点与两个环路都有连接，由网络设备如集线器等组成，并具备重新配置环路结构以在网络崩溃时使用单个环路的能力；B 类结点通过 A 类结点的设备连接在 FDDI 网络上，B 类结点包括服务器或工作站等。

1.5.4 ATM 网

ATM 的英文全称为"asynchronous transfer mode"，中文名为"异步传输模式"，它的开发始于 70 年代后期。ATM 是一种较新型的单元交换技术，同以太网、令牌环网、FDDI 网络等使用可变长度包技术不同，ATM 使用 53 字节固定长度的单元进行交换。它是一种交换技术，它没有共享介质或包传递带来的延时，非常适合音频和视频数据的传输。ATM 主要具有以下优点：

1.ATM 使用相同的数据单元，可实现广域网和局域网的无缝连接。

2.ATM 支持 VLAN(虚拟局域网)功能，可以对网络进行灵活的管理和配置。

3.ATM 具有不同的速率，分别为 25、51、155、622Mbps，从而为不同的应用提供不同的速率。

ATM 是采用"信元交换"来替代"包交换"进行实验，发现信元交换的速度是非常快的。信元交换将一个简短的指示器称为虚拟通道标识符，并将其放在 TDM 时间片的开始。这使得设备能够将它的比特流异步地放在一个 ATM 通信通道上，使得通信变得能够预知且持续的，这样就为时间敏感的通信提供了一个预 QoS，这种方式主要用在视频和音频上。通信可以预知的另一个原因是 ATM 采用的是固定的信元尺寸。ATM 通道是虚拟的电路，并且 MAN 传输速度能够达到 10Gbps。

1.5.5 无线局域网

（Wireless Local Area Network；WLAN）无线局域网是目前最新，也是最为热门的一种局域网，特别是自 Intel 推出首款自带无线网络模块的迅驰笔记本处理器以来。无线局域网与传统的局域网主要不同之处就是传输介质不同，传统局域网都是通过有形的传输介质进行连接的，如同轴电缆、双绞线和光纤等，而无线局域网则是采用空气作为传输介质的。正因为它摆脱了有形传输介质的束缚，所以这种局域网的最大特点就是自由，只要在网络的覆盖范围内，可以在任何一个地方与服务器及其他工作站连接，而不需要重新铺设电缆。这一特点非常适合那些移动办公一簇，有时在机场、宾馆、酒店等（通常把这些地方称为"热点"），只要无线网络能够覆盖到，它都可以随时随地连接上无线网络，甚至 Internet。

无线局域网所采用的是 802.11 系列标准，它也是由 IEEE 802 标准委员会制定的。这一系列主要有 4 个标准，分别为：802.11b（ISM 2.4GHz）、802.11a（5GHz）、802.11g（ISM 2.4GHz）和 802.11z，前三个标准都是针对传输速度进行的改进，最开始推出的是802.11b，它的传输速度为 11MB/s，因为它的连接速度比较低，随后推出了 802.11a 标准，它的连接速度可达 54MB/s。但由于两者不互相兼容，致使一些早已购买 802.11b 标准的无线网络设备在新的802.11a 网络中不能用，所以在正式推出了兼容 802.11b 与 802.11a 两种标准的 802.11g，这样原有的 802.11b 和 802.11a 两种标准的设备都可以在同一网络中使用。802.11z 是一种专门为了加强无线局域网安全的标准。因为无线局域网的"无线"特点，致使任何进入此网络覆盖区的用户都可以轻松以临时用户身份进入网络，给网络带来了极大的不安全因素（常见的安全漏洞有：SSID 广播、数据以明文传输及未采取任何认证或加密措施等）。为此 802.11z 标准专门就无线网络的安全性方面作了明确规定，加强了用户身份认证制度，并对传输的数据进行加密。所使用的方法 / 算法有：WEP（RC4–128 预共享密钥，WPA/WPA2（802.11 RADIUS 集中式身份认证，使用 TKIP 与 / 或 AES 加密算法）与 WPA（预共享密钥）

1.6 计算机网络的发展前景

互联网产生于 1969 年初，经历了漫长的不断完善和发展。一直到了九十年代，随着电脑的普及信息技术的发展，互联网迅速地商业化，以其独有的魅力和爆炸式的传播速度成为当今的热点。商业利用是互联网前进的发动机，一方面，网点的增加以及众多企业商家的参与使互联网的规模急剧扩大，信息量也成倍增加；另一方面，更刺激了网络服务的发展。互联网从硬件角度讲是世界上最大的计算机互联网络，它连接了全球不计其数的网络与电脑，也是世界上最为开放的系统。但这并不确切，它也是一个实用而且有趣的巨大信息资源，允许世界上数以亿计的人们进行通讯和共享信息。直到今日互联网仍在迅猛发展，并于发展中不断得到更新并被重新定义。

对于发展如此迅猛的计算机网络，它的发展前景如何呢？新型高性能计算机的问世。随着硅芯片技术高速发展的同时，新型的量子计算机、光子计算机、分子计算机、纳米计算机等，将会在二十一世纪走进我们的生活，遍布各个领域。

1.首先，量子计算机利用一种链状分子聚合物的特性来表示开与关的状、态，利用激光脉冲来改除具有高速并行处理数据的能力外，量子计算机还将对现有的保密体系、国家安全意识产生重大的冲击，量子计算机使计算的概念焕然一新。

2.其次是光子计算机，利用光子取代电子进行数据运算、传翰和存储，光子计算机将使运算速度在目前基础上呈指数上升。

3.再次，是分子计算机，体积小、耗电少、运算快、存储量大。预计 20 年后，分子计算机将进入实用阶段。

4.最后,是纳米计算机。用纳米技术研发的新型高性能计算机。专家预测,10年后纳米技术将会走出实验室,成为科技应用的一部分。纳米计算机体积小、造价低、存量大、性能好,将逐渐取代芯片计算机,推动计算机行业的快速发展。

我们相信,新型计算机与相关技术的研发和应用,是二十一世纪科技领域的重大创新,必将推进全球经济社会高速发展,实现人类发展史上的重大突破。让我们来看看当今的通信领域利用计算机技术,是可以提高通信系统的性能的。并且计算机网络在当今信息时代对信息的收集、传输、存储和处理也起着非常重要的作用。其计算机的应用领域已经渗透到社会的各个方面。相信各个领域都已经离不开它,正如鱼儿离不开水一样。相信在不久的将来,我们将看到的是一个充满虚拟性的新时代。人们的工作、生活方式都将有着极大的改变。个人及企业将获得更加个性化的服务,这些服务将会由软件设计人员在一个开发的平台中实现。

网络技术和无线技术将使网络触角向人们所能传达到任何角落,同时允许人们自行选择和接受信息的形式。因此,计算机网络对整个信息社会有着积极其深刻影响着人们的生活与工作,已经引起人们的高度重视及大兴趣。

但是,虽然计算机网络的发展有很大的前景,但是随着计算机的发展不得不带来一些新的问题,第一就是网络的安全问题,这是个不可忽视的问题。在技术上,网络安全取决于两个方面:网络设备的硬件和软件。网络安全则由网络设备的软件和硬件互相配合来实现的。在安全技术不断发展的同时,全面加强安全技术的应用也是网络安全发展的一个重要内容。因为即使有了网络安全的理论基础,没有对网络安全的深刻认识、没有广泛地将它应用于网络中,那么谈再多的网络安全也是无用的。同时,网络安全不仅仅是防火墙,也不是防病毒、入侵监测、防火墙、身份认证、加密等产品的简单堆砌,而是包括从系统到应用、从设备到服务的比较完整的、体系性的安全系列产品的有机结合。第二就是计算机网络犯罪。网络的普及程度越高,网络犯罪的危害也就越大,而且网络犯罪的危害性远非一般的传统犯罪所能比拟。网络入侵,散布破坏性病毒、逻辑炸弹或者放置后门程序犯罪、网络入侵,偷窥、复制、更改或者删除计算机信息犯罪、网络诈骗、教唆犯罪、网络侮辱、诽谤与恐吓犯罪、网络色情传播犯罪等,形式多种多样,对于这样的犯罪不仅要制定好一套完善的法律法规去制约这种犯罪行为的出现。还要对青少年进行网络道德教育、加强网络安全管理、严厉打击计算机网络犯罪行为等。

计算机网络科技世界的兴起,带动了整个社会经济和科技世界的革命性发展,同时也为数以万计的计算机人才展现了一个广阔的世界。这个新的领域给更多热爱计算机的人们得到更多就业机会的选择,和更广阔的发展空间。没有网络,我们就无法进入真正的计算机时代;没有网络,企业无法实现信息化。可见计算机网络的发展,不仅仅只是一个工具的进步,更多的是成为一种文化、一种生活融入到社会各个领域。

总的来说,随着计算机的普及和计算机技术和通信技术的发展,网络也就越来越快的走进我们,近几年中国计算机网络发展的速度很快,发展前景当然是好到无与伦比了,可以说这人专业已经完全融入了我们的生活,现在无论是从事什么工作都离不开计算机,所以说,明智的人一般都会从事计算机行业,再者现在计算机行业的人才缺口还这么大,需要我们不断的努力,来完善这个缺口。总而言之,计算机的发展前景会越来越好的。如此突飞猛进,网络技术也不会等闲视之,我们乐观地预计,将会有更多的惊喜等着我们。

2 因特网
2.1 因特网的概念和特点

互联网狭义地讲互联网(英语:internet),又称网际网络,或音译因特网(Internet)、英特网,是网络与网络之间所串联成的庞大网络,这些网络以一组通用的协议相连,形成逻辑上的单一巨大国际网络。

广义地说现代新兴的互联网技术为基础,专门从事网络资源搜集和互联网信息技术的研究、开发、利用、生产、贮存、传递和营销信息商品的这个行业,可为经济发展提供有效服务的综合性生产活动的产业集合体。

1.多就是指用户多,在这个庞大的消费群体作用下,有着巨大的利润市场。目前的电脑和智能手机的普及,为互联网提供大量的用户。

2.快是指获取信息和传递信息的速度快。这无疑给信息交流和商贸活动提供了快速的通道。不管是网络新闻,还是社交媒体都让我们随时随地接受到最新的信息。

3.好是指在互联网上我们可以根据我们的需要,选择我们个性的东西。不需要因为别的因素而耽搁。互联网空前发展,涉及到各行业,"互联网+"打造真正的互联网时代。

4.省那就是指省时、省力、省财、省物、省心。

2.1.1 因特网的构成

一、历史起源

因特网,又叫国际互联网,英文是 Internet。它最早是美国国防部为支持国防研究项目而在 1960 年建立的一个试验网。它把许多大学和研究机构的计算机联接到一起,这样,研究人员就可以通过这个试验网随时进行交流,而不必再频繁地聚在一起开会讨论问题了。同时,由于各地的数据、程序和信息能够在网上实现资源共享，从而最大限度地发挥各地资源，这无疑极大地提高了工作效率，也大大降低了工作成本。

因特网的发展 70 年代末，计算机远距离通讯需求开始实现，于是针对性的研究开始实施并最终在技术上得以实现，越来越多的、更广范围的计算机可以联接在一起，充分体验到这一全新通讯方式的优点。

1983 年，因特网已开始从实验型向实用型转变。随着对商业化使用政策的放宽，因特网已经不仅仅局限于信息的传递，网上信息服务出现了。许多机构、公司、个人将搜集到的信息放到因特网上，提供信息查询和信息浏览服务。人们把提供信息来源的地方称为"网站"，即因特网上的信息站点。凡是连入因特网的用户，无论在世界任何地方、任何时刻，都可以从网站上获取所需的信息和服务。可以说，此时的因特网才真正发挥出它的巨大作用，也正是从这时起，因特网吸引了越来越多的机构、团体和用户，这个网也随之越来越庞大了。

因特网现状进入 90 年代，日益加快的现代社会的节奏，伴随着高性能的计算机走进普通家庭，因特网也进入了飞速发展时期。目前，全世界已有两亿多用户接入因特网。我国在 1994 年正式接入因特网之后，已形成 4 个主要干道进入因特网，它们是：中国公用计算机互联网（CHINANET）、中国教育和科研计算机网（CER-NET）、中国科技网（CSTNET）和中国金桥信息网（CHINAGBN）。目前，中国联通和铁路信息网也正在加入其中。

因为因特网起源于美国，最初网上几乎全都是英文信息，随着中国的加入，为华人服务的中文网站出现了，大量中文网站的涌现最终吸引了越来越多的普通用户走进因特网的世界。据中国互联网络信息中心的最新统计数字表明，截止到去年底，我国上网用户达到 210 万，与 1998 年 7 月公布的数据相比，我国上网用户数半年内就增加了接近一倍。如果互联网用户继续以半年一倍的速度增长，会出现怎样的前景呢？据有关专家保守预测，到 2000 年，我国上网用户将达到 400 万至 500 万;到 2010 年,将达到 2.8 亿;甚至有专家大胆预测到 2000 年底,中国上网用户就会达到 1000 万。

人们从因特网上不仅获取了大量的信息,更重要的是因特网已经深入到人们的工作和生活的各个角落,我们正在步入一个因特网的新时代,在这里你会发现,世界正在变得越来越小。

定义因特网现在所谓的因特网已是世界规模最大、用户最多、影响最广的一个全球性的、开放化的大网络,在这里蕴藏着丰富的信息资源,等待着每一个上网者来探索和寻求。

二、互联网基本构成

个人网络以及小型办公网络主要包括:主机,交换器,路由器即可上网。路由就是指通过相互连接的网络把信息从源地点移动到目标地点的活动。一般在路由过程中,信息至少会经过一个或多个中间节点。通常,人们会把路由和交换进行对比,这主要是因为在普通用户看来两者所实现的功能是完全一样的。其实,路由和交换之间的主要区别就是交换发生在 OSI 参考模型的第二层（数据链路层）,而路由发生在第三层,即网络层。这一区别决定了路由和交换在移动信息的过程中需要使用不同的控制信息,所以两者实现各自功能的方式是不同的。

（一）路由器

路由器是互联网的主要节点设备。路由器通过路由决定数据的转发。转发策略称为路由选择(routing),这也是路由器名称的由来(router,转发者)。作为不同网络之间互相连接的枢纽,路由器系统构成了基于 TCP/IP 的国际互联网络 Internet 的主体脉络,也可以说,路由器构成了 Internet 的骨架。它的处理速度是网络通信的主要瓶颈之一,它的可靠性则直接影响着网络互连的质量。

（二）交换器

即是交换式的集线器。交换器与集线器(HUB)在网路内的功用大致相同,其间最大的差异在于交换器的每个埠(port)都享有一个专属的频宽并具备资料交换功能,使得网路传输效能得於同一时间内所能传输的资料量较大;而集线器为则是所有的埠(port)共享一个频宽。

（三）桥接器（BRIDGES）

是第二层设备,是特别为连接两个 LAN 区段而设计的。桥接器的目的是过滤 LAN 的资料流量，将区域性的资料限制在区域内,但允许设备与 LAN 上其他外界的组件(区段) 相连,供导向此处的对外资料流使用。

简言之桥接器的发明便是为了将网路区段化以做流量控制。桥接器如何分辨哪些资料是区域性的,哪些又不是呢? 答案就像是邮局将邮件分类为本地或外埠的方式。它只看本地地址。每一种网路设备在网路卡上都有唯一的 MAC 位址,桥接器会追踪记录在桥接器两边的 MAC 位址,然后根据这份 MAC 位址清单来作决定。桥接器的外观依类型不同而有极大差异。虽然路由器与交换器已接掌许多桥接器功能,它们仍然是许多网路的重要元件。若要了解交换器和路由器,必须先了解桥接器。

（四）中继器

在一网路中,每一区段(Segment)传输媒介均有其最大传输距离(如 RG-58 同轴电缆为 185m),超过该长度讯号就会衰减,这时只要加装一个"中继器"就能将讯号增强并将讯号正常传递下去。即中继器能延伸网路距离。

中继器(repeater)是归属于实体层设备,因为它们只在位元层次上运作,而不管其他资讯。是单一埠「入」及单一埠「出」的设备。中继器的目的是在位元层次重新产生网路讯号,并将它重新计时,以便让讯号行经长途,传送到媒体上。简单的说就是利用中继器来加强讯号,以免讯号最后衰减或根本就消失。

另外,现在技术的先进,网络安全产品层出不穷,新型硬件防火墙用在路由和交换的中间,防止一些攻击以及做一些管理,并且,防火墙的发展使其可以代替路由或者交换来使用。

三、中国因特网的构成

如之前冯大辉总结,中国互联网分三个层面;第一层面是媒体上的互联网,也就是大众容易识别和认识的互联网;第二层面是草根互联网,这是中国互联网巨大的组成部分,却极少在公众面前出现;第三层面是黑暗互联网,其实它一直以来,非常巨大,非常恐怖,以至于,往往因为某些疏漏造成了全国性的事件,人们才能窥到冰山一角。

第一种,媒体上的互联网,主要的思路是,覆盖尽可能多的用户,生怕别人不知道自己;搞个发布会,要给记者塞车马费,各种软文公关铺天盖地。

第二种,很多年以前,我一直以为是他们不掌握媒体资源,所以被忽视;后来和这些人接触多了,才理解,其实草根互联网,很多是怕媒体的,怕被精英和同行了解,原因很简单,他们都很担心,如果巨头理解了他们的业务构成,理解了他们的用户获取方式,恐怕很快,他们就会失去一切归零;还记得风风火火的开心网么?各种人给开心网的衰败找了无数理由,我只陈述一个简单的事实,QQ农场上线的时间,就是开心网由盛转衰的转折点。

草根互联网,生存壮大于巨头看不起的环境,并依赖于特定的受众群发展,他们的思路是,我照顾好我的用户就得了,精英们最好别知道。

当然,壮大后的草根互联网,往往也会转入媒体上的互联网,比如最近,forgame上市,多少媒体如梦方醒,多少媒体人开始疯狂补课,这公司哪里冒出来的?

草根互联网的典范有,2004年之前的hao123;2012年之前的4399,各种地方社区如化龙巷,小鱼社区,西子湖畔;8684公交查询,9158等等。

其实,在2002年之前,QQ也是草根互联网的典范。有谁记得,当年南非电讯投资QQ的时候,多少业内专家笑话南非人傻,事实证明,谁傻?

第三种,黑暗互联网,他们隐藏的更深,只有在特定的时间,特定的事件,才会一不小心暴露在媒体面前;还记得六省断网么?还记得前几天突然半夜里 .cn 域名解析全部挂掉了么?这就是黑暗互联网擦枪走火的事情,这个领域包括但不限于私服(百亿 + 市场贵规模),外挂,组织性盗号,地下账号交易及漏洞黑市,网络诈骗,DDOS 攻击产业(与私服产业密切相关),黑卡;单纯的孩子可能会认为,这事交给警察叔叔不就好了?中国那么多网警。这个,据我粗陋的了解,这个,我是不敢在公开文字里披露的。

只说一个小例子,当年 Xfocus 论坛有个热帖,两个黑产的代表人物因分赃不均在论坛骂战,互揭老底,辗转翻了几百页,成为神贴,后被有关部门勒令锁帖,至于内容,很黄很暴力就是了。

盛大最后与私服行业全面和解,成为中国特色的合法私服产业。

2.2 因特网的发展历程

2.2.1 世界因特网的发展历程

最早的因特网,是由美国国防部高级研究计划局(ARPA)建立的。现代计算机网络的许多概念和方法, 如分组交换技术都来自 ARPAnet。ARPAnet 不仅进行了租用线互联的分组交换技术研究,而且做了无线、卫星网的分组交换技术研究 – 其结果导致了 TCP/IP 问世。

1977–1979 年,ARPAnet 推出了目前形式的 TCP/IP 体系结构和协议。1980 年前后,ARPAnet 上的所有计算机开始了 TCP/IP 协议的转换工作,并以 ARPAnet 为主干网建立了初期的因特网。1983 年,ARPAnet 的全部计算机完成了向 TCP/IP 的转换, 并在 UNIX (BSD4.1)上实现了 TCP/IP。ARPAnet 在技术上最大的贡献就是 TCP/IP 协议的开发和应用。1985 年, 美国国家科学基金组织 NSF 采用 TCP/IP 协议将分布在美国各地的 6 个为科研教育服务的超级计算机中心互联,并支持地区网络,形成 NSFnet。1986 年,NSFnet 替代 ARPAnet 成为因特网的主干网。1988 年因特网开始对外开放。1991 年 6 月,在连通因特网的计算机中,商业用户首次超过了学术界用户,这是因特网发展史上的一个里程碑,从此因特网成长速度一发不可收拾。

2.2.2 我国因特网的发展历程

我国因特网发展史可以大略地划分为三个阶段:第一阶段为1987—1993年,也是研究试验阶段。在此期间我国一些科研部门和高等院校开始研究因特网技术,并开展了科研课题和科技合作工作,但这个阶段的网络应用仅限于小范围内的电子邮件服务。

第二阶段为1994年至1996年,同样是起步阶段。1994年4月,中关村地区教育与科研示范网络工程进入因特网,从此我国被国际上正式承认为有因特网的国家。之后,Chinanet、CERnet、CSTnet、Chinagbnet等多个因特网络项目在全国范围相继启动,因特网开始进入公众生活,并在我国得到了迅速的发展。至1996年底,我国因特网用户数已达20万,利用因特网开展的业务与应用逐步增多。

第三阶段从1997年至今,是因特网在我国快速最为快速的阶段。我国因特网用户数1997年以后基本保持每半年翻一番的增长速度。增长到今天,上网用户已超过1000万。据我国因特网络信息中心(CNNIC)公布的统计报告显示,截至2003年6月30日,我国上网用户总人数为6800万人。这一数字比年初增长了890万人,与2002年同期相比则增加了2220万人。

我国目前有五家具有独立国际出入口线路的商用性因特网骨干单位,还有面向教育、科技、经贸等领域的非营利性因特网骨干单位。现在有600多家网络接入服务提供商(ISP),其中跨省经营的有140家。

随着网络基础的改善、用户接入方面新技术的采用、接八方式的多样化和运营商服务能力的提高,接入网速率慢形成的瓶颈问题将会得到进一步改善,上网速度将会更快,从而促进更多的应用在网上实现。

尽管取得了如此好的成绩,但政府还是对我国因特网今后的

发展重点作了部署,了解它们对我们今后的宽带生活非常有用:

(1)根据国务院已颁布的《电信条例》和《因特网信息服务管理办法》修订已有的网络管理法规,并根据网络发展实际不断完善和制定新的法规;

(2)扩大网络规模,优化网络结构,避免重复建设,使网络向综合化、宽带化、智能化发展;

(3)在基础网络方面,要进一步引入竞争机制,促使价格降低,改善服务,解决带宽这个制约网络发展的瓶颈问题;

(4)充分利用社会资源,如图书馆、公共数据库等,丰富网上中文内容;

(5)要十分重视网络安全问题。目前,国内的高校和科研机构已有多项科研计划专门研究,一些成果已开始应用。

(6)加强我国与国际网络界的联系。我国教育和科研部门已经开始与国外的关于下一代因特网的合作研究。第一代因特网主要是由国外研究发展的,我国起步虽晚,但是通过努力已经逐渐拉近了与国际水平的距离。

2.2.3 我国因特网发展瓶颈

我国因特网发展中还存在着另一些问题。首先,我国因特网和国外还有一定的差距。在用户总数上,目前全球网民已超过两亿,其中有一半在美国。加拿大、英国、日本等国家的网民数量都领先于中国。但是已经有机构预测,在未来几年内,中国的网民数量将跃居世界前五位,乃至前三位,由于中国人口基数太大,所以网络用户的普及率还十分低。加拿大、美国和日本的网络用户普及率达到了30%以上,而中国仅仅有1.4%。

其次,中国的网络规模距离网络发达国家还有很大差距。但是随着基础设施的增加,宽带技术的使用,在网络规模上会有稳步的发展。第三,中国的网络管理法规还相对滞后和不够完善,要根据国家已颁布的《电信条例》修订现有部门规章中不适应的部分,为新业务制定新规定,做到法规到位。第四,由于语言和观念的原因,中文信息资源上网还需要付出更多的努力。另外,中国网络业在资本投入、经营模式、经营理念、技术创新等方面都需要进行深入的思考和研究。外国成功的方式有的在中国未必奏效,因此不能照搬,要发展适合中国国情的模式。

2.2.4 全球因特网发展的前景

关于因特网的未来,因特网给全世界带来了非同寻常的机遇。人类经历了农业社会、工业社会,当前正在迈进信息社会。信息作为继材料、能源之后的又一重要战略资源,它的有效开发和充分利用,已经成为社会和经济发展的重要推动力和取得经济发展的重要生产要素,它正在改变着人们的生产方式、工作方式、生活方式和学习方式。首先,网络缩短了时空的距离,大大加快了信息的传递,使得社会的各种资源得以共享。其次,网络创造出了更多的机会,可以有效地提高传统产业的生产效率,有力地拉动消费需求,从而促进经济增长,推动生产力进步。同时,网络也为各个层次的文化交流提供了良好的平台。

因特网的确创造了一个奇迹,但在奇迹背后,存在着日益突出的问题,给人们提出了极大的挑战。比如,信息贫富差距开始扩大,财富分配出现不平等;网络的开放性和全球化,促进了人类知识的共享和经济的全球化。但也使得网络安全和信息安全成为非常严峻的问题;网络的竞争已成为国家间和企业间高技术的竞争和人才的竞争;网络带来信息的全球性流通,也加剧了文化渗透,各国都在为捍卫自己的网络文化而努力。中国拥有悠久的文化,如何使得这种厚重的文化在网络上得以延伸,这个问题显得尤其突出。

[1]梁小兵.因特网发展史[J].太原铁道科技编辑部邮箱,2010,02(2):18-20

[2]宁祥和. 我国因特网现状[J].新闻传播,2010,08(5):15-16

[3]丁颐,郑煊. 我国因特网发展历程[J].数字通信世界,2010,08(6):35-36

[4]韦乐平.因特网发展的趋势[J].现代电信科技,2010,23(12):

35-37

[5]许秋菊.我国因特网发展中面临的问题[J].现代营销(学苑版),2010,08(11):19-21

[6] 姜智峰;唐雄燕.因特网发展探析[J].电信网技术,2010,26(10):5-7

[7] 柯岚.因特网现状及未来发展趋势 [J].广播电视信息,2009,20(1):3-7

[8]矫丽君.论我国因特网的发展[J].经营管理者,2010,26(20):10-13

2.3 因特网的利与弊

随着第三次科技革命的结束,人类社会进入了信息时代,电脑网络成了这一时代的标志,然而人心的险恶使电脑从万能转变到双刃剑,网络也随之蒙上了一层神秘的面纱,但是我还是坚信,网络利大于弊,首先,网络的弊处也无非是网络游戏、网络色情、网络暴力等一些使人迷失自我的文化垃圾,可是这些人为事物为什么要强加到电脑之上,说它是一个伤风败俗之物呢?又因为什么这些文化垃圾出现后,不是大力宣传这些垃圾的危害性,以使他人提高自我保护意识和严厉制裁文化垃圾制造者,而去打击那些网吧和无辜的网络呢?治标不治本,又怎么会使网络百利而无一害呢?

如果说网络弊大于利,美国又怎么会投巨资建设信息高速公路,那不成了助纣为虐了吗?如果弊大于利,电脑怎么会人手一台,怎么会在 1994 年到 2004 年短短的 10 年时间,中国内地上网总数会达到 9400 万呢? 如果网络弊大于利,那网络不如过街老鼠一般人人喊打了吗?

其次,网络利处也有很多。比如,它可以使两地之间的通讯更为便捷、及时、有效,我们可以在网上发布文字、图片、声音等,可以使两地的人进行面对面的视频对话,可以在网上下载学习资料等多种信息，还能模拟三维动画，十分具有娱乐性；我们在网上还可以购物，寻医问药等，所以网络的利大于弊。

网络的普及是必然的，它是人类社会发展的里程碑，网络的利一定大于弊，而且不仅仅是这些。

21世纪的到来伴随着不少日新月异的科学成就的发展，曾经被视为科幻场景的"互联网"如今已是家喻户晓，成为了我们生活不可缺少的一部分。但是任何一种新兴事物都是伴随着它的不足而产生的，网络也不例外，读了《安全与道德读本》这本书，我对网络有了一定的了解。

正如这本书上写的，网络带给我们生活太大的益处了，它在无形中为我们大大打开了一扇方便之门。且不谈网上购物、网上学习、网上聊天，就连我们写的作文都要网上通过e-mail发给老师。网络对我们来说实在有太多的益处了！网络为我们提供了无限的创造空间，丰富了我们生活的内容，改变了我们生活的方式，加快了我们迈向进步的速度。

但是，在网络技术还未完善的情况下，不少不法分子乘机找空子钻，网上诈骗花样百出，使人们不禁头晕目眩。还有一些稚气未脱的少年由于沉迷与网络游戏而不能自拔，甚至为此而走上犯罪的道路。祖国的花朵就这样凋零了。这本书上有许多活生生的例子在向我们阐述着一个观点——网络就像一个无形的大黑洞，向我们伸出邪恶的大手。

看到这些，我们都觉得网络是那么的深不可测，它在带给我们方便的同时又使我们防不胜防，一不小心就落入大网——陷阱，弄得我们一时不知道该如何是好。其实这本书上介绍了许多防止网上诈骗和网上侵权行为的方法，比如说：拿起法律武器维护自己的合法权益；装上效果优良的防火墙；网上账号密码要多多修改等等。

我们这些祖国未来的接班人，更应该好好使用电脑，让电脑成为我们的良师益友，坚决抵制不良诱惑，学习一些上网的基本守则和方法，了解一定有关电脑方面的知识，绝不做任何违反道德的行为，从我做起，从现在做起——净化网络。

用"双刃剑"这个词语来形容网络可以说是恰到好处，但我相信通过读《安全与道德》这本书和对网络知识的一定了解，在加上我们坚决抵制不良诱惑的决心，我们一定能让这把"双刃剑"变成造福于我们的"单刃剑"。让我们携手走向更美好的未来！

要说网络的利与弊，应该说是同时存在的，任何一个新生事物的出现，必然要对社会有一些冲击，既有利于社会发展的因素，也有一些弊端存在。但是不是因为有弊端我们就远离网络、拒绝网络呢？当然不是，因为网络对社会的影响是利大于弊的。

网络的产生，由最初的小范围的局域网，发展到现在的全世界范围内的互联网，在其发展的过程中，如果是弊端多于利处的话，也许现在就没有网络的存在了，它早已在弊端中灭亡了。

网络的利是随处可见的，如：加快信息查询，便捷现代通讯，缩小世界范围等，二十一世纪是 e 时代，未来的社会一定是网络的社会。

网络的弊端，严格说是人的弊端，有些人正是利用了网络的"利"来进行网络上的欺诈犯罪、不良信息传播等，这是网络弊端的体现之一。另外，有些人用网不健康，沉迷于网络游戏，尤其是青少年，过多的把时间浪费在网络中，对身心都造成了伤害，这是网络弊端的体现之二。应该说网络本身并没有错，错的是利用网络的人。这就像刀，最初的产生一定是为了解决生活中的一些问题，但有人却利用刀锋利的这一特性来杀人，而刀本身并没有错。

网络的弊端其实是完全可以避免的。使用网络的人，要提高自己明辨是非的能力，不要为一些小利而失去防范和警惕，记住"天下没有免费的午餐"，"天上不会掉下馅饼"，那么也就减少了上当受骗的机会。再有，对于网吧业主，有关部门要加强管理，使网络运营于一种健康的环境中。另外，鲁迅有篇文章叫《拿来主义》，里面说到窗子打开的时候，进来的不只是新鲜的空气，也会有苍蝇和蚊子，我们要"去除糟粕，取其精髓"。对于网络，也应该采取同样的态度和做法。

在未来的生活中,网络也许会无处不在,所以,网络的规范化、法制化就更需要完善,而这又是社会中的每一个公民都要做出贡献的,既我们要从自身做起,扩大网络优势,减少网络弊端。

如果说,旧石器时代是属于北京周口店的火种;如果说,第一次工业革命属于瓦特与他的蒸汽机;如果说,20世纪是属于两次世界大战,那么,我想说的是:21世纪是属于计算机和因特网的。

的确,时代的迁移,科技的发展,人类社会正在迈入信息网络化时代。网络给人们开启了一个全新的、缤纷的世界,特别是青少年更难以抵挡诱惑。据有些专家调查表明,青少年上网时间偏长。30.1%的调查对象有经常上网的习惯,82.5%的调查对象拥有自己可以上网的电脑。调查中,当问到最长的一次上网时间时,回答9小时的竟占31.8%,5-8小时的占25.9%。调查还发现,男生比女生的上网时间多。学生上网究竟在做什么?调查表明:用于聊天、玩游戏、下载娱乐内容的比例高达557%.

不容置疑,网络是功能最全应用最广的媒体,它为青少年搭建了自主学习的宽广平台,它使学生获取更多的信息知识,"足不出户","尽览天下风云";它为学生提供参与社交活动的广阔空间,"海内存知己,天涯若比邻";它丰富了学生的生活,摆脱了"两点一线"读书生活的单调啊! 网络世界好精彩!

但更不能忽视,网络这把双刃剑,刺伤了多少缺乏自护意识的青少年。网络的开放性与隐蔽性使多少精神垃圾灌输到一个个单纯的心灵。有的轻信网站教唆,酿成人间悲剧;有的轻率会网友,无辜遭伤害;有的沉迷黑网吧,弃学难自拔;还有的热衷于网络游戏,被其中的弱肉强食、尔虞我诈搞的道德观念模糊,甚至心智混乱;有的被赌博、色情等网上黄毒感染,最终误入歧途。我身边有几位同学,他们陶醉于虚拟的空间,开始逃避现实,荒废学业,搞的自己形容枯槁,神思恍惚。让家长叹气,老师摇头。唉! 沉迷网络真悲哀!

青少年,处于人生的黄金时代,美丽的大自然向我们招手,科

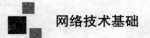

学的高峰需要我们去攀登,含辛茹苦的父母期望我们健康成长,祖国的未来需要我们去铸造辉煌……我们该做的实在太多了! 一方小小屏幕,岂能涵盖我们生活的全部?

"水,能载舟,亦能覆舟。"而如今,青少年的网络安全问题,已成为影响国家兴盛、社会安定、学校教育、家庭和谐的隐患,真希望能将"电子海洛因""e 网打尽",更希望我们所有的青少年朋友,能对网络有清醒的认识,在头脑中建起一道安全的"防火墙"!

2.4 因特网的接入方式

2.4.1 接入 Internet 的常用方法

对于企业级用户是以局域网或广域网规模介入到 Internet,其接入方式多采用专线入网。目前各地电信部分和 ISP 为企业级用户提供了如下的入网方式:

1)通过分组网入网

2)通过帧中继入网

3)通过 DDN 专线入网

4)通过微波无线入网

5)通过光纤接入

对于个人用户一般都采用调制解调器拨号上网,还可以使用 ISDN 线路、ADSL 技术、CABLE MODEM、掌上电脑以及手机上网。

2.4.2Internet 服务提供商(ISP)的选择

接入 Internet 的用户分为两种类型：一类作为最终用户,使用 Internet 提供的丰富的信息服务；另一类是出于商业目的而成为 Internet 服务提供商(ISP：Internet Server Provider)。他们通过租用告诉通信线路,建立必要的服务器、路由器等设备,向用户提供 Internet 连接服务,从中收取费用。

选择 ISP 通常应考虑如下因素：

1)网络拓扑结构

在选择 ISP 时,网络拓扑结构是至关重要的一个因素,了解 ISP 的网络拓扑结构可以知道该 ISP 是否有自己的主干线路、网络负荷过重时的用户承载容量以及与其他网络的扩展连接能力、是否有多条出口线路,这样当某条线路处于瘫痪时,不致造成最终用户的连接失败。

2)主干线传输速率

ISP 的主干线传输速率将直接影响用户的连接速度。

3)网络技术力量

要看 ISP 是否采用先进的网络设备,如路由器、交换机、调制解调器以及其它先进的技术设备；是否拥有足够多的电话中继线路以满足众多用户同时拨入的需要。

4)服务、价格

好的 ISP 不仅技术上具有先进性、价格上有优势,而且还应该提供良好的连接服务。

2.4.3 电话拨号接入

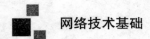

通过电话拨号方式接入 Internet,对用户而言需要如下软件及硬件设备：

PC 机：可以使 486 以上机型；

一台 MODEM(调制解调器)

一条电话线路

相关通讯软件(SLIP/PPP 协议)

相关网络工具软件,如 WEB 浏览器、FTP 工具等

1、通过电话拨号使用 SLIP/PPP 协议入网的连接方式

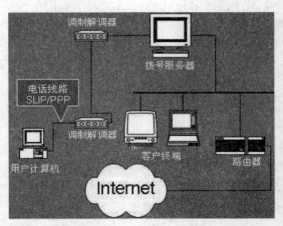

SLIP 和 PPP 是在串行线路上实现 TCP/IP 连接的两个标准协议,他们分别是串行线路协议(Serial Line IP Protocol)和点到点协议(Point to Point Protocol)的简称。

2.4.4 调制解调器的硬件安装

第一步将电话外线插入到调制解调器上的 LINE 口。把随机所配的电话线的一端插入调制解调器的 PHONE 口,另一端接到您的电话机的外线端口。

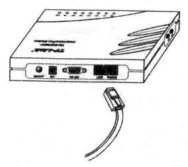

第二步关闭计算机，将随机带的串口线的母头插入计算机的串口,再把串口线的公头插入调制解调器的串口接口处 RS—232。

第三步将随机带的电源变压器插到 220V 的电源插座上,把变压器的交流 9V 的输出端接到调制解调器的电源输入口 AC。

第四步如果您想使用麦克风和音箱实现调制解调器的语音功能,

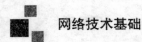

可将麦克风的接头插到 MIC 口中,将外接音箱接头插到 SPK 口中。

第五步检查各连接是否接触良好, 打开调制解调器的电源开关, 调制解调器的指示灯闪烁一会后,HS 及 MR 灯亮, 其余的灯灭,表示调制解调器初始化完成,调制解调器准备好。

至此硬件安装完成。

2.4.5Win2000 系统安装

把硬件装好后,打开计算机,系统会自动地检测到您的调制解调器。并会一步一步地提示您安装。

第一步开机后,系统自动检测调制解调器。

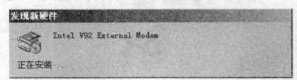

第二步进入安装向导,点击"下一步"。

第三步选择"搜索适于我的设备的驱动程序(推荐)(S)",点击"下一步"。

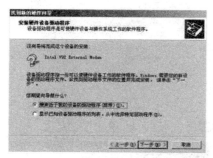

第四步选中"CD—ROM 驱动器"和"指定一个位置"这两项，点击"下一步"。

第五步将随机附带的驱动程序光盘放入光驱中,选择您的光驱, 再选择驱动程序所在的文件夹:(如 E:\TM—EC5658V\Win2000)。

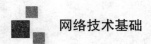

第六步按"下一步",计算机安装调制解调器驱动程序。

第七步驱动程序安装完成,单击"完成"。

至此,调制解调器已在 Win2000 下安装完成,可以进行下一步的调制解调器的检测。

2.4.6 调制解调器的检测

第一步打开 Win2000 的"控制面板",双击"电话和调制解调器选项"。

第二步进入"调制解调器"窗口，检查计算机上是否安装上"TP—Link V92 External Modem"调制解调器，点击"属性"。

第三步进入"诊断"窗口，点击"查询调制解调器"。计算机会与调制解调器进行一些信息传递，此时如观察调制解调器的指示灯，便会发现 RD 和 SD 灯不断的闪烁。

第四步计算机与调制解调器交换完信息后，若连接正常，会弹出一个对话框，显示与调制解调器的对话结果。若连接错误，则返回错误提示，弹出对话框为空。若检测正常，则表示其已在Win2000 系统安装好了，已经可以正确运行。

2.5 配置拨号网络

在 Windows2000 Server 中为用户提供了一个"网络连接向导"。用这个向导,可以创建一个连到其他计算机和网络、启用应用程序的连接。如电子邮件、Web 浏览,文件共享和打印等。要在其中建立拨号连接,步骤如下:

(1)在"网络和拨号连接"对话框中,双击"新建连接"图标,打开网络连接向导,单击"下一步"。

图 6-5-1-2-16

(2)在弹出的"网络连接类型"页面中,选择"拨号到 Internet"。单击"下一步",此时打开了 Internet 连接向导。

(3)在"欢迎使用 Internet 连接向导"页面中,选择"手动设置Internet 连接或通过局域网(LAN)连接"项,然后单击下一步。如果您的系统已经安装好了调制解调器请直接去步骤(6)。

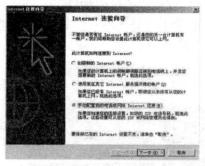

(4)在弹出的"设置您的 Internet 连接"页面中选择"通过电话线和调制解调器连接"项,单击"下一步"。

(5)此时弹出"添加／删除硬件向导"对话框的"安装新调制解调器"页面。

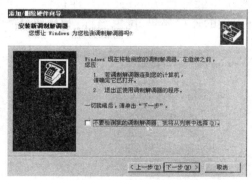

如果您的调制解调器支持即插即用,可直接单击"下一步",系统将自动检测您的调制解调器,并进行安装。您只需在弹出的窗口中单击"完成"按钮即可。若系统不支持即插即用的调制解调器,就需要手工安装驱动程序,此时则要选中"不要检测调调制解调器,我将从列表中选择"复选框。

如果手工安装,在接下来的页面中选择调制解调器的制造商

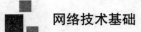

及型号。点击"下一步"按钮。弹出"选择您想安装调制解调器的端口"页面,在此页面中选择"选定的端口"项,然后在端口列表中选则一个您想安装的端口,单击"下一步"按钮;安装您选择的调制解调器。此时,单击"完成"按钮即可。

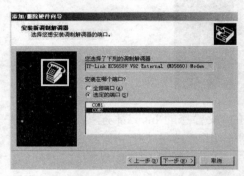

"选择您想安装调制解调器的端口"页面

(6)接下来您将会看到"Internet 账户连接信息"页面,在这里,要求输入 ISP 提供的连接号码、国家名称;和代码,输入完毕后,单

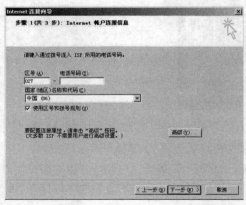

击"下一步"。

(7)在弹出的"Interne 账户登录信息"页面中,您要输入 ISP 为您提供的登录用户名和密码。输入完毕后,单击"下一步"。

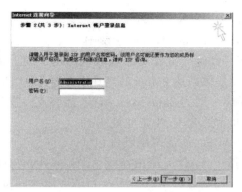

（8）在弹出的"配置您的计算机"页面中，输入此连接的名称，可以是任意的，然后单击"下一步"。

（9）接下来在"设置 Internet Mail 账号"页面中，询问您是否要设置一个邮件账号，如果有此账号则选"是"并逐项进行设置，但对于大多数用户来说无须此项设置，也可连入 Internet。选择"否"，然后单击"下一步"。

（10）在"Internet 连接向导运行完毕"页面中，单击"完成"即可。

至此，拨号连接已设置完毕，在"网络和拨号连接"对话框中，您将看到刚刚建立连接的图标。双击此图标，即可弹出连接对话框，正确输入用户名和口令；单击"拨号"按钮，即可登录 Internet 了。

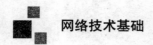

网络技术基础

2.5.1ADSL 接入

ADSL（Asymmetrical Digital Subscriber Line，非对称数字用户线）又称"超级一线通"，它在普通铜线电话用户线上传送电话业务的同时，向用户提供高达 8Mb/s 的高速下载速率和 1Mb/s 的上行速率，其传输距离一般为 3km~5km，ADSL 能够支持视频会议和影视节目传输等，非常适合中、小企业使用。

为了安装 ADSL，所需网络硬件包括：

ADSL 设备——ADSL 路由器或 ADSL Modem（有两种：一种是USB 接口的，一种是自带 10/100Mb/s 自适应以太网接口，用户在向电信局申报时，可自行选择）。

语音分离器一个（厂商自带）。

网络适配器（网卡）一块和一根做好 RJ45 头网线（如果是 USB接口的 ADSL Modem，则不需要网线）。

复用的电话线路。

电源变压器一个（厂商自带）。

两根做好 RJ11 头的电话线。

一般 ADSL Modem 与计算机通过网卡连接方式比较稳定，当电话线连上 ADSL Modem 时，电话线上会产生三个信息通道：

一个速率最高可达 8Mb/s 的下行通道，用于用户下载信息。

一个速率可达 896Kb/s 的上行通道。

一个普通的 4Kb/s 电话服务通道。

与传统的 Modem 相比，ADSL Modem 由于采用了高频通道，所以与电话同时使用时，必须使用分离器来对信号进行普通电话信号和 ADSL 需要的高频信号的分离。

ADSL Modem 不可与电话并联，分离器上一般会有三个英文提示标记：

LINE：电话入户线，表示与入户的电话线相连的端口。

PHONE：电话信号输出线，表示与普通电话机相连接的端口。

MODEM：数据信号输出线，表示于 ADSL Modem 连接的端口。

从目前中国各地区开通的 ADSL 是用模式来看,有以下几种:

PPPoE(也叫虚拟拨号),其实现方式有两种,一种是把 Modem 设置为桥接,外挂拨号软件;另一种是使用 Modem 自带的内置拨号器。

静态 IP 方式(也叫专线方式)。

桥接方式(也叫 1483 透明桥模式)。

其中,对于个人用户来讲,桥接和 PPPoE 使用比较广泛;静态 IP 方式比较适用于集团用户。

准备工作

协议 参数	BOA(RFC1483 Bridge)	BOA(RFC1483 Router)	IPOA(RFC 1577)	PPPOA(RFC 2364)	PPPOE(RFC 2516)
VPI/VCI	√	√	√	√	√
封装类型	√	√	√	√	√
调制方式	√	√	√	√	√
广域网 IP 地址	×	√	√	×	×
广域网子网掩码	×	√	√	×	×
广域网网关	×	√	√	×	×
用户名	√	×	×	√	√
密码	√	×	×	√	√
密码协议	×	√	√	√	√
DNS	√	√	√	√	√
其它	需要在一台 PC 上安装第三方拨号软件,如 Enternet300。	×	×	路由器上集成了拨号软件。	路由器上集成了拨号软件。

要安装 ADSL 路由器,首先要弄清楚您申请的这个 ADSL 接入采用什么协议。现在常用的 ADSL 协议有以下五种,它们需要电信部门提供的参数列表如下:

其他需要在一台 PC 上安装第三方拨号软件,如 Enternet300。××路由器上集成了拨号软件。路由器上集成了拨号软件。

注:"×"代表无需提供相关参数;"√"代表需要提供相关参数;封装类型一般都为"LLC/SNAP 封装";调制方式一般都为"Multimode"方式。

ADSL 接入又可分为 ADSL 拨号接入和 ADSL 专线接入两种。本节分别以实达 2110EH ROUTER 为例说明 ADSL 拨号接入的过程；以 TP-LINK 的最新 ADSL 路由器 TD-8800 为例说明ADSL 专线接入的步骤。

2.5.2PPPoE 虚拟拨号接入方式

一、硬件连接

安装时先将来自电信局端的电话线接入信号分离器的输入端，然后再用前面准备好的那根电话线一头连接信号分离器的语音信号输出口，另一端连接你的电话机。此时您的电话机应该已经能够接听和拨打电话了。用另一根电话线一头接信号分离器的数据信号输出口，另一端连接 ADSL MODEM 的外线接口上。如下图所示：

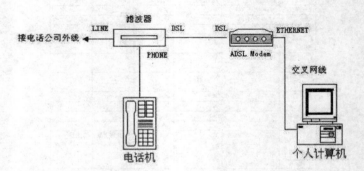

注意：滤波分离器和外线之间不能有其他的电话设备，任何分机、传真机、防盗器等设备的接入都将造成 ADSL 的严重故障，甚至ADSL 完全不能使用。分机等设备只能连接在分离器分离出的语音端口后面。

再用一根五类双绞线，一头连接 ADSL MODEM 的 10BaseT 插孔，另一头连接计算机网卡中的网线插孔。这时候打开计算机和ADSL MODEM 的电源，如果两边连接网线的插孔所对应的 LED 都亮了，那么您的硬件连接也就成功了。如下图所示：

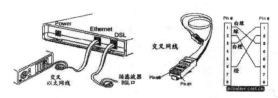

二、配置程序安装

ADSL MODEM 的 IP 地址默认值为 192.168.10.1，在设置参数前需要将 PC 的网卡 IP 改为与 ADSL 的以太网 IP 同一网段，192.168.10.*。

1）网卡的 IP 地址设置好后，运行安装光盘中的"adsl 配置程序.exe"文件，如下图所示：

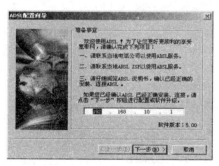

2）填好 IP 地址后，点击"下一步"。当程序与 ADSL 连接成功后，程序会读出当前 ADSL 的状态与参数，如下图所示：

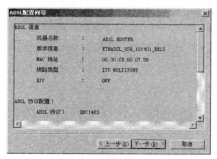

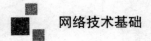

3)点击"下一步",如下图所示：

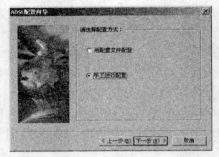

4)点击"下一步",如下图所示：

ADSL2110EH ROUTER 支持 DHCP SERVER,选中后可在 IP 分

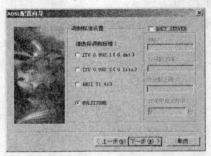

配下限、IP 分配上限中填入 DHCP 分配的起止地址,这样 ADSL 连接的 PC 机,即可不用设置 IP 地址,而实现 IP 地址的自动分配。DNS 地址由电信局提供,在 DHCP SERVER 的环境下 DNS 必需配置。

5)正确选择调制标准后,点击"下一步",如下图所示：

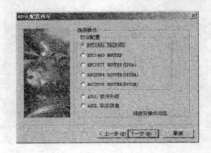

在此界面您应选择封装的协议为：RFC1483 BRIDGE：单机桥接方式接入。

6）点击"下一步"，如下图所示：

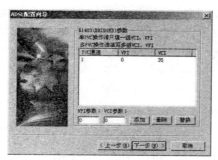

在此对话框中您可以设置各 PVC 的参数，如果默认的 PVC 值不是 0、32，则在 VPI 参数和 VCI 参数框中分别填入 0、32，然后点击替换，则相应的 VPI、VCI 参数的值会改为 0、32，如图 3-31b。

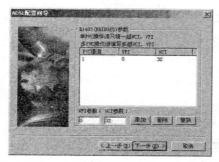

7）完成后点击"下一步"，如下图所示：

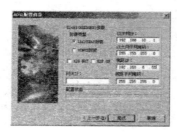

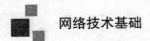

在此界面,您可以设置如下参数:

选择封装类型 LLC/SNAP 封装。

设置 ADSL 以太网 IP 地址、子网掩码(一般默认即可)。

8)以上各项参数正确填写完成后点击"完成",配置程序将自动完成对 ADSL 的配置,如下图所示:

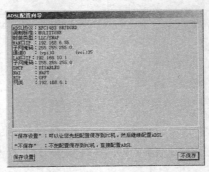

这一界面是将用户前面所配的内容再显示一次,以及让用户选择是否保存此配置,若保存,则下一次进入配置程序时可在如下图界面选择"用配置文件配置",调用保存的该文件,即可实现与此次同样的配置。点击"不保存",如下图所示:

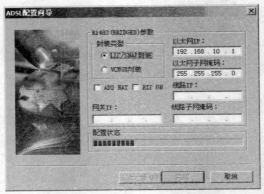

9)配置状态显示设置进程,请在这个过程尽量保证不断电,否则 ADSL 将由于读写参数错误而无法正常运行。当完成后配置程

序会提示消息框如下图所示：

点击"确定"配置程序自动退出，至此 ADSL 在 RFC1483Bridge 协议下的参数配置完成。

2.5.3 拨号软件的安装

ADSL 使用的是 PPPoE（Point-to-Point Protocol over Ethernet，以太网上的点对点协议）虚拟拨号软件。

Windows XP：使用 Windows XP 自带的 PPPoE 拨号软件（经过多方测试，使用自带的虚拟拨号软件断流现象较少，稳定性也相对提高）

Windows 9x/Me/2000/NT： 可选 EnterNet、WinPoET 和 RasPP-PoE。其中，EnterNet 是现在比较常用的一款，EnterNet300 适用于 Windows 9x；EnterNet500 适用于 Windows 2000/XP。

（1）WINDOWS 98/NT/2000 环境下 RasPPPOE 的安装与配置

1）先下载 Rasppppoe 压缩软件包，将其 copy 至用户计算机的目录下，如 c:\adsl。然后将它解压缩，将解压后的文件存于同一目录 c:\adsl。

2）解压后应有如下图所示：

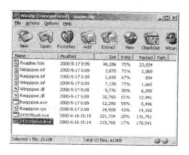

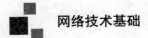

3)安装 PPPoE 协议,在"协议"中选择"添加",进入如下图所示:

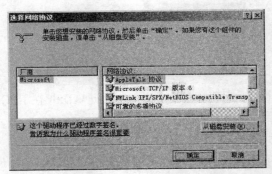

4)选择"从磁盘安装",从磁盘中选中解压后的文件所在目录 c:\adsl,如下图所示:,然后单击"确定"即可。

协议安装好后,如果用户是 WIN98 的第二版,需要运行补丁软件。相关补丁文件可参看软件说明文档并到微软网站上下载以上工作完成后,需要重启计算机。重启后的计算机应该有如下图所示:

5）建立拨号网络连接,在开始菜单中选择"运行",输入"raspp-poe",出现如下图所示：

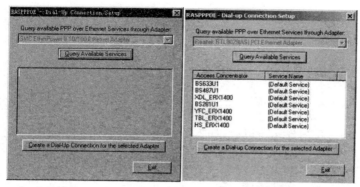

6）在"query available ppp over Ethernet services through adapter"下面,可以看见你的网卡。如果没有,请检查你的网卡是否正确安装,是否和"ppp over Ethernet protocal"绑定。

7）网卡正常,则点一下"query available service",可以在框中看到相应的边缘路由器名（即 ADSL Modem 设备名）, 如图 3-41 所示,选中该边缘路由器名,点一下"create a dial up connection for the select adapter",在桌面上或者"控制面板"的"拨号网络"中就可以看到一个拨号连接。至此,rasppppoe 安装结束。用户上网时,只需双击刚才所建的连接,在用户名中输入用户名,在密码栏中输入密码即可实现拨号上网。

8）目前网上最新版本的 rasppppoe 安装很简单,只需将其解压到一个文件夹,双击 rasppppoe_098c.exe 文件,自动安装完成后,重启计算机,然后点击"开始",在命令栏里输入 rasppppoe,"回车"后在出现的窗口中点击"查询可用服务器",在出现的服务器列表中选中相应的服务器名,然后点击"为所选服务器创建一个拨号连接",这是桌面上就会出现一个以该服务器命名的拨号连接的图标,双击该图标输入相应的帐号和密码就可上网。

（2）WINDOWS XP 环境下 RasPPPOE 的设置

1)安装好硬件以后,我们从开始菜单中选择运行 Windows XP 连接向导(开始→所有程序→附件→通讯→新建连接向导),如下图所示:

2)连接向导运行以后,如下图所示,直接点击下一步。

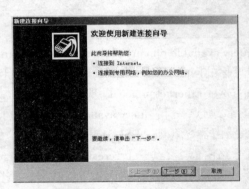

3)在图 3-44 所示的界面中,选择"连接到 Internet"选项。然后单击"下一步",进入如下图所示:

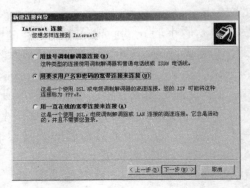

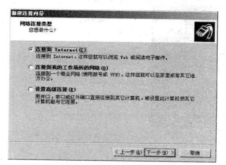

4)选择"用要求用户名和密码的宽带连接来连接"选项,然后单击"下一步",进入如下图所示:

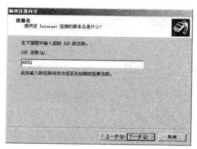

5)输入 ISP 的名称,如 ADSL。然后单击"下一步",进入如下图所示:

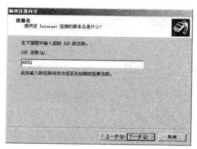

6)在 Internet 帐户信息窗口对话框中输入从 ISP 获得的用户名和密码等信息。然后单击"下一步",进入如下图所示:

7）然后单击"完成"，结束 ADSL 连接设置。

8）双击桌面的 ADSL 快捷连接图标，进入如下图所示窗口。输入用户名和密码，单击"连接"，即可连接到 Internet 上。

2.5.4 ADSL 专线接入

1.硬件连接

硬件包括：TD-8800 ADSL 路由器一台、DC 7V 1A 电源适配器一个、五类直通双绞线一根、电话线一根。

1）将开通了 ADSL 服务的电话线接入 TD-8800 ADSL Router 的 LINE 插孔上，如果要在上网的同时打电话，可将随机附送的电话线的一端接入 TD-8800 ADSL Router 的 PHONE 插孔，另一端接入您的电话机。具体的连接方法，如下图所示：

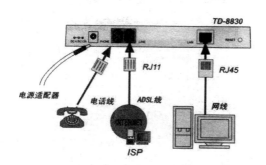

2)把网线一端的水晶头接到 ADSL Router 的 RJ-45 接口,网线的另一端的水晶头接到计算机网卡的 RJ-45 接口, 注意网线要使用正线。

3) 把电源适配器的输出接入到 ADSL Router 的 DC 7V,1A 接口, 请保证电源适配器输入电压范围在交流 180V~250V 以内,以利于 TD-8800 正常工作。

对照上面的连接图检查一下连线是否正确,如果没有问题, 就可以打开电源,开始安装配置程序了。按下前面板的 ON/OFF 按键,开机后除 PWR 灯常亮外,ADSL、ACT 灯会同时亮大约一秒后熄灭,LAN 灯会常亮。TD-8800 进入启动自检过程,如果启动正常,10 秒后 ADSL 指示灯会由慢闪到快闪至常亮, 表明物理连接已经建立。如果 15 秒后 ADSL 指示灯仍保持不亮,表明 ADSL 启动失败, 请重新开机。

2.计算机设置

1)按照图 3-50 将 ADSL 设备与线路和计算机连接好后,打开 ADSL 的电源开关,并启动计算机。

2)更改计算机的 IP 地址:打开计算机网卡的"TCP/IP 属性"对话框,如图 3-51 所示(以 Windows 2000 系统为例,其他 Windows 系统基本相同), 指定计算机的 IP 地址为 192.168.1.*,(* 为 2-254 之间的任意值,子网掩码为 255.255.255.0,网关为 192.168.1.1,DNS 服务器地址为 ISP 提供的值),也可以设定计算机为自动获取 IP 地址。

3.ADSL 配置程序安装

1)将随机赠送的光盘放到您的光驱里(假设光驱盘符为 E:),在我的电脑中双击 E:\TD-8800\Setup\Setup.exe,安装程序将进行准备工作,如下图所示:

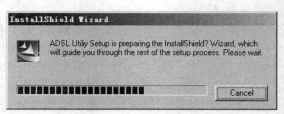

2)准备工作完成后,出现如下图所示界面:

3）单击"Next"，出现如下图所示界面，默认路径为 C:\Program Files\TP-Link\TD-8800 ADSL Router。

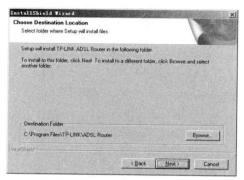

4）单击"Next"继续安装。出现如下图所示界面，单击"Next"完成安装。

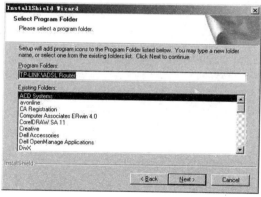

4.ADSL 配置

将您的计算机网卡的 IP 地址设置为 192.168.1.5。

1）点击"开始"→"程序"→"TP-LINK"→"ADSL Router"→"ADSL 配置"，或者双击桌面上的"TP-LINK ADSL Router 配置"快捷方式图标，出现登录界面，如下图所示界面：

出厂默认登陆 IP 地址 192.168.1.1，用户名为 admin，密码为 admin，请点击登录按钮进入功能菜单，出现如下图所示界面：

登录成功后，出现如下图所示配置界面。左边是"快速设置"、"DHCP 设置"、"调制方式"、"当前状态"四个功能模块，右边是默认状态参数信息。

2)快速设置

快速设置界面有五种连接协议：

EoA(RFC 1483 Bridged)(适用于拨号或固定 IP 用户)

EoA(RFC 1483 Routed)(适用于固定 IP 用户)

IPoA(RFC 1577)(适用于固定 IP 用户)

PPPoA(RFC 2364)(适用于拨号用户)

PPPoE(RFC 2516)(适用于拨号用户)

注意：各地选用的协议有可能不同，您只需要使用 5 种协议之一,从您的 ISP 可以获得您所在地方支持的协议。

ADSL 专线接入,即使用静态 IP 接入。这里以 EoA(RFC 1483 Routed)协议为例,来讲解 TD-8800 的设置。

点击"快速设置"按钮,进入快速设置界面,在快速设置界面中选定"EoA(RFC 1483 Routed)"前面的单选框,按"下一步"按钮,进入 ATM VC 设置,界面如下图所示界面:

输入 VPI/VCI 值,如 0/32(VPI/VCI 的值是由您的 ADSL 服务提供商所提供的),选择封装类型为 LLC/SNAP 封装,点击"下一步",进入广域网参数设置界面,如下图所示界面:

填入广域网端的 IP 地址,默认网关和子网掩码。(具体的参数可从您的 ISP 那里获得)。

确定各项设置后点击"提交"按钮,进行参数提交。如果提交成功,出现"提交成功"对话框,点击"确定"或"实"按钮,完成设置。

设置完成后,ADSL 专线接入连接示意图如下:

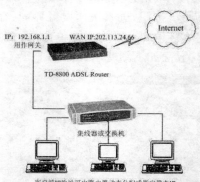

所有设置完成后,您的计算机无需作更多的设置,便可以连接到网上了。

2.5.5 局域网接入

相对拨号接入和 ADSL 接入来说, 局域网接入方式比较简单。局域网接入对用户而言所需要的硬件只要一块网卡就够了,从 ISP 处获得 IP 地址、掩码、网关以及 DNS 的具体配置参数后就可以直接接入 Internet 了。

目前提供局域网接入方式的 ISP 由长城宽带等。各个高校以及公司、单位的内部网用户也大多以局域网方式接入。下图中客户端与交换机的连接就是局域网接入方式。

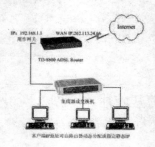

局域网的接入方式可分为静态 IP 接入方式和动态 IP 接入方式。对于动态 IP 接入方式来说,用户的操作很简单,只需安装好网卡,然后用双绞线将计算机和交换机连接起来,软件上只需安装 TCP/IP 协议即可完成网络的接入,而无需对 Internet 协议的相关属性进行设置。而静态 IP 接入方式除了完成硬件之间的连接和安装 TCP/IP 协议之外,还要根据 ISP 提供的 IP 地址、子网掩码、网关以及 DNS 的具体配置参数来设置 Internet 协议的属性。Internet 协议相关属性的设置如下图所示。具体操作详见 ADSL 专线接入的"计算机设置"。

2.6 因特网的应用

2.6.1 电子邮件(E-mail)

电子邮件(Electronic Mail)是一种利用电子手段提供信息交换的通信方式,它可以在几秒到几分钟之内,将信件送往世界各地的邮件服务器中,收件人可随时读取。邮件的内容可以包括文字、声音、图像或图形信息。电子邮件是因特网所有信息服务中用户最多、接触面最广泛的一类服务。

2.6.2 文件传输(FTP)

FTP 是文件传输的最主要工具,它用来在计算机之间传输文件。它可以传输任何格式的数据。访问 FTP 服务器有两种方式:

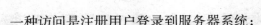

一种访问是注册用户登录到服务器系统；

另一种访问是用"匿名"（anonymous）进入服务器。使用匿名FTP可以免费下载并获取因特网上丰富多彩的软件和文件资源。

1.远程登录（Telnet）

因特网远程登录服务允许一个用户在一台联网的机器上登录到一个远程分时计算机系统中，该用户的键盘和显示器就好像与远程计算机直接相连一样。

因特网提供了一种高级浏览服务，从而把超文本（HyperText）的概念延伸到一个成员众多的计算机集合中，这种服务称为万维网（World Wide Web，WWW），它是把存放于众多计算机上的信息链接在一起的信息查询机制。

WWW 的核心是共享超媒体，WWW 服务是因特网上最好的多媒体信息查询和获取工具。WWW 上的信息是按页提供的，WWW页采用超文本语言进行描述，其中包含有文本、图形、图像、声音、统一资源定位器 URL（Uniform Resource Locator）和超级链接（Hyperlink）。

2.电子论坛（Electronic Forum）

通过 E-mail 相互联系，只是一对一的通信。当希望将自己的消息告诉尽可能多的人，或遇到问题希望向尽可能多的人请教时，可采用 Internet 提供的多对多的通信方式：电子论坛。

电子论坛从字面上说是一组成员的 E-mail 地址。一旦加入某个电子论坛，就可以收到其他成员发给电子论坛的邮件，同时自己也可以给论坛成员发送消息。

电子布告（BBS）

电子布告 BBS（Bulletin Board System）是发布通知和消息的布告栏，一般提供气象、法律、娱乐、校园信息、电子邮件等服务。

3.电子新闻（Usenet News）

电子新闻 Usenet News 是因特网上为人们提供通信的另一种方式，其上的每一个讨论群体被称为消息群

4.电子商务(Electronic Business)

电子商务所包含的内容十分广泛,除了网络上的商业交易外,还包含了政府提供的各项电子化服务、电子银行等。

电子商务的业务内容涵盖信息流、物流、资金流三部分。电子数据交换、信息交换、网上浏览完成信息流;售前售后服务、销售、商品配送完成物流;电子支付完成金融流。

目前,出现了四种不同的电子商务服务模式。

企业对消费者(Business-to-Consumer,简称 B2C)的电子商务。

企业对企业(Business-to-Business,简称 B2B)的电子商务。

企业对政府机构(Business-to-Administrations,简称 B2A)的电子商务。

消费者对政府机构(Consumer-to-Administrations,简称 C2A)的电子商务。

2.6.3 现代远程教育

网络教育是随着现代信息技术的发展而产生的一种新型教育形式。通常认为,远程教育已经历了三代:第一代是函授教育;第二代是广播电视教育;第三代的基本特征是利用计算机网络和多媒体技术,在数字信号环境下进行教学活动,被称为"现代远程教育"。

基于因特网的现代远程教学系统模型一般由以下 5 个基本模块构成:

(1)基于 Web 的教学信息资源

(1)交互的认知工具

(1)虚拟的学习场景

(1)讨论式教学管理机制

(1)专家指导系统

2.7 因特网的发展趋势

提到因特网的未来趋势就会提到 NGI 和 NGN。现在的互联网是建立在 IPv4 协议基础上的，下一代互联网的核心将是 IPv6 协议。经过多年发展后，第一代互联网在全面成熟的同时，一些不足逐渐显露，其中最紧迫的就是地址空间问题。上世纪 90 年代初，人们就开始讨论新的互联网络协议。IETF 的 IPng 工作组在 1994 年 9 月提出了一个正式的草案"The Recommendation for the IP Next Generation Protocol"，1995 年底确定了 IPng 的协议规范，并称为"IP 版本 6"(IPv6)，以次与现在使用的版本 4 相区别(1998 年又作了较大的改动)。尽管设计 IPv6 的最初的动机主要是解决地址空间日益紧张的问题，但是人们希望它同时能够解决目前 Internet 上存在的、IPv4 难以解决的一些重大课题，包括安全、服务质量(QoS)、移动计算等。

到 1998 年年初，IPv6 协议的基本框架已经逐步成熟，并在越来越广泛的范围内得到实践。有关 IPv6 的所有讨论和建议，被称为 IP-the next generation (IPng)。由于 IPv4 向 IPv6 过渡的重要性，IETF 成立了专门的工作组——ngtrans 研究从现有的 IPv4 网络向 IPv6 网络的过渡策略和必要的技术。国际的 IPv6 试验网——6bone 也于 1996 年成立。现在，6bone 已经扩展到全球 50 多个国家和地区。

NGN(下一代网络)是一个分组网络，它提供包括电信业务在内的多种业务，能够利用多种带宽和具有 QoS 能力的传送技术，实现业务功能与底层传送技术的分离；它提供用户对不同业务提供商网络的自由地接入，并支持通用移动性，实现用户对业务使用的一致性和统一性。IPv6 作为网络协议，NGN 将基于 IPv6。IPv6 相对于 IPv4 的主要优势是：扩大了地址空间、提高了网络的整体吞吐量、服务质量得到很大改善、安全性有了更好的保证、支持即插即用和移动性、更好地实现了多播功能。IPv6 并非尽善尽美、一劳永逸，不可能解决所有问题，何况今后还会遇到现在预计不到的问题。但不管怎样，IPv6 带来的好处将使网络上到一个新台阶，并将在发展中不断完善。IPv6 不仅仅是扩充了 IP 地址,它还引入了许多新的特性,这其中包括服务质量、传送速度、安全性、移动和多播等,它解决了 IPv4 中解决不好的很多问题。

下一代互联网的进展非常快,欧盟在 2005 年 6 月份宣布开通 GéANT2,GéANT2 是欧盟所有国家的学术网的简称。美国也宣布准备在中国下一代互联网主干网的基础上,开通一个 NLR 光纤网络。中国去年年底开通了 CERNET2,和日本、韩国的 IPv6 网形成了亚太地区的 APAN。上述三大网络形成了全球下一代互联网的框架体系。

在这些研究与建设项目中,需要特别介绍的是 CNGI(China Next Generation Internet),项目。中国下一代互联网示范工程 CNGI 是实施我国下一代互联网发展战略的起步工程,由国家发展和改革委员会、科技部、信息产业部、国务院信息化工作办公室、教育部、中国科学院、中国工程院、国家自然基金会等八部委联合领导。2003 年 8 月,国家发改委批复了中国下一代互联网示范工程 CNGI 示范网络核心网建设项目可行性研究报告,该项目正式启动。第二代中国教育和科研计算机网 CERNET2 是中国下一代互联网示范工程 CNGI 最大的核心网和唯一的全国性学术网,也是目前所知世界上规模最大的采用纯 IPv6 技术的下一代互联网主干网。CERNET2 主干网采用纯 IPV6 协议,为基于 IPv6 的下一代互联网技术提供了广阔的试验环境。CERNET2 还将部分采用我国自主研制具有自主知识产权的世界上先进的 IPv6 核心路由器,将成为我国研究下一代互联网技术、开发基于下一代互联网的重大应用、推动下一代互联网产业发展的关键性基础设施。

总之,下一代的互联网的进展与设备、技术以及基础设施三个层次相关。在这种情况下,关于下一代互联网的定义非常广泛。什么是下一代互联网?目前还只是利用它共性中的特征来描述更快、更大、更安全、更及时、更方便。

3 计算机网络信息安全

随着计算机网络技术的飞速发展,计算机网络已经渗透到广大人民群众的工作、学习、生活中,已经成为了生活中不可或缺的重要组成部分。在网络如此普及的今天,计算机网络使得人们的工作和生活变得更有效率, 也让人们的生活变得更加丰富多彩。但是我们在享受计算机网络给我们带来的快捷、便利的同时,我们不得不考虑到计算机网络的安全问题,在局域网中,网络都或多或少地存在着很多潜在威胁和脆弱之处,一旦计算机网络受到黑客、病毒等的袭击,往往会出现泄密、瘫痪等严重威胁,造成用户的巨大损失。制约网络发展的关键因素往往便是计算机网络安全。只有采取全方位、多角度的网络安全措施,才可以确保网络信息的可用性、完整性和保密性。所以,计算机网络的防护和管理也越来越受到人们的关注伴随着现代科学技术的蓬勃发展与现代经济社会建设发展脚步日益加快,社会大众持续增长的物质文化与精神文化需求同时对新时期的计算机网络及其系统技术的应用提出了更为全面与系统的发展要求。网络安全不是一个单纯的技术问题。网络安全涉及与信息安全的相关法律法规,提高网络管理人员的素质、法律意识与技术水平,提高网络管理人员的素质,提高网络与信息系统安全防护的技术水平,才有可能不断改善网络与信息系统的安全状况。

3.1 计算机网络信息安全问题与对策

随着计算机技术的迅速发展, 在计算机上完成的工作已由基于单机的文件处理、自动化办公,发展到今天的企业内部网、企业外部网和国际互联网的世界范围内的信息共享和业务处理, 也就是我们常说的局域网、城域网和广域网。计算机网络的应用领域已从传统的小型业务系统逐渐向大型业务系统扩展。计算机网络在为人们提供便利、带来效益的同时,也使人类面临着信息安全的巨大挑战。

果黑客组织能攻破组织及单位的计算机网络防御系统，他就有访问成千上万计算机的可能性。据统计，近年来因网络安全事故造成的损失每年高达上千亿美元。计算机系统的脆弱性已为各国政府与机构所认识。

3.1.1 计算机通信网络安全概述

所谓计算机通信网络安全，是指根据计算机通信网络特性，通过相应的安全技术和措施，对计算机通信网络的硬件、操作系统、应用软件和数据等加以保护，防止遭到破坏或窃取，其实质就是要保护计算机通讯系统和通信网络中的各种信息资源免受各种类型的威胁、干扰和破坏。计算机通信网络的安全是指挥、控制信息安全的重要保证。

根据国家计算机网络应急技术处理协调中心的权威统计，通过分布式密网捕获的新的漏洞攻击恶意代码数量平均每天112次，每天捕获最多的次数高达4369次。因此，随着网络一体化和互联互通，我们必须加强计算机通信网络安全防范意思，提高防范手段。

3.1.2 计算机网络的安全策略

3.1.2.1 物理安全策略

物理安全策略目的是保护计算机系统、网络服务器、打印机等硬件实体和通信链路免受自然灾害、人为破坏和搭线攻击；验证用户的身份和使用权限、防止用户越权操作；确保计算机系统有一个良好的电磁兼容工作环境；建立完备的安全管理制度，防止非法进入计算机控制室和各种偷窃、破坏活动的发生。物理安全策略还包括加强网络的安全管理，制定有关规章制度，对于确保网络的安全、可靠地运行，将起到十分有效的作用。网络安全管理策略包括：确定安全管理等级和安全管理范围；制订有关网络操作使用规程和人员出入机房管理制度；制定网络系统的维护制度和应急措施等。

3.1.3 常用的网络安全技术

由于网络所带来的诸多不安全因素，使得网络使用者必须采取相应的网络安全技术来堵塞安全漏洞和提供安全的通信服务。

如今，快速发展的网络安全技术能从不同角度来保证网络信息不受侵犯，网络安全的基本技术主要包括网络加密技术、防火墙技术、操作系统安全内核技术、身份验证技术、网络防病毒技术。

3.1.3.1 网络加密技术

网络加密技术是网络安全最有效的技术之一。一个加密网络，不但可以防止非授权用户的搭线窃听和入网，而且也是对付恶意软件的有效方法之一。网络信息加密的目的是保护网内的数据、文件、口令和控制信息，保护网上传输的数据。信息加密过程是由形形色色的加密算法来具体实施的，它以很小的代价提供很牢靠的安全保护。在多数情况下，信息加密是保证信息机密性的唯一方法。

3.1.3.2 防火墙技术

防火墙技术是设置在被保护网络和外界之间的一道屏障，是通过计算机硬件和软件的组合来建立起一个安全网关，从而保护内部网络免受非法用户的入侵，它可以通过鉴别、限制，更改跨越防火墙的数据流，来实何保证通信网络的安全对今后计算机通信网络的发展尤为重要。现对网络的安全保护。防火墙的组成可以表示为：防火墙 = 过滤器 + 安全策略 + 网关，它是一种非常有效的网络安全技术。在 Internet 上，通过它来隔离风险区域与安全区域的连接，但不妨碍人们对风险区域的访问。防火墙可以监控进出网络的通信数据，从而完成仅让安全、核准的信息进入，同时又抵制对企业构成威胁的数据进入的任务。

3.1.3.3 操作系统安全内核技术

操作系统安全内核技术除了在传统网络安全技术上着手，人们开始在操作系统的层次上考虑网络安全性，尝试把系统内核中可能引起安全性问题的部分从内核中剔除出去，从而使系统更安全。操作系统平台的安全措施包括：采用安全性较高的操作系统；对操作系统的安全配置；利用安全扫描系统检查操作系统的漏洞等。

3.1.3.4 身份验证技术身份验证技术

身份验证技术身份验证技术是用户向系统出示自己身份证明的过程。身份认证是系统查核用户身份证明的过程。这两个过程是判明和确认通信双方真实身份的两个重要环节，人们常把这两项工作统称为身份验证。它的安全机制在于首先对发出请求的用户进行身份验证，确认其是否为合法的用户，如是合法用户，再审核该用户是否有权对他所请求的服务或主机进行访问，以此来防止一些非法入侵人员的侵入。

3.1.3.5 网络防病毒技术

在网络环境下，计算机病毒具有不可估量的威胁性和破坏力。CIH病毒及爱虫病毒就足以证明如果不重视计算机网络防病毒，那可能给社会造成灾难性的后果，因此计算机病毒的防范也是网络安全技术中重要的一环。网络防病毒技术的具体实现方法包括对网络服务器中的文件进行频繁地扫描和监测，工作站上采用防病毒芯片和对网络目录及文件设置访问权限等。防病毒必须从网络整体考虑，从方便管理人员的能，在夜间对全网的客户机进行扫描，检查病毒情况；利用在线报警功能，网络上每一台机器出现故障、病毒侵入时，网络管理人员都能及时知道，从而从管理中心处予以解决。

3.1.4 结束语

随着信息技术的飞速发展，影响通信网络安全的各种因素也会不断强化，因此计算机网络的安全问题也越来越受到人们的重视，以上我们简要的分析了计算机网络存在的几种安全隐患，并探讨了计算机网络的几种安全防范措施。

总的来说，网络安全不仅仅是技术问题，同时也是一个安全管理问题。我们必须综合考虑安全因素，制定合理的目标、技术方案和相关的配套法规等。世界上不存在绝对安全的网络系统，随着计算机网络技术的进一步发展，网络安全防护技术也必然随着网络应用的发展而不断发展。

3.1.5 参考文献

【1】陶阳.计算机与网络安全[M]. 重庆：重庆大学出版社.

【2】田园.网络安全教程[M]. 北京：人民邮电出版社.

【3】冯登国.计算机通信网络安全[M].清华大学出版社.

【4】陈斌.计算机网络安全与防御.信息技术与网络服务[M].

【6】赵树升等.信息安全原理与实现[M].清华大学出版社.

3.2 影响计算机通信网络安全的因素分析

计算机通信网络的安全涉及到多种学科,包括计算机科学、网络技术、通信技术、密码技术、信息安全技术、应用数学、数论、信息论等十数种,这些技术各司其职,保护网络系统的硬件、软件以及系统中的数据免遭各种因素的破坏、更改、泄露,保证系统连续可靠正常运行。

3.2.1 影响计算机通信网络安全的客观因素。

3.2.1.1 网络资源的共享性

计算机网络最主要的一个功能就是"资源共享"。无论你是在天涯海角,还是远在天边,只要有网络,就能找到你所需要的信息。所以,资源共享的确为我们提供了很大的便利,但这为系统安全的攻击者利用共享的资源进行破坏也提供了机会。

3.2.1.2 网络操作系统的漏洞

操作系统漏洞是指计算机操作系统本身所存在的问题或技术缺陷。由于网络协议实现的复杂性,决定了操作系统必然存在各种的缺陷和漏洞。

3.2.1.3 网络系统设计的缺陷

网络设计是指拓扑结构的设计和各种网络设备的选择等。网络设备、网络协议、网络操作系统等都会直接带来安全隐患。

3.2.1.4 网络的开放性

网上的任何一个用户很方便访问互联网上的信息资源, 从而很容易获取到一个企业、单位以及个人的信息。

3.2.1.5 恶意攻击

恶意攻击就是人们常见的黑客攻击及网络病毒。是最难防范的网络安全威胁。随着电脑教育的大众化,这类攻击也越来越多,影响越来越大。无论是 DOS 攻击还是 DDOS 攻击,简单地看,都只是一种破坏网络服务的黑客方式,虽然具体的实现方式千变万化,但都有一个共同点, 就是其根本目的是使受害主机或网络无法及时接收并处理外界请求,或无法及时回应外界请求。

3.2.2 影响计算机网络通信安全的主观因素

主要是计算机系统网络管理人员缺乏安全观念和必备技术,如安全意识、防范意识等。

3.3 计算机网络信息安全的研究

3.3.1 计算机网络安全的现状

计算机网络安全是指网络系统的硬、软件及系统中的数据受到保护,不受偶然或恶意的原因而遭到破坏、更改、泄露,系统连续、可靠、正常地运行,网络服务不中断。计算机和网络技术具有的复杂性和多样性, 使得计算机和网络安全成为一个需要持续更新和提高的领域。目前黑客的攻击方法已超过了计算机病毒的种类,而且许多攻击都是致命的。在 Internet 网络上,因互联网本身没有时空和地域的限制,每当有一种新的攻击手段产生,就能在一周内传遍全世界, 这些攻击手段利用网络和系统漏洞进行攻击从而造成计算机系统及网络瘫痪。蠕虫、后门、Rootkits、DOS 和 Sniffer 是大家熟悉的几种黑客攻击手段。但这些攻击手段却都体现了它们惊人的威力,时至今日,有愈演愈烈之势。这几类攻击手段的新变种,与以前出现的攻击方法相比,更加智能化,攻击目标直指互联网基础协议和操作系统层次。从 Web 程序的控制程序到内核级 Rootlets。黑客的攻击手法不断升级翻新,向用户的信息安全防范能力不断发起挑战。

2013 年 6 月,前中情局(CIA)职员爱德华·斯诺登向媒体泄露了两份绝密资料,美国国家安全局和联邦调查局于 2007 年启动了一个代号为“棱镜”的秘密监控项目,直接进入美国国际网路公司的中心服务器里挖掘数据、收集情报,包括微软、雅虎、谷歌、苹果等在内的9家国际网络巨头皆参与其中。根据斯诺登披露的文件,PRISM计划能够对即时通信和既存资料进行深度的监听。许可的监听对象包括任何在美国以外地区使用参与计划公司服务的客户,或是任何与国外人士通信的美国公民。国家安全局在PRISM计划中可以获得的数据电子邮件、视频和语音交谈、影片、照片、VoIP交谈内容、档案传输、登入通知,以及社交网络细节。综合情报文件"总统每日简报"中在2012年内在1477个计划使用了来自PRISM计划的资料。美国国家安全局可以接触到大量个人聊天日志、存储的数据、语音通信、文件传输、个人社交网络数据。美国政府证实,它确实要求美国公司威瑞森(Verizon)提供数百万私人电话记录,其中包括个人电话的时长、通话地点、通话双方的电话号码。这就是著名的菱镜门事件。

从目前公布证据显示,美国在全球进行了61000次的渗透行动,目标包括数百个个人以及机构,其中包括香港中文大学以及内地的一些目标。斯诺登声称从2009年开始,美国开始潜入内地和香港的政府官员、企业以及学生的电脑系统进行监控。美国政府网络入侵中国网络至少有四年时间,美国政府黑客攻击的目标达到上百个,成功率达到75%,中国已经成为该项计划中网络攻击最大的受害者,这也揭示了网络空间中美力量对比的基本态势。从真实情况看,中国的网络战能力相比美国,差距还非常大。"菱镜门"事件只是这种差距的一个缩影。之所以我们和美国之间有如此大的差距,主要由以下几个方面:

3.3.2 国家信息安全保障能力弱

美国今天的强大,除了历史原因和地缘优势外,还有一些因素不容忽视,那就是一贯的战略顶层设计和不被轻易阻断的执行。而这种战略顶层设计在信息产业的高速公路上也得到充分体现,其优势和企业能力在信息领域已形成足够的战略威慑力。与美国相比,我国只在2003年发布了《国家信息化领导小组关于加强信息安全保障工作的意见》。顶层战略设计的缺失,让政府对企业整体战略协作、支持、互动和响应能力严重不足,造成了我国在信息安全保障能力体系建设和能力建设方面和美国巨大的差距。

3.3.3 信息系统自主化程度低

改革开放 30 多年来,中国向全世界敞开怀抱,以市场换技术,但却并未在核心技术上有所突破,却被国外科技企业掌握着要害部位。据斯诺登透露,从 2009 年开始,"棱镜"项目对准了中国内地和香港的电脑系统,他们潜入政府、企业以及学校的电脑系统,进行秘密监视活动,美国政府网络入侵中国网络成功率高达 75%,这与国内重要信息系统核心关键设备无法自主可控有密切关系。目前,中国在主机、网络设备、安全设备和云计算等方面对国外的依赖度很高。我国关键应用主机系统主要依赖进口,目前已建的重要信息系统几乎均为外国品牌,包括操作系统、数据库、中间件也基本在美国企业控制之下。它们依靠自己的路由器、交换机、主机设备、操作系统等信息系统关键核心部件,几乎控制了中国互联网的咽喉,国内80%以上的信息流量,都经过它的产品计算、传输和存储。包括政府、海关、金融、教育、铁路、航天等系统,自主化水平都不高。而中国电信和中国联通的骨干网络、四大国有银行的数据中心,大部分都采用国外公司的产品。微软盗版黑屏事件、赛门铁克误杀事件都表明微软、Intel 等美国公司在中国的信息系统内畅通无阻;而今天的棱镜门事件又进一步表明,不光科技公司可以畅通无阻,美国政府也可以通过这些公司的帮助在我们的信息系统中为所欲为。多年来,美国始终实际掌控着全球互联网的绝对话语权,这是众所周知的事实。反观中国,我们对外依赖度却变得越来越高。棱镜门事件彻底粉碎了相当一部分人所谓"技术无国界"的大同世界理想,在人类社会还是以利益为核心建立团体的情况下,信息网络与现实社会相同,都存在为谁所用和为谁所控的根本问题。在信息产业的高速公路上,如果我们继续甘心于依赖别国,就很有可能成为温水中被煮的青蛙,在毫无知觉中渐渐耗尽自己防御的能力。

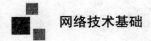

3.3.4 企业自主研发能力不足

"棱镜门"事件凸显了信息系统"自主可控"的紧迫性。数据显示,我国每年进口的半导体产品总额约为1300亿美元,信息网络城门洞开。出现这一局面,最关键还在于自身功夫不扎实,尤其是核心技术落后于人。这次窃听事件曝光后,美国政府依然表现得很强势,甚至反咬一口,将斯诺登说成是中国的"间谍",这就折射出中国在核心技术层面上的积弱局面,甚至对美国患上了严重的"依赖症"。"棱镜"计划被爆出,还让我们看到,美国政府部门和私营企业在关键战略产业上的完美协作,既维护了国家安全,又在国家安全产业上赢得了商业利益,这对我们而言是一个巨大的挑战,但又何尝不是一个很好的示范。我们也欣喜地看到,包括浪潮在内的一些国内知名IT企业借助"863"、"核高基"等国家大型科研计划的资金支持,通过自主研发,已经在硬件板卡、系统固件、操作系统以及系统维护管理等各个方面实现了安全可控,系统整体指标达到国际同类设备水平,部分功能技术指标国际领先,可以消除使用国外主机带来的绝大部分安全隐患。作为与国家安全更加紧密相关的信息行业,加强管理和准入控制显然更为迫切,相信国家和企事业单位应在以前的基础上,进一步加强关键核心设备的国产化步伐。同时也应像中国厂商难以在美国取得一席之地一样,加强对国外厂商和设备的管控,提高准入门槛。

"棱镜门"事件进一步证明了国家大力推行信息化"自主可控"的必要性和紧迫性,国家应从战略层面认知和规划中国在全球网络空间的利益,加强统筹规划和我国网络信息安全体系顶层设计,整合并提升中国的技术能力,进一步提高对我国的基础网络和重要信息系统安全保障水平;国家重要关键信息系统应对现有设备属性进行统计并进行安全性加固,在今后的国家信息基础设施和关键业务网络的建设上,多采购自主可控产品,同时对现有给国家安全造成威胁的国外设备逐渐替换,以免受制于人;国内IT企业应该继续加快推进信息安全技术、产品与服务的自主可控水平,通过市场化加快自主创新,力争在一些重点关键技术领域取得突破。

3.3.5 计算机网络的不安全因素

对计算机信息构成不安全的因素很多,其中包括人为的因素、自然的因素和偶发的因素。其中,人为因素是指,一些不法之徒利用计算机网络存在的漏洞,或者潜入计算机房,盗用计算机系统资源,非法获取重要数据、篡改系统数据、破坏硬件设备、编制计算机病毒。人为因素是对计算机信息网络安全威胁最大的因素。计算机网络不安全因素主要表现在以下几个方面:

3.3.6 计算机网络的脆弱性

互联网是对全世界都开放的网络,任何单位或个人都可以在网上方便地传输和获取各种信息,互联网这种具有开放性、共享性、国际性的特点就对计算机网络安全提出了挑战。互联网的不安全性主要有以下几项:

1)网络的开放性:网络的技术是全开放的,使得网络所面临的攻击来自多方面。或是来自物理传输线路的攻击,或是来自对网络通信协议的攻击,以及对计算机软件、硬件的漏洞实施攻击。

2)网络的国际性:意味着对网络的攻击不仅是来自于本地网络的用户,还可以是互联网上其他国家的黑客,所以,网络的安全面临着国际化的挑战。

3)网络的自由性:大多数的网络对用户的使用没有技术上的约束,用户可以自由的上网,发布和获取各类信息。

网络攻击也称为网络入侵,是指网络系统内部发生的任何违反安全策略的事件,这些事件可能来自于系统外部,也有可能来自于系统内部;可能是故意的,也有可能是无意偶发的。网络安全面临的最大问题就是认为的恶意攻击。认为的恶意攻击包括:被动攻击和主动攻击。

被动攻击是指攻击者不影响网络和计算机系统正常工作,从而窃听、截获正常的网络通信和系统服务过程,并对截获的数据信息进行分析,获得有用的数据,以达到其攻击目的。被动攻击的特点是难于发觉。一般来说,在网络和计算机系统没有出现任何异常的情况下,是没有人会关心发生过什么被动攻击的。

主动攻击是指攻击者主动侵入网络和计算机系统,参与正常的网络通信和系统服务过程,并在其中发挥破坏作用,已达到其攻击的目的。主动攻击的种类极多,新的主动攻击手段也在不断涌现。攻击者进行身份假冒攻击要实现的是冒充正常用户,欺骗网络和系统服务的提供者,从而获得非法权限和敏感数据的目的;身份窃取攻击是要取得用户的真正身份,以便为进一步攻击做准备;错误路由攻击是指在攻击者修改路由器中的路由表,将数据引到错误的网络或安全性较差的机器上来;重放攻击是指在监听到正常用户的一次有效操作后,将其记录下来,然后对这次操作进行重复,以期获得与正常用户同样的对待。计算机病毒攻击的手段出现得更早,其种类繁多,影响范围广。不过以前的病毒多是毁坏计算机内部的数据,使计算机瘫痪。现在在某些病毒已经与黑客程序结合起来,被黑客利用来窃取用户的敏感信息,危害更大了。

网络软件不可能是百分之百的无缺陷和无漏洞的。然而,这些缺陷和漏洞恰恰是黑客进行攻击的首选目标,曾经出现过的黑客攻入网络内部的事件,这些事件的大部分就是因为安全措施不完善所招致的苦果。另外,软件的"后门"都是软件公司的设计编程人员为了自便而设置的,一般不为外人所知,但一旦"后门"被打开,其造成的后果将是不堪设想的。

3.3.7 操作系统存在的安全问题

操作系统是作为一个支撑软件,使得你的程序或别的运用系统在上面正常运行的一个环境。操作系统提供了很多的管理功能,主要是管理系统的软件资源和硬件资源。操作系统软件自身的不安全性,系统开发设计的不周而留下的破绽,都给网络安全留下隐患。

1)操作系统结构体系的缺陷。操作系统本身有内存管理、CPU管理、外设的管理,每个管理都涉及到一些模块或程序,如果在这些程序里面存在问题,比如内存管理的问题,外部网络的一个连接过来,刚好连接一个有缺陷的模块,可能出现的情况是,计算机系统会因此崩溃。所以,有些黑客往往是针对操作系统的不完善进行攻击,使计算机系统,特别是服务器系统立刻瘫痪。

2)操作系统支持在网络上传送文件、加载或安装程序,包括可执行文件,这些功能也会带来不安全因素。网络很重要的一个功能就是文件传输功能,比如 FTP,这些安装程序经常会带一些可执行文件,这些可执行文件都是人为编写的程序,如果某个地方出现漏洞,那么系统可能就会造成崩溃。像这些远程调用、文件传输,如果生产厂家或个人在上面安装间谍程序,那么用户的整个传输过程、使用过程都会被别人监视到,所有的这些传输文件、加载的程序、安装的程序、执行文件,都可能给操作系统带来安全的隐患。所以,建议尽量少使用一些来历不明,或者无法证明它的安全性的软件。

3)操作系统不安全的一个原因在于它可以创建进程,支持进程的远程创建和激活,支持被创建的进程继承创建的权利,这些机制提供了在远端服务器上安装"间谍"软件的条件。若将间谍软件以打补丁的方式"打"在一个合法用户上,特别是"打"在一个特权用户上,黑客或间谍软件就可以使系统进程与作业的监视程序监测不到它的存在。

4)操作系统有些守护进程,它是系统的一些进程,总是在等待某些事件的出现。所谓守护进程,比如说用户有没按键盘或鼠标,或者别的一些处理。一些监控病毒的监控软件也是守护进程,这些进程可能是好的,比如防病毒程序,一有病毒出现就会被捕抓到。但是有些进程是一些病毒,一碰到特定的情况,比如碰到7月1日,它就会把用户的硬盘格式化,这些进程就是很危险的守护进程,平时它可能不起作用,可是在某些条件发生,比如7月1日,它才发生作用,如果操作系统有些守护进程被人破坏掉就会出现这种不安全的情况。

5)操作系统会提供一些远程调用功能,所谓远程调用就是一台计算机可以调用远程一个大型服务器里面的一些程序，可以提交程序给远程的服务器执行，如 telnet。远程调用要经过很多的环节，中间的通讯环节可能会出现被人监控等安全的问题。

6)操作系统的后门和漏洞。后门程序是指那些绕过安全控制而获取对程序或系统访问权的程序方法。在软件开发阶段，程序员利用软件的后门程序得以便利修改程序设计中的不足。一旦后门被黑客利用，或在发布软件前没有删除后门程序，容易被黑客当成漏洞进行攻击，造成信息泄密和丢失。此外，操作系统的无口令的入口，也是信息安全的一大隐患。

3.3.8 数据库存储的内容存在的安全问题

在信息化时代来临、互联网高速发展的今天，信息资源的经济价值和社会价值越来越明显，越来越多的信息需要处理及交流，而处理信息最有效的工具是数据库应用系统。数据库最突出的特点之一就是数据共享，数据共享给数据库应用带来了众多的好处，但同时也给数据库的安全性带来了严重的问题。特别是基于网络的分布式数据库系统。分布式数据库系统所管理、存储的数据是各个部门宝贵的信息资源。建设以数据库为核心的信息系统和应用系统，对于提高企业的效益、改善部门的管理、改进人们的生活均具有实实在在的意义。为了保证信息系统和应用系统的顺利运行，保证数据库的安全是非常必要的。

数据库管理系统大量的信息存储在各种各样的数据库里面，包括我们上网看到的所有信息，数据库主要考虑的是信息方便存储、利用和管理，但在安全方面考虑的比较少。例如：授权用户超出了访问权限进行数据的更改活动；非法用户绕过安全内核，窃取信息。对于数据库的安全而言，就是要保证数据的安全可靠和正确有效，即确保数据的安全性、完整性。数据的安全性是防止数据库被破坏和非法的存取；数据库的完整性是防止数据库中存在不符合语义的数据。

数据库安全性包括两个方面的内容：数据库数据的保密性和

安全性。数据库数据的保密性指有个人或者集团组织控制属于他们自己的数据。数据库数据的安全性是指数据库中数据的有意或无意的泄露、更改和丢失的保护能力,以及防止对数据库数据的不合法使用的能力。

数据库的安全问题可归纳为以下几个方面:

1)保障数据库数据的完整性

保障数据库物理存储介质及物理运行环境的正确与不受侵害的物理完整性;保障数据库实体完整性、域完整性和引用完整性的逻辑完整性;保障各客体数据元素的合法性、有效性、正确性、一致性、可维护性以及防止非授权读取、修改与破坏。

2)保障数据库数据的保密性

数据库系统的用户身份鉴别,保护每个用户是合法的,并且是可以识别的;数据库系统的访问控制,即控制用户对数据对象的访问,拒绝非授权访问,防止信息泄露和破坏;数据库对推理攻击的防范。数据库中存放的数据往往具有统计意义,入侵者往往可以利用已公开的、安全级别低的数据。来判断出安全级别高的数据;数据库系统的可审计行;防止数据库系统中的隐蔽信道攻击;数据库数据的语义保密性。

3.3.9 防火墙的脆弱性

随着科学技术的快速发展,网络技术的不断发展和完善,在当今信息化社会中,生活和工作中的许多数据、资源和信息都通过计算机系统来存储和处理,伴随着网络应用的发展。这些信息都要通过网络来传送、接收和处理,所以计算机网络在社会生活中的作用越来越大。为了维护计算机网络安全,人们提出了许多手段和方法,采用防火墙是其中最主要、最核心、最有效的手段之一。

防火墙指的是一个由软件和硬件设备组合而成、在内部网和外部网之间、专用网与公共网之间的界面上构造的保护屏障.它是一种计算机硬件和软件的结合,使 Internet 与 Intranet 之间建立起一个安全网关(Security Gateway),它通过控制和检测网络之间的信息交换和访问行为来实施对网络安全的有效管理，防火墙常常被安装在受保护的内部网络连接到 Internet 的节点上，它对传输的数据包和连接方式按照一定的安全策略对其进行检查，来决定网络之间的通信是否被允许。防火墙能有效地控制内部网络与外部网络之间的访问及数据传输，从而达到保护内部网络的信息不受外部非授权用户的访问和对不良信息的过滤。

但防火墙只能提供网络的安全性，不能保证网络的绝对安全，并不要指望防火墙靠自身就能够给予计算机安全。因为它也有自身的局限性，它无法防范来自防火墙以外的其他途径所进行的攻击。例如在一个被保护的网络上有一个没有限制的拨号访问存在，这样就为从后门进行攻击留下了可能性；另外，防火墙也不能防止来自内部变节者或不经心的用户所带来威胁，若是内部的人和外部的人联合起来，即使防火墙再强，也是没有优势的；同时防火墙也不能解决进入防火墙的数据带来的所有安全问题，如果用户抓来一个程序在本地运行，那个程序可能就包含一段恶意代码，可能会导致敏感信息泄露或遭到破坏，它甚至不能保护你免受所有那些它能检测到的攻击。随着技术的发展，还有一些破解的方法也使得防火墙造成一定隐患。

3.3.10 计算机病毒

计算机病毒（Computer Virus）在《中华人民共和国计算机信息系统安全保护条例》中的定义是"指编制或者在计算机程序中插入的破坏计算机功能或者破坏数据，影响计算机使用并且能够自我复制的一组计算机指令或者程序代码"。病毒必须满足一下两个条件：

1）必须能自行执行。它通常将自己的代码置于另一个程序的执行路径中。

2）必须能自我复制。它可能用受病毒感染的文件副本替换其他可执行文件。病毒既可以感染个人计算机也可以感染网络服务器。

此外，病毒往往还很强的感染性、一定的潜伏性、特定的触发性和很大的破坏性等，由于计算机所具有的这些特点与生物学上的病毒有相似之处，因此人们才将这种恶意程序代码成为计算机病毒。一些病毒被设计为通过损坏程序、删除文件或重新格式化硬盘来损坏计算机系统。有些病毒不损坏计算机系统，而只是复制自身，并通过显示文本、视频和音频消息表明它们的存在。即使这些良性病毒也会给计算机用户带来问题。通常它们会占据合法程序使用的计算机内存。结果会引起操作异常，甚至导致系统崩溃。另外，许多病毒包含大量的错误，这些错误可能会导致系统崩溃和数据丢失。

3.3.11 其他方面的不安全因素

计算机系统硬件和通讯设施极易遭受到自然环境的影响，如：各种自然灾害（如地震、泥石流、水灾、风暴、建筑物破坏等）对计算机网络构成威胁。还有一些偶发性因素，如电源故障、设备的机能失常、软件开发过程中留下的某些漏洞等，也对计算机网络构成严重威胁。此外管理不好、规章制度不健全、安全管理水平较低、操作失误、渎职行为等都会对计算机网络信息安全造成威胁。

3.4 计算机网络安全的策略

3.4.1 技术层面对策

对于技术方面，计算机网络安全技术主要有实时扫描技术、实时监测技术、防火墙、完整性检验保护技术、病毒情况分析报告技术和系统安全管理技术。综合起来，技术层面可以采取以下对策：

3.4.2 建立安全管理规范

安全管理的主要功能是指安全设备的管理；监视网络危险情况，对危险进行隔离，并把危险控制在最小的范围内；身份认证，权限设置；对资源的存取权限的管理；对资源或用户动态的或静态的审计；对违规事件，自动生成事件消息；管理（如操作员的口令），对无权操作人员进行控制；密匙管理，对于与密匙有关的服务器，应对其设置密匙生命期、密匙备份等管理功能；冗余备份，为增加网络的安全系数,对于关键的服务器应冗余备份。安全管理应该从管理制度和管理平台技术两个方面来实现,安全管理产品尽可能地支持统一的中心控制平台。

为了保护网络的安全性,除了在网络设计上增加安全服务功能,完善系统的安全保密措施外,安全管理策略也是网络安全所必需的。安全管理策略一方面从纯粹的管理上即安全管理规范来实现,另一方面从技术上建立高效的管理平台(包括网络管理和安全管理)。安全管理策略主要有:定义完善的安全管理模型;建立长远的并且可实施的安全策略;彻底贯彻规范的安全防范措施;建立恰当安全评估尺度,并且进行经常性的规则审核。当然,还需要建立高效的管理平台。面对网络安全的脆弱性,除了在网络设计上增加安全服务功能,完善系统的安全保密措施外,还必须花大力气加强网络安全管理规范的建立,因为诸多的不安全因素恰恰反映在组织管理和人员录用等方面,而这又是计算机网络安全所必须考虑的基本问题,所以应引起各计算机网络应用部门的重视。

网络信息系统的安全管理主要基于 3 个原则:

1)多人负责原则:每一项与安全有关的活动,都必须有两个人或多人在场。这些人是系统主要领导指派的,他们忠诚可靠,能胜任此项工作;他们应该签署工作情况记录以证明安全工作已得到保障。具体的活动有:访问控制使用证件的发放与回收;信息处理系统使用的媒介发放与回收;处理保密信息;硬件和软件的维护;系统软件的设计、实现和修改;重要程序和数据的删除和销毁等。

2)任期有限原则:一般地讲,任何人最好不要长期担任与安全有关的职务,以免使他(她)认为这个职务是专有的或永久的。为遵循任期有限原则,工作人员应不定期地循环任职,强制实行休假制度,并规定对工作人员进行轮流培训,以使任期有限制度切实可行。

3)职责分离原则:在信息处理系统工作的人员不要打听、了解或参与职责以外的任何与安全有关的事情,除非系统主管领导批准,出于对安全的考虑,下面每组内的两项信息处理工作应当分开。

①计算机操作与计算机编程；

②机密资料的接收和传送；

③安全管理和系统管理；

④应用程序和系统程序；

⑤访问证件的管理与其他工作；

⑥计算机操作与信息处理系统使用媒介的保管。

3.4.3 网络访问控制

访问控制是网络安全防范和保护的主要策略。它的主要任务是保证网络资源不被非法使用和访问。它是保证网络安全最重要的核心策略之一。共享网络就意味着风险：病毒侵入、数据被盗和网络瘫痪等，利用网络访问控制技术可以有效防范，确保网络安全。如今数据被盗肆虐，蠕虫和病毒横行，为了适应网络安全，选择网络访问控制(NAC)技术构建网络成为必然。然而，网络访问控制并不简单，它含义深奥并包含一整套的方法。对网络访问控制的政策执行与公司的业务流程密切相关。比如说一些餐馆的无线网络就是最简单的网络访问控制体系，顾客在接入网络之前就必须接受相关的协议。这只是网络访问控制最简单的例子，这些餐馆提供最简单的增值服务——上网。然而对其他环境如医院，这样的协议就过于简单了。要为你的网络选择正确的网络访问控制类型，要知道两个前提条件。

第一，要清楚网络访问控制所提供的服务，怎样提供这些服务，以及如何把这些服务纳入网络。

第二，就是要有明确的、可执行的安全访问策略。网络访问控制不是创造策略，而是执行策略。没有这两点，公司网络安全问题仍旧会被认为仅仅是 IT 部门的职责

3.4.4 数据库的备份与恢复

数据库的备份与恢复是数据库管理员维护数据安全性和完整性的重要操作。数据库的安全性(Security)是指保护数据库，防止不

合法的使用,以免数据的泄露、被更改或破坏。数据库的安全性问题常与数据库的完整性问题混淆。安全性是保护数据以防止非法用户故意造成的破坏;而完整性是保护数据以防止合法用户无意中造成的破坏。也就是安全性确保用户被限制在做其想做的事情;而完整性确保用户所做的事情是正确的。

为了保护数据库,防止故意的破坏,可以在从低到高的五个级别上设置各种安全措施:

1)环境级:计算机系统的机房和设备应加以保护,防止有人进行物理破坏;

2)职员级:工作人员应清正廉洁,正确授予用户访问数据库的权限;

3)OS级:应防止未授权用户从 OS 处着手访问数据库;

4)网络级:由于大多数 DBS 都允许用户通过网络进行远程访问,因此,网络软件内部的安全性是很重要的。

5)DBS 级:DBS 的职责是检查用户的身份是否合法及使用数据库的权限是否正确。

备份是恢复数据库最容易和最能防止意外的保证方法。恢复是在意外发生后利用备份来恢复数据的操作。有以下几种主要备份策略:

1)数据备份:是指将计算机硬盘上的原始数据(程序)复制到可移动媒体(Removable Media)上从而保护计算机的系统数据和应用数据。

2)数据归档:是指将硬盘数据复制到可移动媒体上,与数据备份不同的是,数据归档在完成复制工作后会将原始数据从硬盘上删除,释放硬盘空间,数据归档一般是对与年度或某一项目相关的数据进行操作,在一年结束或某一项目完成时将其相关数据存到可移动媒体上,以备日后查询和统计,同时释放宝贵的硬盘空间。

3)在线备份:是指对正在运行的数据库或应用进行备份,通常对打开的数据库和应用是禁止备份操作的,然而现在很多的计算机应用系统要求 24 小时运作(如银行 ATM 业务),因此要求数据存储管理软件能对在线的数据库和应用进行备份。

4)全备份:是备份策略的一种,执行数据全部备份操作。

5)离线备份:指在数据库关闭后对其数据进行备份,离线备份通常采用全备份。

6)增量备份:是相对于全备份而言的,是备份策略的一种,只备份上一次备份后的改变量。

7)并行技术:是指将不同的数据源同时备份/恢复到同一个备份设备/硬盘上。并行技术是考察数据存储管理软件性能的一个重要参数,有些厂商的软件只能支持并行备份,而有的厂商则可以实现并行备份及恢复;并且,真正有效的并行技术可以充分利用备份设备的备份速度(宽带),实现大数据量有限时间备份。

8)数据克隆:是实现灾难恢复的一种重要手段,通过将原始数据同时备份到两份可移动媒体上,将其中一份备份数据(Clone)转移到地理位置不同的办公室存放, 在计算机系统发生大灾难如火灾,系统连接的备份设备和备份数据都被破坏的情况下,将重要数据在另一套系统上恢复,保障业务的正常运行。所有数据存储管理软件都提供克隆功能。

3.4.5 应用各种加密技术

例如密码技术,应用密码技术是信息安全核心技术,密码手段为信息安全提供了可靠保证。基于密码的数字签名和身份认证是当前保证信息完整性的最主要方法之一, 密码技术主要包括古典密码体制、单钥密码体制、公钥密码体制、数字签名以及密钥管理。还有先进的生物识别技术:

1)指纹识别系统:每个人在来到世间的时候,上苍就赋予我们一套与众不同的生命纹路。这些纹路在图案、断点和交叉点上各不相同, 具有独一无二的特性。而作为身体参与外界活动的重要部位——手指,其上面的指纹扮演了极其重要的角色。指纹识别系统就是在系统中创建指纹数据库, 让系统收集并记录使用者的指纹信息，之后就会通过扫描作者的指纹信息与数据库中的信息进行对比，从而判断使用者是否为创建者本人，并赋予相应的权限。其中，指纹识别过程可以简单理解为3个步骤：采集并初步处理原始图像；提取指纹特征并转换数据；对比并给出匹配结果。得益于现代电子集成制造技术的迅速发展，指纹识别系统已经走入我们日常生活，成为目前生物监测学中研究最深入、应用最广泛，发展最成熟的技术。

2）面部识别系统：面部识别是以人脸识别技术为核心，通过采集人脸部特征将图像与数据库中数据进行对比，从而确定使用者的身份。其中这些特征包括双眼之间的距离、眼窝深度、颚骨、鼻梁宽度、下颚和颔轮廓等。目前面部识别系统已广泛应用到各个领域，例如国外的很多全民投票系统，就可以筛选出重复登记的选民；银行自动取款机通过采集用户的数字照片将其录入为面纹，避免用户身份证失窃；联想的A、T和X系列Thinkpad笔记本电脑上的屏幕保护程序中，也整合了这种技术作为安全保障。其实只要你的笔记本或智能手机有前置摄像头。大部分都可以使用面部识别系统进行解、登录等操作。

3）声纹识别系统：声纹识别也称说话人识别，包括说话人辨认和说话人确认两类。前者用于判断某段某段语音是若干人中的哪一个所说的，是"多选一"问题；而后者用以确认某段语音是否是指定的某个人所说的，是"一对一辨别"问题。不管是辨认还是确认，都需要对说话人的声纹进行建模，这就是所谓系统的"训练"或"学习"过程。目前大部分声纹识别系统都是基于声学层面的特征（如频谱、到频谱、共振峰、基音、反射系数等）声纹识别的应用领域范围很广，市场占有率达到15.8%，仅次于指纹特征识别。

4）眼纹识别系统：眼纹识别包括视网膜识别和虹膜识别两种。其中视网膜识别系统类似一台视网膜血管分布扫描器。在采集数据时，扫描器发出一束光射入使用者的眼睛，并放射回扫描器，系统会迅速描绘出眼睛的血管图案并录入到数据库中。虹膜识别与视网膜识别相似,只是采集对象变成了虹膜(即眼球中间黑眼珠部分),通过红外光对虹膜上的纹路进行识别。

5)基因识别系统:基因识别主要是识别 DNA 序列上的生物特征片段,其对象是蛋白质编码基因,也包括具有一定遗传学功能的 RNA 基因;这种技术目前主要应用于专业领域, 如医学遗传、考古等。

3.4.6 切断传播途径

网络越来越发达,网上的可下载资源越来越丰富,我们平时浏览网页、下载视频、音乐、软件的时候,由于可能某些人的防范意识低,或者是所用的电脑系统没有防火墙和防病毒软件,或者是没有定期更新防火墙和反病毒软件,给某些不法分子有了可乘之机。他们会在网页或软件中附带了些木马病毒或恶意插件等小程序,并落户到你的硬盘里藏身起来, 在你不经不觉使用电脑过程中搞些小动作。或是偷偷地联网下载些东西到你的系统里;或是收集你电脑里的信息送到网上去。后果要么就是造成系统出问题,要么就是使你的重要信息被泄露了,造成各种损失。所以要定期对系统进行全面的病毒扫描,定期更新杀毒软件,对被感染的硬盘和计算机进行彻底杀毒处理,不要浏览不安全的网站,不要随意下载网络可疑程序和信息,不使用来历不明的光盘、U 盘和程序,或者使用之前先让杀毒软件扫描一下,增强自我防范的意思。

3.4.7 提高网络反病毒技术能力

由于在网络环境下, 计算机病毒有不可估量的威胁性和破坏力,因此可以通过安装病毒防火墙,进行实时过滤,计算机病毒的防范是网络安全性建设中重要的一环。网络反病毒技术包括预防病毒、检测病毒和清除病毒 3 种技术:

1)预防病毒技术:通过自身常驻系统内存,优先获得系统的控制权,监视和判断系统中是否有病毒存在,进而阻止计算机病毒进入计算机系统和对系统进行破坏。着类技术有加密可执行程序、引导区保护、系统监控与读写控制(如反病毒软件等)。

2)检测病毒技术:通过读计算机病毒的特征来进行判断的技术,如自身校验、关键字、文件长度的变化等。

3)清除病毒技术:通过对计算机病毒的分析,开发出具有删除病毒程序并恢复原文件的软件。

网络反病毒技术的具体实现方法包括对网络服务器中的文件进行频繁扫描和监测;在工作站上采用防病毒芯片,加强网络目录和文件访问权限的设置等。其中日常维护也是必不可少的,网络管理者需要定期对服务器以及防火墙进行检查,在操作系统中,还要扫描进程中是否有异常程序或服务,服务器内的文件是否被非法共享,流量是否正常,以及对重要内容进行备份,定期更新新系统补丁,对于防火墙也要定期升级,检查日志文件。在网络中,限制只能由服务器才允许执行的文件等工作。

所选用的反病毒软件应该构造全网统一的反病毒体系。主要面向 E-mail、Web 服务器,以及办公网络的 PC 服务器和 PC 等。支持对网络、服务器和工作站的实时病毒监控;能够在中心控制台向多个目标分发新版杀毒软件,并监视多个目标的病毒防治情况;支持多种平台的病毒防范;能够识别广泛的已知和未知病毒,包括宏病毒;支持对 Internet/Intranet 服务器的病毒防治,能够阻止恶意的java 或 ActiveX 小程序的破坏;支持对电子邮件附件的病毒防治,包括 Word、Excel 中的宏病毒;支持对压缩文件的病毒检测支持广泛的病毒处理选项,如对染毒文件进行实时杀毒、移出、重新命名等;支持病毒隔离,当客户机试图下载一个染毒文件时,服务器可自动关闭对该工作站的连接;提供对病毒特征信息和检测引擎的定期在线更新服务;支持日志记录功能;支持多种方式的告警功能(如声音、图像、电子邮件等)等。

3.4.8 研发并完善高安全的操作系统

研发具有高安全的操作系统,不给病毒得以滋生的温床才能更安全。Windows、Linux 等主流桌面操作系统都有针对服务器使用的版本,相对于普通用户使用的操作系统而言,服务器版本支持更大的内存与存储容量，可以通过屏蔽无用的服务进程来减少系统漏洞存在的几率以提高系统的安全性，根据不同功能以及安全的需求选用相应的操作系统是最为直接的防范方式。

但对于中国来说，恐怕没有绝对安全的操作系统可以选择，无论是 Microsoft 的 Windows NT 操作系统或者是其他任何商用 UNIX 操作系统，其开发厂商必然有其 Back-Door。可以这样讲：没有完全安全的操作系统。但是，可以对现有的操作系统平台进行安全配置，对操作和访问权限进行严格控制，提高系统的安全性。因此，不但要选用尽可能可靠的操作系统和硬件平台，而且必须加强登录过程的认证（特别是在到达服务器主机之前的认证），确保用户的合法性；其次，应该严格限制登陆者的操作权限，将其完成的操作限制在最小的范围内。

3.4.9 管理层面对策

计算机网络的安全管理，不仅要看所采用的安全技术和防范措施，而且要看它所采取的管理措施和执行计算机安全保护法律、法规的力度。

只有将两者紧密结合，才能使计算机网络安全确实有效计算机网络的安全管理，包括对计算机用户的安全教育、建立相应的安全管理机构、不断完善和加强计算机的管理功能、加强计算机及网络的立法和执法力度等方面。加强计算机安全管理、加强用户的法律、法规和道德观念，提高计算机用户的安全意识，对防止计算机犯罪、抵制黑客攻击和防止计算机病毒干扰，是十分重要的措施。

这就要对计算机用户不断进行法制教育，包括计算机安全法、计算机犯罪法、保密法、数据保护法等，明确计算机用户和系统管理人员应履行的权利和义务，自觉遵守合法信息系统原则、合法用户原则、信息公开原则、信息利用原则和资源限制原则，自觉地和一切违法犯罪的行为作斗争，维护计算机及网络系统的安全，维护信息系统的安全。除此之外，还应教育计算机用户和全体工作人员，应自觉遵守为维护系统安全而建立的一切规章制度，包括人员管理制度、运行维护和管理制度、计算机处理的控制和管理制度、各种资料管理制度、机房保卫管理制度、专机专用和严格分工等管理制度。

3.4.10 物理安全层面对策

要保证计算机网络系统的安全、可靠,必须保证系统实体有个安全的物理环境条件,保证计算机信息系统各种设备的物理安全是整个计算机信息系统安全的前提,物理安全是保护计算机网络设备、设施以及其他媒体免遭地震、水灾、火灾等环境事故以及人为操作失误或错误及各种计算机犯罪行为导致的破坏过程。它主要包括以下3个方面:

3.4.11 计算机系统的环境条件

计算机的使用环境是指计算机对其工作的物理环境方面的要求。一般的微型计算机对工作环境没有特殊的要求,通常在办公室条件下就能使用。但是,为了使计算机能正常工作,提供一个良好的工作环境也是重要的。

1)环境温度:

计算机在室温 15℃ ~ 35℃之间一般都能正常工作. 若低于15℃,则软盘驱动器对软盘的读写容易出错;若高于 35℃,则会由于机器的散热不好而影响机器内各部件的正常工作。

2)环境湿度:

计算机房的相对湿度在 20~80%,过高则会使计算机内的元器件受潮变质,甚至会发生短路而损坏机器;低于 20%,会由于过分干燥而产生静电干扰。

3)卫生要求:

应保持计算机房的清洁.如果灰尘过多,灰尘附着在磁盘或磁头上,造成磁盘读写错误,并缩短计算机的使用寿命。

4)电源要求:

计算机对电源有两个基本要求:一是电压要稳;二是在机器工作时电源不能间断。电压不稳不仅会造成磁盘驱动器运行不稳定而引起读写数据错误,而且对显示器和打印机的工作也有影响。为了获得稳定的电压,可使用交流稳压电源。为防止突然断电对计算机工作的影响,最好配备不间断供电电源(UPS),以便使计算机能在断电后继续使用一段时间,使操作人员能够及时处理并保存好数据。

3.5 计算机网络信息安全技术

3.5.1 浅谈信息安全性的理解

所有的信息安全技术都是为了达到一定的安全目标,其核心包括保密性、完整性、可用性、可控性和不可否认性五个安全目标。

1.保密性(Confidentiality)是指阻止非授权的主体阅读信息。它是信息安全一诞生就具有的特性,也是信息安全主要的研究内容之一。更通俗地讲,就是说未授权的用户不能够获取敏感信息。对纸质文档信息,我们只需要保护好文件,不被非授权者接触即可。而对计算机及网络环境中的信息,不仅要制止非授权者对信息的阅读。也要阻止授权者将其访问的信息传递给非授权者,以致信息被泄漏。

2.完整性(Integrity)是指防止信息被未经授权的篡改。它是保护信息保持原始的状态,使信息保持其真实性。如果这些信息被蓄意地修改、插入、删除等,形成虚假信息将带来严重的后果。

3.可用性(Usability)是指授权主体在需要信息时能及时得到服务的能力。可用性是在信息安全保护阶段对信息安全提出的新要求,也是在网络化空间中必须满足的一项信息安全要求。

4.可控性(Controlability)是指对信息和信息系统实施安全监控管理,防止非法利用信息和信息系统。

5.不可否认性(Non-repudiation)是指在网络环境中,信息交换的双方不能否认其在交换过程中发送信息或接收信息的行为。信息安全的保密性、完整性和可用性主要强调对非授权主体的控制。而对授权主体的不正当行为如何控制呢?信息安全的可控性和不可否认性恰恰是通过对授权主体的控制,实现对保密性、完整性和可用性的有效补充,主要强调授权用户只能在授权范围内进行合法的访问,并对其行为进行监督和审查。

3.5.2WPDRRC 模型解析

WPDRRC 信息安全模型(见图)是我国"八六三"信息安全专家组提出的适合中国国情的信息系统安全保障体系建设模型,它在 PDRR 模型的前后增加了预警和反击功能。WPDRRC 模型有 6 个环节和 3 大要素。6 个环节包括预警、保护、检测、响应、恢复和反击,它们具有较强的时序性和动态性,能够较好地反映出信息系统安全保障体系的预警能力、保护能力、检测能力、响应能力、恢复能力和反击能力。3 大要素包括人员、策略和技术,人员是核心,策略是桥梁,技术是保证,落实在 WPDRRC 6 个环节的各个方面,将安全策略变为安全现实。WPDRRC 信息安全模型与其他信息安全模型安全防护功能对比。

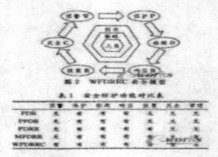

图 2　WPDRRC 安全模型

表 1　安全防护功能对比表

WPDRRC 信息安全模型

信息安全模型在信息系统安全建设中起着重要的指导作用,精确而形象地描述信息系统的安全属性,准确地描述安全的重要方面与系统行为的关系,能够提高对成功实现关键安全需求的理解层次,并且能够从中开发出一套安全性评估准则和关键的描述变量。WPDRRC(预警、保护、检测、响应、恢复和反击)信息安全模型在等保工作中发挥着日益重要的作用。

ISO/OSI 安全体系为信息安全问题的解决提供了一种可行的方法,但其可操作性差。在信息安全工作中,一般采用 PDR(保护、检测和响应）、PPDR（安全策略、保护、检测和响应）、PDRR（保护、检测、响应和恢复）、MPDRR（管理、保护、检测、响应和恢复）和WPDRRC 等动态可适应安全模型,指导信息安全实践活动。

WPDRRC 信息安全模型与其他信息安全模型相比更加适合中国国情,在进行网上报税系统的安全建设时,为了实现网上报税系统的安全策略, 就必须将人员核心因素与技术保证因素贯彻在网上报税系统安全保障体系的预警、保护、检测、响应、恢复和反击 6个环节中,针对不同的安全威胁,采用不同的安全措施,对网上报税系统的软硬件设备、业务数据等受保护对象进行多层次保护。

3.6 计算机网络信息安全保护机制

计算机网络为集团局域网提供网络基础平台服务和互联网接入服务,由信息部负责计算机联网和网络管理工作。为保证集团局域网能够安全可靠地运行,充分发挥信息服务方面的重要作用,更好地为集团员工提供服务。现制定并发布《网络及网络安全管理制度》。

第一条、所有网络设备(包括光纤、路由器、交换机、集线器等)均归信息部所管辖,其安装、维护等操作由信息部工作人员进行。其他任何人不得破坏或擅自维修。

第二条、所有集团内计算机网络部分的扩展必须经过信息部实施或批准实施,未经许可任何部门不得私自连接交换机、集线器等网络设备,不得私自接入网络。信息部有权拆除用户私自接入的网络线路并进行处罚措施。

第三条、各部门的联网工作必须事先报经信息部,由信息部做网络实施方案。

第四条、集团局域网的网络配置由信息部统一规划管理,其他任何人不得私自更改网络配置。

第五条、接入集团局域网的客户端计算机的网络配置由信息部部署的 DHCP 服务器统一管理分配,包括:用户计算机的 IP 地址、网关、DNS 和 WINS 服务器地址等信息。未经许可,任何人不得使用静态网络配置。

第六条、任何接入集团局域网的客户端计算机不得安装配置 DHCP 服务。一经发现,将给予通报并交有关部门严肃处理。

第七条、网络安全:严格执行国家《网络安全管理制度》。对在集团局域网上从事任何有悖网络法规活动者,将视其情节轻重交有关部门或公安机关处理。

第八条、集团员工具有信息保密的义务。任何人不得利用计算机网络泄漏公司机密、技术资料和其他保密资料。

第九条、任何人不得在局域网络和互联网上发布有损集团形象和职工声誉的信息。

第十条、任何人不得扫描、攻击集团计算机网络。

第十一条、任何人不得扫描、攻击他人计算机,不得盗用、窃取他人资料、信息等。

第十二条、为了避免或减少计算机病毒对系统、数据造成的影响,接入集团局域网的所有用户必须遵循以下规定:

1.任何单位和个人不得制作计算机病毒;不得故意传播计算机病毒,危害计算机信息系统安全;不得向他人提供含有计算机病毒的文件、软件、媒体。

2.采取有效的计算机病毒安全技术防治措施。建议客户端计算机安装使用信息部部署发布的瑞星杀毒软件和 360 安全卫士对病毒和木马进行查杀。

3. 定期或及时更新用更新后的新版本的杀病毒软件检测、清除计算机中的病毒。

第十三、条集团的互联网连接只允许员工为了工作、学习和工余的休闲使用,使用时必须遵守有关的国家、企业的法律和规程,严禁传播淫秽、反动等违犯国家法律和中国道德与风俗的内容。集团有权撤销违法犯纪者互联网的使用。使用者必须严格遵循以下内容:

1.从中国境内向外传输技术性资料时必须符合中国有关法规。

2.遵守所有使用互联网的网络协议、规定和程序。

3.不能利用邮件服务作连锁邮件、垃圾邮件或分发给任何未经允许接收信件的人。

4.任何人不得在网上制作、查阅和传播宣扬反动、淫秽、封建迷信等违犯国家法律和中国道德与风俗的内容。

5.不得传输任何非法的、骚扰性的、中伤他人的、辱骂性的、恐吓性的、伤害性的等信息资料。

6.不得传输任何教唆他人构成犯罪行为的资料,不能传输助长国内不利条件和涉国家安全的资料。

7.不能传输任何不符合当地法规、国家法律和国际法律的资料。

第十四条、集团门户网即将改版成功,为了发挥好网站的形象宣传作用,各部室要及时向信息部提供有关资料,以便充实网站内容,加大宣传影响。由信息部统一整理、编辑上传及内容更新。

第十五条、各部门人员每日上班及时打开计算机,进入集团办公系统、浏览相关文件信息、学习有关文件资料。如有自己业务相关的工作信息,要及时处理,处理结果及时回馈有关责任人员。

第十六条、充分利用办公系统的优势信息处理平台,浏览的相关情况由办公系统后台数据库自动生成详细记录,以便领导检查相关登陆信息提供记录参考。

第十七条、各部门人员必须及时做好各种数据资料的录入、修改、备份和数据保密工作,保证数据资料的完整准确和安全性。

第十八条、严禁外来人员对计算机数据和文件进行拷贝或抄写以免泄漏集团机密,对集团办公系统或其他集团内部平台账号不得相互知晓,每个人必须保证自己账号的唯一登陆性负责,否则由此产生的数据安全问题由其本人负全部责任。

3.7 计算机网络信息安全原则

虽然任何人都不可能设计出绝对安全的网络系统，但是，如果在设计之初就遵从一些合理的原则，那么相应网络系统的安全性就更加有保障。第一代互联网的教训已经告诉我们：设计时不全面考虑，消极地将安全措施寄托在事后"打补丁"的思路是相当危险的！从工程技术角度出发，在设计网络系统时，至少应该遵守以下安全设计原则：

原则 1："木桶原则"，即，对信息均衡、全面地进行保护。

"木桶的最大容积取决于最短的一块木板"，攻击者必然在系统中最薄弱的地方进行攻击。因此，充分、全面、完整地对系统的安全漏洞和安全威胁进行分析、评估和检测（包括模拟攻击），是设计信息安全系统的必要前提条件。安全机制和安全服务设计的首要目的是防止最常用的攻击手段；根本目标是提高整个系统的"安全最低点"的安全性能。

原则 2："整体性原则"，即，安全防护、监测和应急恢复。

没有百分之百的信息安全，因此要求在网络被攻击、破坏事件的情况下，必须尽可能快地恢复网络的服务，减少损失。所以信息安全系统应该包括三种机制：安全防护机制；安全监测机制；安全恢复机制。安全防护机制是根据具体系统存在的各种安全漏洞和安全威胁采取相应的防护措施，避免非法攻击的进行；安全监测机制是监测系统的运行情况，及时发现和制止对系统进行的各种攻击；安全恢复机制是在安全防护机制失效的情况下，进行应急处理和尽量、及时地恢复信息，减少攻击的破坏程度。

原则 3："有效性与实用性"，即，不能影响系统的正常运行和合法操作。

如何在确保安全性的基础上，把安全处理的运算量减小或分摊，减少用户记忆、存储工作和安全服务器的存储量、计算量，应该是一个信息安全设计者主要解决的问题。

原则 4:"安全性评价"原则,即,实用安全性与用户需求和应用环境紧密相关。

评价系统是否安全,没有绝对的评判标准和衡量指标,只能决定于系统的用户需求和具体的应用环境,比如,

1)系统的规模和范围(比如,局部性的中小型网络和全国范围的大型网络对信息安全的需求肯定是不同的);

2)系统的性质和信息的重要程度(比如,商业性的信息网络、电子金融性质的通信网络、行政公文性质的管理系统等对安全的需求也各不相同)。另外,具体的用户会根据实际应用提出一定的需求,比如,强调运算实时性或注重信息完整性和真实性等等。

原则 5:"等级性",即,安全层次和安全级别。

良好的信息安全系统必然是分为不同级别的,包括:对信息保密程度分级(绝密、机密、秘密、普密);对用户操作权限分级(面向个人及面向群组),对网络安全程度分级(安全子网和安全区域),对系统实现结构的分级(应用层、网络层、链路层等),从而针对不同级别的安全对象,提供全面的、可选的安全算法和安全体制,以满足网络中不同层次的各种实际需求。

原则 6:"动态化"原则,即,整个系统内尽可能引入更多的可变因素,并具有良好的扩展性。

被保护的信息的生存期越短、可变因素越多,系统的安全性能就越高。安全系统要针对网络升级保留一定的冗余度,整个系统内尽可能引入更多的可变因素。

原则 7:设计为本原则,即,安全系统的设计应与网络设计相结合。

在网络进行总体设计时考虑安全系统的设计,二者合二为一。避免因考虑不周,出了问题之后拆东墙补西墙,不仅造成经济上的巨大损失,而且也会对国家、集体和个人造成无法挽回的损失。由于安全问题是一个相当复杂的问题,因此必须群策群力搞好设计,才能保证安全性。

原则 8:自主和可控性原则。

安全问题关系着一个国家的主权和安全,所以网络安全不可能依赖于国外,必须解决网络安全的自主权和自控权问题。

原则9:权限分割、互相制约、最小化原则。

在很多系统中都有一个系统超级用户或系统管理员,拥有对系统全部资源的存取和分配权,所以它的安全至关重要,如果不加以限制,有可能由于超级用户的恶意行为、口令泄密、偶然破坏等对系统造成不可估量的损失和破坏。因此有必要对系统超级用户的权限加以限制,实现权限最小化原则。管理权限交叉,有几个管理用户来动态地控制系统的管理,实现互相制约。而对于非管理用户,即普通用户,则实现权限最小原则,不允许其进行非授权以外的操作。

原则10:有的放矢、各取所需原则。

在考虑安全问题解决方案时必须考虑性能价格的平衡,而且不同的网络系统所要求的安全侧重点各不相同。必须有的放矢,具体问题具体分析,把有限的经费花在刀刃上。

社会要进步,技术要发展。纵然NGN面临诸多的安全问题,但我们不能因噎废食,畏缩不前;也绝不能掉以轻心,一劳永逸。

信息安全是一门高智商的对抗性学科,作为矛盾主体的"攻"与"守"双方,始终处于"成功"和"失败"的轮回变化之中,没有永远的胜利者,也不会有永远的失败者。"攻"与"守"双方当前斗争的暂时动态平衡体系了网络安全的现状,而"攻"与"守"双方的"后劲"则决定了网络安全今后的走向。"攻"与"守"双方既相互矛盾又相互统一。他们始终都处于互相促进、循环往复的状态之中。更具体地说,安全是相对的,不安全才是绝对的。

信息安全是一个涉及面很广的问题,要想确保安全,必须同时从法规政策、管理、技术这三个层次上采取有效措施。高层的安全功能为低层的安全功能提供保护。任何单一层次上的安全措施都不可能提供真正的全方位安全。

先进的技术是信息安全的根本保证。用户对自身面临的威胁进行风险评估,决定其所需要的安全服务种类,选择相应的安全机制,然后集成先进的安全技术,形成一个全方位的安全系统。

严格的安全管理至关重要。各用户单位应建立相应的网络安全管理办法,加强内部管理,建立合适的网络安全管理系统,建立安全审计和跟踪体系,提高整体网络安全意识。

明确的法律和法规是安全的"靠山"。国家和行业部门制订严格的法律、法规,使非法分子慑于法律,不敢轻举妄动。

3.8 OSI 信息安全体系

计算机网络在给人们的工作、生活带来巨大方便利,也带了信息安全问题,特别是无线网络无疑给我们的工作带来了前所没有的便利,企业员工享受着在不同位置间自由移动带来的便利同时,安全性问题也随之出现。接触过网络的朋友都知道,网络的底层支撑基础是 OSI 参考模型。ISO 国际标准组织定义了 OSI 七层模型的各层功能。它是网络技术入门者的敲门砖,也是分析、评判各种网络技术的依据。

建立七层模型主要是为解决异种网络互联时所遇到的兼容性问题。它的最大优点是将服务、接口和协议这三个概念明确地区分开来;也使网络的不同功能模块分担起不同的职责。也就是说初衷在于解决兼容性,但当网络发展到一定规模的时候,安全性问题就变得突出起来。所以就必须有一套体系结构来解决安全问题,于是 OSI 安全体系结构就应运而生。

OSI 安全体系结构是根据 OSI 七层协议模型建立的。也就是说 OSI 安全体系结构与 OSI 七层是相对应的。在不同的层次上都有不同的安全技术。每层相应的安全技术如下:

数据链路层:点到点通道协议(PPTP),以及第二层通道协议 L2TP 点到点通道协议 PPTP, 英文全称是 Point topoint Tunneling Protocol。PPTP 是用于在中间网络上传输点对点协议(PPP)帧的一种隧道机制。通过利用 PPP 的身份验证、加密和协议配置机制,PPTP 连接同时为远程访问和路由器到路由器的虚拟专用网

（VPN）连接提供了一条在公共网络（比如：Internet）上创建安全连接的途径。PPTP 将 PPP 帧封装成 IP 数据包，以便在急于 IP 的互联网上传输，为了确保数据的安全性，通常需要事先对封装的数据进行加密。

L2TP 是 Cisco 的 L2F 与 PPTP 相结合的一个协议。L2TP 有一部分采用的是 PPTP 协议，比如同样可以对网络数据流进行加密。不过也有不同之处，比如 PPTP 要求网络为 IP 网络，L2TP 要求面向数据包的点对点连接；PPTP 使用单一隧道，L2TP 使用多隧道；L2TP 提供包头压缩、隧道验证，而 PPTP 不支持。

网络层：IP 安全协议(IPSEC)

IPV4 在设计时，只考虑了信息资源的共享，没有过多的考虑到安全问题，因此无法从根本上防止网络层攻击。在现有的 IPV4 上应用 IPSEC 可以加强其安全性，IPSEC 在网络层提供了 IP 报文的机密性、完整性、IP 报文源地址认证以及抗伪地址的攻击能力。IPSEC 可以保护在所有支持 IP 的传输介质上的通信，保护所有运行于网络层上的所有协议在主机间进行安全传输。IPSEC 网关可以安装在需要安全保护的任何地方，如路由器、防火墙、应用服务器或客户机等。

IPSEC 主要由三个协议组成：

1. AH(Authentication Header)认证报头，提供对报文完整性的报文的源地址进行认证。

2. ESP(Encapsulating Security Payload)封装安全载荷，提供对报文内容的加密和认证功能。

3. IKE(Internet Key Exchange) Internet 密钥交换，协商信源和信宿节点间保护 IP 报文的 AH 和 ESP 的相关参数，如加密、认证的算法和密钥、密钥的生存时间等。又称为安全联盟。AH 和 ESP 是网络层协议，IKE 是应用层协议。一般情况下，IPSEC 仅指网络层协议 AH 和 ESP。由于 IPSEC 服务是在网络层提供的，任何上层协议都可以使用到此服务。

4 网络安全管理

在信息时代,信息安全问题越来越重要。现在,大部分信息都是通过网络来传播,工 nternet/nIrtnaet 技术的广泛应用,给整个社会的科学、技术、经济与文化带来了巨大的推动和冲击。同时,网络安全面临重大挑战。事实上,资源共享和信息安全历来就是一对矛盾, 计算机网络体系结构中的开放性决定了网络安全问题是先天存在的,TCP/IP 框架结构基本上是不设防的。随着工 nterne 七的飞速发展,计算机网络资源共享进一步加强,随之而来的是安全问题日益突出,病毒、黑客攻击等肆虐全球。同时,人们也开始重视来自网络内部的安全威胁。

网络安全的重要性已有目共睹。特别是随着全球信息基础设施和各个国家的信息基础逐渐形成,国与国之间变得"近在咫尺",信息电子化已成为现代社会的一个重要特征。信息本身就是时间,就是财富,就是生命,就是生产力。因此,各国开始利用电子空间的无国界性和信息战来实现其以前军事、文化、经济侵略所达不到的战略目的。另外,由于网络的快速、普及、客户端软件多媒体化、协同计算、资源共享、开放、远程管理化等,电子商务、金融电子化成为网络时代必不可少的一个产物。但是,科技进步在造福人类的同时,也带来了新的危害。计算机网络中的各种犯罪活动已经严重危害着社会的发展和国家的安全,也给人们带来了许多新的课题。大量事实证明,确保网络安全已经是一件刻不容缓的大事,否则悔之晚矣!有人预计,未来网络安全问题比核威胁还要严重。因此,解决网络安全课题具有十分重要的理论意义和现实背景。

在最近党中央、国务院制定的东北等地区老工业基地振兴战略中,中央明确提出"把大连建成东北亚重要的国际航运中心"。这既是中央对大连的期望,又是大连千载难逢的发展机遇。对城市总体功能的科学定位,实现城市资源的最佳配置,发挥城市的核心竞争力，并带动辽宁省和整个东北地区的老工业基地振兴具有深远的历史意义。

"振兴东北老工业基地"，"建成东北亚重要的国际航运中心"的提出，为大连港这样一个远洋运输区位优势独到、自然条件优良、海陆腹地广阔、基础设施齐全、服务功能完善的大型现代化综合性港口的发展提供了重要的历史契机。同时，也对为建设东北亚国际航运中心提供硬件支持的港口设施建设，以及提供软件支持的集装箱陆海集疏运网络的建设、中转业务的发展以及口岸公共信息平台的建立等提出了更高的要求。今后几年，大连港又将进入新一轮港口建设高潮期，将形成"六大中心"、"三大基地"、"四大系统"。而这一切都与港口的信息化建设息息相关，密不可分。

1998年9月，大连港投资3000万元，开始正式实施国家863计划项目DP—CIMs(大连港计算机集成系统)一期工程。"网络平台建设"作为该工程16个子课题之一，也同步进行。这是大连港自建港以来，网络平台建设范围及投资规模最大的一次。2000年9月28日，DP—{工MS一期工程通过国家863计划专家组验收。至此，大连港已形成以集团机关为中心，覆盖全港20余个单位，具有开放性、实用性和一定先进性的广域网，其主干网为千兆以太网，基本满足港口生产业务的需求。但由于当时时间紧、任务重，加之技术水平、投资规模、建设经验等的限制，只能先建设、应用，再逐步完善，并着手解决网络安全方面的问题。大连港建设"东北亚重要的国际航运中心"发展目标的确定，对信息化建设提出了更高更快更安全的要求，尤其是随着办公自动化系统(AO)、客户关系管理系统(CRM)、口岸公共信息平台等应用的不断深入，网络安全问题日渐显现，已成为堕待解决的当务之急。

4.1 网络安全管理采用的技术

4.1.1 配备防火墙

防火墙是实现网络安全最基本、最经济、最有效的安全措施之一。防火墙的位置，是安装在内部网络的出口处，而且串在两个网络或者安全域之间，两个网络之间的通讯都经过防火墙。利用防火墙网络地址转换功能，可以隐藏内部网的网络结构，可以对所有的访问行为进行检查和过滤，防范不安全的访问行为进入内部受保护网络或者主机。

防火墙作为内部网络安全的屏障，其主要目标是保护内部网络资源，强化网络安全策略;防止内部信息泄露，黑客和其他外部入侵;提供对网络资源的访问控制:提供对网络活动的审计、监督等功能。

防火墙通过制定严格的安全策略实现内外网络或内部网络不同信任域之间的隔离与访问控制。并且防火墙可以实现单向或双向控制、可以针对时间、流量进行访问控制，过滤一些不安全服务。甚至通过透明应用代理，或以对高层应用协议进行较细粒的访问控制和过滤。同时利用防火墙网络地址转换功能，可以隐藏内部网的网络结构，以及解决可用的合法 PI 不足等问题。

4.1.2 统一互联网出口

通过工 nternet 可以把遍布世界各地的资源互联互享，但因为其开放性，在 nternet 上传输的信息在安全性上不可避免地会面临很多危险。越来越多的企业把自己的商务活动放到网上后，而对网络系统的各种非法入侵、病毒等活动也随之增多。

由于目前港内有些单位有自己的工 nternet 出口，并且没有任何防护，给网络安全带来了极大的隐患。因此，集团公司应建立统一的并且唯一的 Internet 出口，港内计算机只允许经统一出口访问因特网。上网用户必须由全港统一出口访问互联网。少数没有连入主干网的 CP 如因工作需要访问互联网,应先拨号到中心机房进入港内网络,经认证确认后由统一出口访问互联网。

为防止私自上网,特别是私自拨号上网。应对全港计算机的上网情况进行有效管理。利用程控交换机限制单位的电话线路,使所有电话都不能拨号到任何网站,如 16900、96163、96161、165 等等。

综上所述,统一互联网出口应做到以下几点:

(1)在集团中心机房建立统一的工 nternet 出口。

(2)已经连入主干网的 PC 机应由全港统一出口访问互联网。

(3)没有连入主干网的 CP 机需要访问互联网,应先从统一拨号入口进入港内网络,再由统一出口访问互联网。

(4)集团公司采取措施禁止拨号到港外网站。

4.2 网络安全管理的功能

网络管理的五大功能:1.配置管理:它是最基本的网络管理功能。主要负责:自动发现网络拓扑结构,构造和维护网络系统的配置。监测网络被管对象的状态,完成网络关键设备配置的语法检查,配置自动生成和自动配置备份系统,对于配置的一致性进行严格的检验。

2.故障管理:它是网络管理的核心。主要负责:过滤,归并网络事件爱你,有效的发现,定位网络故障,给出排错建议与排错工具,形成整套的故障发现,告警与处理机制。

3.性能管理:它是采集,分析网络对象的性能数据。主要负责监测网络对象的性能,对网络线路质量进行分析。同时统计网路运行状态信息,对网络的使用发展作出评测,估计,为网络进一步规划与调整提供依据。

4.安全管理:它结合使用用户认证,访问控制,数据传输,存储的保密与完整性机制,以保障网络管理系统本身的安全。主要负责:维护系统日志,使系统的使用和网络对象的修改有据可查,控制对网络资源的访问。

5.计费管理:它是对网际互联设备按 IP 地址的双向流量统计。主要负责:产生多种信息统计报告及流量对比,并提供网络计费工具,以便用户根据自定义的要求实施网络计费。

拓扑结构:1.星形:星形网络由中心节点和其他从节点组成,中心节点可直接与从节点通信,而从节点间必须通过中心节点才能通信。

2.总线:它采用一条称为公共总线的传输介质,将各计算机直接与总线连接,信息沿总线介质逐个节点广播传送。

3.环形:环形网络将计算机连成一个环。

MIB:是一组属性的集合与详细描述,每一组属性都称为一个对象。每一个对象都有以下 4 个属性:对象类型,语法,问和状态。

5 种协议数据单元 PUD:1.t-request 操作:从代理进程处提取一个或多个参数值。2.get-net-request 操作:从代理进程处提取紧跟当前参数值的下一个参数值。3.set-request 操作:设置代理进程的一个或多个参数值。4.get=response 操作:返回的一个或多个参数值,这个操作是由代理进程发出的,它是前面三种操作的响应操作。5.trap 操作:代理进程主动发出的报文,通知管理进程有某些事情发生。

SNMP:简单网络管理协议。

UNIX 操作系统特点:1.多用户的分时操作系统 2.可移植性好 3 可靠想强 4.开放式系统 5.它向用户提供了两种友好的用户界面。6.将所有的外部设备都当作文件看待。是唯一能在所有级别计算机上运行的操作系统,是一种多用户,多任务的通用操作系统 Linux 操作系统特点:1.完全免费 2.丰富的网络功能 3 可靠的安全和稳定性 4 支持多种平台。

Windows 操作系统的特点:1.内置的网络功能 2.可实现复合型网络结构 3 良好的用户界面 4 组网简单,管理方便。

TCP/IP:是指 Internet 上的协议簇,而不单单是 TCP 协议和 IP 协议。

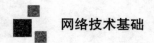

集线器:又称 HUB,在 OSI 模型中属于数据链路层。

交换机:是一种基于 MAC 识别,能完成封装转发数据包功能的网络设备。

MAC 地址:是识别局域网节点的标识。

千兆以太网交换机:吉位以太网,它的带宽可以达到 1000Mb/s,它一般用于一个大型网络的骨干网段,所采用的传输介质有光纤,双绞线两种,对应的接口为 SC 和 RJ-45 接口两种。

虚拟局域网(VLAN):逻辑上把网络资源和网络用户按照一定的原则进行划分,把一个物理上的网络划分成多少个小的逻辑网络,这些网络形成各自的广播域就是虚拟局域网。

VLAN 的划分:基于端口:用以太网交换机的端口来划分广播域。基于 MAC 地址:根据连接在交换机上主机的 MAC 地址。基于协议:根据网络主机使用的网络协议来划分。基于子网:根据网络主机使用的 IP 地址所在的网络子网。

路由:是指通过相互连接的网络把信息从源地点移动到目标地点的活动。

路由器:是互联网的主要节点设备,路由器通过路由决定数据的转发,转发策略称为路由选择。

路由器的分类:1.接入路由器;2.企业级路由器;3.骨干级路由器;4.太比特路由器。

动态路由表:是路由器根据网路系统的运行情况而自动调整的路由表。

路由表的结构:1 网络 ID;2.转发地址;3.接口;4 跃点数。

子网掩码:它是一种用来指明一个 IP 地址的哪位标识的是主机所在的子网以及哪些位标识的是主机的位掩码。

IP 地址:就是给每个连接在 Internet 上的主机分配的一个 32 位的标识。分为 A、B、C、D、E 五类。

IP 地址的分配原则:唯一性,简单性,连续性,可扩展性,灵活性。

MAC:介质访问控制层。

IP 地址和 MAC 地址:形同点:他们都有唯一性。不同点:1.IP 地址可变,而 MAC 地址不可变。2.长度不同。IP 地址为 32 位。MAC 地址为 48 位。3. 分配依据不同 IP 地址的分配是基于网络拓扑,MAC 地址的分配是基于制造商。4.寻址协议层不同。IP 地址应用于 OSI 第三层,即网络层。而 MAC 地址应用在 OSI 第二层,即数据链路层。

IP 地址规划的基本原则: 如采用 C 类地址的子网掩码或变长子网掩码,为网络设备的管理 VLAN 分配独立的 IP 地址段等。

共同体名:由无保留意义的字符串组成,是在管理进程和管理代理之间交换管理信息报文是使用的。

4.3 危害网络安全的因素

4.3.1 影响网络信息安全的客观因素

（1）网络资源的共享性

计算机网络最主要的一个功能就是"资源共享"。无论你是在天涯海角,还是远在天边,只要有网络,就能找到你所需要的信息。所以,资源共享的确为我们提供了很大的便利,但这为系统安全的攻击者利用共享的资源进行破坏也提供了机会。

（2）网络操作系统的漏洞

操作系统漏洞是指计算机操作系统本身所存在的问题或技术缺陷。由于网络协议实现的复杂性,决定了操作系统必然存在各种的缺陷和漏洞。

（3）网络系统设计的缺陷

网络设计是指拓扑结构的设计和各种网络设备的选择等。网络设备、网络协议、网络操作系统等都会直接带来安全隐患。

（4）网络的开放性

网上的任何一个用户很方便访问互联网上的信息资源, 从而很容易获取到一个企业、单位以及个人的信息。

（5）恶意攻击

恶意攻击就是人们常见的黑客攻击及网络病毒. 是最难防范的网络安全威胁。随着电脑教育的大众化，这类攻击也越来越多，影响越来越大。无论是 DOS 攻击还是 DDOS 攻击，简单地看，都只是一种破坏网络服务的黑客方式，虽然具体的实现方式千变万化，但都有一个共同点，就是其根本目的是使受害主机或网络无法及时接收并处理外界请求，或无法及时回应外界请求。具体表现方式有以下几种：（1）制造大流量无用数据，造成通往被攻击主机的网络拥塞，使被攻击主机无法正常和外界通信。（2）利用被攻击主机提供服务或传输协议上处理重复连接的缺陷，反复高频的发出攻击性的重复服务请求，使被攻击主机无法及时处理其他正常的请求。（3）利用被攻击主机所提供服务程序或传输协议的本身实现缺陷，反复发送畸形的攻击数据引发系统错误而分配大量系统资源，使主机处于挂起状态甚至死机。

DOS 攻击几乎是从互联网络的诞生以来，就伴随着互联网络的发展而一直存在也不断发展和升级。值得一提的是，要找 DOS 的工具一点不难，黑客网络社区都有共享黑客软件的传统，并会在一起交流攻击的心得经验，你可以很轻松的从 Internet 上获得这些工具。所以任何一个上网者都可能构成网络安全的潜在威胁。DOS 攻击给飞速发展的互联网络安全带来重大的威胁。然而从某种程度上可以说，DOS 攻击永远不会消失而且从技术上目前没有根本的解决办法。

4.3.2 影响网络信息安全的主观因素

主要是计算机系统网络管理人员缺乏安全观念和必备技术，如安全意识、防范意思等。

4.4 网络安全管理的重要性

我们所说的网络信息安全,从通俗意义上来讲,就是网络使用中的网上信息安全。网络传递信息途径的所有,所有网安中涉及到的技术和现有科技理论,都我们所要讨论的范围。当今社会,IT 技术一直在不断跳跃,火速的发展,提升网络信息的安全已经处于火烧眉毛的形式了,同样也是人们使用网络信息平台的重要保证,也是一道网络信息门户安全的保障。

为什么提升网络信息安全非常重要? 提升网络信息安全对我的重要意义是什么? 对于普通人来说提升网络信息安全有什么意义? 也许对于我们的日常生活来说,好像网络信息安全是一个很大的命题,也是一个和我们的生活距离很远的命题,应该只是国家和政府进行关注的事情,其实不然,提升网络信息安全不仅仅与我们的生活息息相关,而且在我们的生活中随处可见,如日常生活中的购物,上网,电话通信,邮件沟通中都有可能会会泄露自己的个人信息,现在很多人都收到过一些商家打来的推销电话和推销短信,甚至或多或少都接到过诈骗电话,在我们为此事困惑烦恼的同时,我们应该思考一下, 这些人是如何得到我们的手机信息和姓名信息的, 其实这种情况已经代表了你个人的电话信息已经泄露和姓名泄露出去了,目前由于信息传播的便捷性,还有我们信息传递的方式途径多种多样, 所以无法明确地知道自己的个人信息是从什么时候开始泄露,是从什么地方泄露的,以上是从我们日常生活的角度来说的网络信息安全。

从我们的日常生活举例来说, 手机现在已经是人们出行生活必不可少的物品之一,随着网络支付越来越便捷,支付效率大大提高,但是也有相应的安全隐患,我们的手机上记录着一个私人的对话,私密的信息和重要的账号和密码,一旦手机丢失,或者手机上的重要信息泄露,如果是普通人有可能会遭遇财产损失,如果是名人其隐私生活就会被曝光,影响到正常的工作和生活。

还有公安的某些特殊部门,为了及时的发现犯罪人员和高效的抓捕犯罪人员,都有警方内部的,机密的破案手段和途径,一旦这些内部的重要机密泄露,犯罪分子就会了解警方破案的手段和途径,就会提升反侦察意识,给抓捕造成困难,威胁的社会的安全。

4.5 网络安全管理制度

1. 组织工作人员认真学习《计算机信息网络国际互联网安全保护管理办法》,提高工作人员的维护网络安全的警惕性和自觉性。

2. 负责对本网络用户进行安全教育和培训,使用户自觉遵守和维护《计算机信息网络国际互联网安全保护管理办法》,使他们具备基本的网络安全知识。

3. 加强对单位的信息发布和 BBS 公告系统的信息发布的审核管理工作,杜绝违犯《计算机信息网络国际互联网安全保护管理办法》的内容出现。

4. 一旦发现从事下列危害计算机信息网络安全的活动的:

(1)未经允许进入计算机信息网络或者使用计算机信息网络资源;

(2)未经允许对计算机信息网络功能进行删除、修改或者增加;

(3)未经允许对计算机信息网络中存储、处理或者传输的数据和应用程序进行删除、修改或者增加;

(4)故意制作、传播计算机病毒等破坏性程序的;

(5)从事其他危害计算机信息网络安全的活动。做好记录并立即向当地公安机关报告。

5. 在信息发布的审核过程中,如发现有以下行为的:

（1）煽动抗拒、破坏宪法和法律、行政法规实施

（2）煽动颠覆国家政权,推翻社会主义制度

（3）煽动分裂国家、破坏国家统一

（4）煽动民族仇恨、民族歧视、破坏民族团结

（5）捏造或者歪曲事实、散布谣言,扰乱社会秩序

（6）宣扬封建迷信、淫秽、色情、赌博、暴力、凶杀、恐怖、教唆犯罪

（7）公然侮辱他人或者捏造事实诽谤他人

（8）损害国家机关信誉

（9）其他违反宪法和法律、行政法规将一律不予以发布,并保留有关原始记录,在二十四小时内向当地公安机关报告。

6. 接受并配合公安机关的安全监督、检查和指导,如实向公安机关提供有关安全保护的信息、资料及数据文件,协助公安机关查处通过国际联网的计算机信息网络的违法犯罪行为。

（1）信息发布登记制度

1）在信源接入时要落实安全保护技术措施,保障本网络的运行安全和信息安全;

2）对以虚拟主机方式接入的单位,系统要做好用户权限设定工作,不能开放其信息目录以外的其他目录的操作权限。

3）对委托发布信息的单位和个人进行登记并存档。

4）对信源单位提供的信息进行审核,不得有违犯《计算机信息网络国际联网安全保护管理办法》的内容出现。

5）发现有违犯《计算机信息网络国际联网安全保护管理办法》情形的,应当保留有关原始记录,并在二十四小时内向当地公安机关报告。

（2）信息内容审核制度

1）必须认真执行信息发布审核管理工作,杜绝违犯《计算机信息网络国际联网安全保护管理办法》的情形出现。

2）对在本网站发布信息的信源单位提供的信息进行认真检查,不得有危害国家安全、泄露国家秘密,侵犯国家的、社会的、集

体的利益和公民的合法权益的内容出现。

3)对在 BBS 公告板等发布公共言论的栏目建立完善的审核检查制度,并定时检查,防止违犯《计算机信息网络国际联网安全保护管理办法》的言论出现。

(3)用户备案制度

1)用户在本单位办理入网手续时,应当填写用户备案表。

2)公司设专人按照公安部《中华人民共和国计算机信息网络国际联网单位备案表的通知》的要求,在每月 20 日前,将济南地区本月因特网及公众多媒体通信网(网外有权部分)新增、撤销用户的档案材料完整录入微机,并打印两份。

3)将本月新增、撤销的用户进行分类统计,并更改微机存档资料,同时打印一份。

4)每月 20 日之前,将打印出的网络用户的备案资料(2 份)及统计信息(1 份)送至济南市公安局专人处。

(4)安全教育培训制度

1)定期组织管理员认真学习《计算机信息网络国际互联网安全保护管理办法》、《网络安全管理制度》及《信息审核管理制度》,提高工作人员的维护网络安全的警惕性和自觉性。

2)负责对本网络用户进行安全教育和培训,使用户自觉遵守和维护《计算机信息网络国际互联网安全保护管理办法》,使他们具备基本的网络安全知识。

3)对信息源接入单位进行安全教育和培训,使他们自觉遵守和维护《计算机信息网络国际互联网安全保护管理办法》,杜绝发布违犯《计算机信息网络国际互联网安全保护管理办法》的信息内容。

4)不定期地邀请公安机关有关人员进行信息安全方面的培训,加强对有害信息,特别是影射性有害信息的识别能力,提高防犯能力。

(5)电子公告系统的用户登记和信息管理制度

1)建立健全计算机信息网络电子公告系统的用户登记和信息

管理制度；

2)组织网络管理员学习《计算机信息网络国际联网安全保护管理办法》，提高网络安全员的警惕性。

3)负责对本网络用户进行安全教育和培训，

4)建立电子公告系统的网络安全管理制度和考核制度，加强对电子公告系统的审核管理工作，杜绝 BBS 上出现违犯《计算机信息网络国际联网安全保护管理办法》的内容。

4.6 网络安全技术的应用

消息认证与数字签名，公钥密码体制，密码应用与密码管理，身份认证，防火墙技术，入侵检测，安全脆弱性分析，访问控制，安全审计，网络安全协议，应用安全等。

4.6.1 密码应用和密钥管理技术

驱动加密，身份认证和用户签名是保护信息机密性，其中信息是完整性和抗否认性是主要技术措施，驱动加密就是保障信息机密性的主要措施，消息认证也称为完整性检测，主要是通过信息摘记来实现，相应的机制主要有消息认证码，签名，加密，序列完整性，复制，完整性恢复等，都是为了提升网络信息的安全度，就需要在通信网络中加密，需要知道那些数据需要加密以及在网络中的哪些环节进行加密，根据加密的位置的不同，可分为一段加密和链路加密。其中根据网络加密逻辑层次的不同，可分为链路层加密，网络层加密，会话层加密和应用层加密。

PKI(公钥基础设施)是一种标准的密钥管理平台，它可以所需要的为网络应用提供加密和数字签名等里面服务的密钥和证书，再通过 CA 证书对身份的验证，可以识别用户。而 CA 就是提供身份识别的第三方机构，就相当于我们日常使用的身份证，目前这种证书的身份验证方式，常常使用在一些政府机关，用户招标等方面，进行身份唯一性验证，同时通过对用户的使用权限予以区分，就可以控制只有少部分的人员可以解除和了解重要的机密信息，缩小信息泄露的范围。

4.6.2 网络信息安全的中的数字身份认证技术

身份认证有物理基础,数学基础,协议基础三类,物理基础常见的有以下三类,第一类是密码和口令,这在生活当中十分司空见惯,具有广泛性,如取钱时需要输入银行卡密码,登录网站需要输入账号密码;第二类是身份证,护照,密钥盘等,具有唯一性,可以起到自己身份的一个识别作用;第三类是指用户的生物特征,更加具有个体特异性,如指纹,虹膜,DNA,声纹,以及下意识的行为举止,三类物理基础对于身份的识别依次升高,判断范围更加精准。目前密码口令随处可见,但是风险性很大,只要掌握了密码和口令,就会造成信息的泄露;身份证和护照等,可以将人和证件上面的信息进行关联对应,但是其风险是如果遭遇造价,在一部分识别率不高的场所依然可以造成信息的泄露,而第三类具有唯一性,如指纹,DNA,目前有指纹识别的方式,和视网膜识别的方式,其特点是窃取成都较低,但是其对于仪器识别的精密度和科技水准要求更高。

向 D 证明自己知道某种信息。有两种方法,一种方式是 A 说出这一信息的 D 相信,这样 D 也知道了这一信息,这是基于知识的证明,另一种方法是使用某种有效的数学方法,使得 D 相信他掌握着一信息,去不泄露任何有用的信息,这种方法被称为零知识证明,也就是身份认证中的数学基础。

协议基础:协议分为双向和单向,其中双向认证是我们最通用的一种协议,也就是在进行通讯联系的时候先确认用户双方。另一种协议方式是单向认证协议就是在通讯的时候有其中的一方确认另一方的身份,比如说服务器在提供用户申请的服务之前,第一步是通过用户认证来判断这个用户是否是这项服务的合法用户,这个过程中是不需要向用户证明自己的身份。

4.6.3 如何通过防火墙来提升网络信息安全

这里所说的防火墙是指目前我们在广泛应用的一种网络安全技术,主要是用来控制两个不同安全策略的网络互相访问,从而防止不同安全域之间的互相危害。防火墙已成为现如今将内网接入外网是所必需的安全措施。防火墙的具体属性如下,它是不同网络或网络安全域之间信息流通的唯一出入口,所有双向数据流必须经过它;只有被受过相应权限的合法数据,即防火墙系统中安全策略允许的数据,才可以通过;该系统应具有很高的抗攻击能力,自身能不受各种攻击的影响。防火墙的功能是:提供服务控制,可以确定访问因特网服务的类型,方向控制,确定特定请求通过防火墙流动的方向,用户控制,控制用户对特定服务的访问,行为控制,控制使用怎样的特定控制。在企业和一些政府部门,由于其工作的性质,需要限制非授权用户进入内部网络,这个时候往往会只使用办公用的内网,它可以通过防火墙对于内部网络的划分,来实现重点网段的分离,从而限制安全问题的扩散,而且对于使用网络的用户可以进行监视并及时报警。目前这种内网防火墙,已经广泛的使用与工作中,不仅仅是一些具有保密性质的工作会设有内网防火墙,现在很多学校,医院也设有自己内部的网络。

但是防火墙只是提高网络信息安全的一道防线,而且防火墙也有缺陷和不足,为了提高安全性,使用者会关闭一些有用但是存在安全隐患的网络服务,也就是说在工作的时候,只能使用工作内网,有时候会给工作造成不便。而且目前的防火墙可以抵挡的网络攻击能力有限,而且防火墙更无法控制来自内部操作造成的泄密,如内网用户通过拨号之前进入非安全性的网络,并且无法防范数据驱动式的攻击等缺陷。

4.6.4 访问控制对网络信息安全的帮助

什么是目前在使用的普遍性访问控制技术,访问控制技术就是,在可以保障被授权用户,在经过授权后可以获取访问用户的资源,不仅如此,同时在可以拒绝非授权用户访问,这种原理就是,访问用户在获得身份认证和访问授权的权限之后,就可以依照系统之前预先设定的访问规则,来对用户需要访问那类型的资源进行控制,只有规则允许时,也就是得到授权后,才可以进行访问。

目前已有的访问控制技术有,包含自主访问控制技术,强制访问控制技术和基于角色的访问控制技术。

5 移动互联网

5.1 移动互联网概述

5.1.1 哪些设备属于移动互联网

智能手机属于移动互联网应该不成问题。平板电脑就不那么理直气壮了：它虽然用起来像手机，可是我们通常只在家里用，并不会把它随时揣在身上。也总不能因为它够轻巧，就算是移动了吧？

笔记本就更不好归类了。这个品种用起来还是老式互联网的感觉，使用的地理半径却和平板电脑有相当重叠。这个品种中虽然有笨重的 15 寸 Thinkpad，却也有相当轻薄的 Mac Air。考虑到相当多的 MM 仍然喜欢把笔记本抱到床头，不把它归为移动之列也总还有点纠结。

换别的分法也不好使。若说不插网线的就属于移动互联网，可知我的 MacBook 从物理上就和网线无缘。若说访问网页的就是 PC 互联网，难道你没在平板上用过 UC 浏览器？用操作系统来区分更不靠谱：莫非你不知道有一种智能手机叫做 Windows Phone？

5.1.2 与移动互联网相对的，为什么是 PC 互联网，而不是固定互联网？

问题难以回答。按说移动的反义词是固定，可是现如今人们以轻蔑口气谈论起老旧互联网时，总会说成 PC 互联网。为什么？想来想去，结论是压根儿没有固定的互联网。即使再古老的门户网站也不是固定的：学校可以访问，网吧可以访问，公交车上还可以移动访问。若要把这样的东西叫做固定，确实不太妥当。所以，把传统互联网叫做 PC 互联网，至少从直观的角度说得过去。

但这其实是相当混乱且文法不对仗的命名。如果说移动确实存在，那么就一定有对应的固定，只是我们在某个地方犯了错误。正确的答案就是：只有移动的电脑设备，没有移动的互联网；只有固定的电脑设备,没有固定的互联网。这也符合互联网的特质:本来互联网就是取代本地计算的远程计算技术,天生就是移动的。移动的互联网的说法就好像可以喝水的水杯一样可笑,固定的互联网的说法则像不能喝水的水杯一样荒谬。

如果一定要让移动互联网的说法变得正确,那么可以将其解释为移动设备的互联网,而不是移动的互联网。如此一来,固定互联网也就可以同样说得过去:固定设备的互联网,而不是固定的互联网。至于哪些是移动设备哪些是固定设备,则依个人口味视设备是否随身携带而定,与使用 wifi 还是 3G 无关。比如,对我而言,平板电脑属于固定设备无疑。

至于 PC 互联网的说法,其实是对固定设备互联网的一个直观的代称。同理,对移动设备互联网,或者说移动互联网,也应该有一个代称。毫无疑问,手机互联网最为合适。如此一来,移动互联网对固定互联网,手机互联网对 PC 互联网,不仅对仗工整,而且含义准确。

其实我想告诉你的就是:

1.互联网本身并没有移动和固定的区别。

2.所谓的移动互联网,准确的解释是移动设备互联网。

3.当 IT 精英们谈论起移动互联网时,他们心里想得更多的其实是手机互联网。

5.2 移动互联网的特征

与传统的桌面互联网相比较,移动互联网具有几个鲜明的特性:

第一,便捷性。移动互联网的基础网络是一张立体的网络,GPRS、EDGE、3G、4G 和 WLAN 或 WIFI 构成的无缝覆盖,使得移动终端具有通过上述任何形式方便联通网络的特性;

第二,便携性。移动互联网的基本载体是移动终端。顾名思义,这些移动终端不仅仅是智能手机、平板电脑,还有可能是智能眼镜、手表、服装、饰品等各类随身物品。它们属于人体穿戴的一部分,随时随地都可使用。

第三,即时性。由于有了上述便捷性和便利性,人们可以充分利用生活中、工作中的碎片花时间,接受和处理互联网的各类信息。不再担心有任何重要信息、时效信息被错过了。

第四,定向性。基于 LBS 的位置服务,不仅能够定位移动终端所在的位置。甚至可以根据移动终端的趋向性,确定下一步可能去往的位置。使得相关服务具有可靠的定位性和定向性。

第五,精准性。无论是什么样的移动终端,其个性化程度都相当高。尤其是智能手机,每一个电话号码都精确的指向了一个明确的个体。是的移动互联网能够针对不同的个体,提供更为精准的个性化服务。

第六,感触性。这一点不仅仅是体现在移动终端屏幕的感触层面。更重要的是体现在照相、摄像、二维码扫描,以及重力感应、磁场感应、移动感应,温度、湿度感应,甚至人体心电感应、血压感应、脉搏感应等等无所不及的感触功能。

以上这六大特性,构成了移动互联网与桌面互联网完全不同的用户体验生态。移动互联网已经完全渗入到人们生活、工作、娱乐的方方面面了。

5.3 移动互联网时代的信息传播

因特网是一个具有交流特性的网络,它不仅可以作为个人传递信息的工具,也是企业间传递信息的媒体。与传统的印刷出版物相比,网上出版有着不可比拟的特点。首先,网上出版成本低廉;其次,网上的读者面广泛;第三,网上查找信息方便。所以,无论对信息传播者还是信息受众,网上信息的传播都是最佳的选择。这也是电子商务受欢迎的原因之一。

由于网络的信息传播的优点，网络广告也越来越受广告主欢迎，像可口可乐公司、电话公司等都在往上投入大量的广告。当然，广告费用与传统广告相比，还是很少的，但其取得的效果却是传统广告不可比拟的。

生活方式

由于因特网的流行和电子商务的兴起，人们的生活也发生了变化。以前，总要花费大量的时间去商场或者百货商店购物，几个商场逛下来，人都累得人都散了架。现在，呆在家里，轻松的点击鼠标，就可以在因特网的虚拟商场里挑选购买物品。在网上商场里逛累了，去音乐站点或者其他娱乐站点逛一逛，放松一下心情。总之，聚会、购物、看电影、玩游戏、看书、收藏、游泳、讨论……只要你喜欢，你都可以在网络上解决。时间、费用、心情都要比传统的方式美妙的多。

当然，因特网与电子商务给人们带来了方便，也带来了新的问题：小孩的上网问题、信息污染问题、家庭隐私问题、电子商务的安全问题等都给我们带来了新的挑战。如何正确的处理这些问题也是我们在生活中必须考虑的。

办公方式

日不离家，再激励利用电脑与网络办公成为可能。无论是什么任务，通过网络的传输功能，随时随地都可以完成。这样，在家里或者其他地方，随时都可以办公，而不像以前那样局限于办公室。而且，在家里办公，上下班的花费在路上的时间节省了，上半时交通堵塞不再存在，同时也减轻了交通负担。21世纪，在家里办公的情况会日益流行。

消费方式

消费者再也不要将时间花在在商场选择、排队等待上面，在家里就可以利用电子商务系统完成整个购物过程。在线购物、电子支付、送货上门等都给21世纪的消费者们一个最佳的选择。

教育方式

同样，交互式的网络多媒体技术给人们的教育带来了很大的方便。数字化的课堂让很多没有时间的专业学生和在职的工作人员的教育问题得到解决。讲课、作业、讲评，一切都在网络上进行。网络大学作为远程教育的一种方式，为越来越多的人们所接受。湖南大学的多媒体信息学院网上大学的英语和计算机专业课程正式开通，让很多的学生受益匪浅。网络大学打破了时间和空间的限制，远程就能学到想要学到的知识，给纵深学习提供了机会。网络大学将成为教育线上的一道动人的风景线。

5.4 移动互联网的发展历程及现状

近十余年来，全球的移动通信产业和互联网产业发展迅猛，移动通信和互联网已成为人们日常生活中的重要组成部分。据国际电信联盟数据显示，截至 2007 年底，全球移动电话用户数达 33 亿，普及率达 49%；互联网用户数达 15 亿，普及率达 22%。目前，中国的移动用户数和互联网用户数均是世界第一，手机已进入普通消费者生活，互联网也已成为人们获取信息、交流沟通和娱乐最重要的工具之一。

互联网经过多年发展，已经成为海量信息的源头和集散地。互联网的开放共享使得互联网成为新业务、新思维的集散地，Web2.0、博客、播客、C2C 电子商务、社区等新的应用形式层出不穷。互联网同时也成为新技术的发源地，P2P、搜索、媒体分发等新技术不断出现。

移动通信网络经历了从第一代模拟通信系统到第二代以 GSM 为代表的窄带数字移动通信系统，目前发展到以 WCD-MA/TD-SCDMA 等为代表的第三代的宽带数字通信系统。WCD-MA/TD-SCDMA 在标准制定上也开始关注对数据业务的支持，以 LTE 为代表的新一代移动通信大幅提高了访问带宽和对数据业务的支持。

5.5 移动互联网的优势及应用

移动互联网,就是将移动通信和互联网二者结合起来,成为一体。移动通信和互联网成为当今世界发展最快、市场潜力最大、前景最诱人的两大业务,它们的增长速度都是任何预测家未曾预料到的,所以移动互联网可以预见将会创造经济神话。移动互联网的优势决定其用户数量庞大,截至 2012 年 9 月底,全球移动互联网用户已达 15 亿。随着 3G 网络的部署和终端性能的不断提高,移动互联网用户日益增多。本文在对移动互联网现状进行介绍的基础上,分析了当前移动互联网相关技术热点和应用热点。

5.5.1 移动互联网技术的发展

移动互联网相对于固定互联网最大特点是随时随地和充分个性化。移动用户可随时随地方便接入无线网络,实现无处不在的通信能力;移动互联网的个性化表现为终端、网络和内容／应用的个性化,互联网内容／应用个性化表现在采用社会化网络服务(SNS)、博客、聚合内容(RSS)、Widget 等 Web2.0 技术与终端个性化和网络个性化相互结合,使个性化效应极大释放。

1.Web 2.0 技术

2001 年秋,互联网公司泡沫破灭标志着互联网的一个转折点,但互联网先驱 O'Reilly 公司副总裁的戴尔·多尔蒂(Dale Dougherty)注意到,互联网此时更重要,新的应用程序和网站规律性涌现,那些幸存的互联网公司有共同特征。为区别于之前的互联网,Web 2.0 由此诞生。目前,Web 2.0 已成为实际意义上的标准互联网运用模式。以博客(Blogging)、内容聚合(RSS)、百科全书(WiKi)、社会网络(SNS)和对等网络(P2P)为代表的 Web 2.0 应用已被用户广泛地接受和使用。

与 Web1.0 时代相比,Web 2.0 时代满足 7 大原则:

1)互联网作为平台;

2)利用集体智慧；

3)数据是核心；

4)软件发布周期的终结；

5)轻量型编程模型；

6)软件超越单一设备；

7)丰富的用户体验。

Web 2.0 让用户从信息获得者变成了信息贡献者，也让富互联网应用(Rich Internet Application, RIA)成为网络应用的发展趋势。例如，Ajax 是支持 RIA 的编程框架，帮助 RIA 在客户端实现友好而丰富的用户体验。同时，Web 2.0 的出现和广泛流行深刻地影响了用户使用互联网的方式。

作为 Web2.0 的典型应用之一，Widget 目前在桌面及固定互联网领域应用日益广泛。Widget 是一种用户可以制作或者下载之后放到桌面或者网页上的 Web 应用，它们能够像本地应用那样运行，此类应用程序具有易用性高、方便用户查看等特点。伴随着手机智能化水平的提高和移动互联网的普及，移动 Widget 开始出现在手机应用领域。借助 Widget，用户能够选择自己喜欢的上网方式，享受更加个性化的移动互联网服务。这种个性化的服务无疑会提升移动互联网对用户的吸引力。目前，国内外设备商和运营商已经开始在移动互联网上使用 Widget。随着 Web 2.0 技术的不断进步，人们越来越习惯从互联网上获得所需的应用与服务，同时将自己的数据在网络上共享与保存。个人电脑渐渐不再是为用户提供应用、保存用户数据的中心，它蜕变成为接入互联网的终端设备。

2.云计算

Web 2.0 为云计算的出现提出了内在需求。随着 Web 2.0 的产生和流行，移动互联网用户更加习惯将自己的数据在网络上存储和共享。视频网站和图片共享网站每天都要接受海量的上载数据。同时，为给用户提供新颖的服务，只有更加快捷的业务响应才能让应用提供商在激烈的竞争中生存。因此，用户需要一个能够提供充足的资源保证业务增长，能够提供可复用的功能模块保证快速开发的平台。云计算的出现使得人们可以通过互联网获取各种服务，并且可以实现按需支付的要求，随着电信和互联网网络的融合发展，云计算将成为跨越电信和互联网的通用技术。直观而言，云计算（Cloud Computing）是指由几十万甚至上百万台廉价的服务器所组成的网络，为用户提供需要的计算机服务，用户只需要一个能够上网的设备，比如一台笔记本或者手机，就可以获得自己需要的一切计算机服务。作为一种基于互联网的新兴应用模式，云计算通过网络把多个成本相对较低的计算实体整合成一个具有强大计算能力的完美系统，并借助 SaaS、PaaS、IaaS、MSP 等先进的商业模式把这强大的计算能力分布到终端用户手中，其核心理念就是通过不断提高自身处理能力，进而减少用户终端的处理负担，最终使用户终端简化成一个单纯的输入输出设备，并能按需享受"云"的强大计算处理能力，从而更好地提高资源利用效率并节约成本。通过云计算所提供的应用，用户将不再依赖某一台特定的计算机来访问、处理自己的数据，只要可以通过网络连接至自己的数据，就能随时检索自己的文件、继续处理上次未完成的工作并完成保存。事实上，人们已开始享受着"云"所带来的好处。以谷歌（Google）用户为例，免费申请一个账号，就可以利用 GoogleDoc、Gmail 和 Picasa 服务来保存私有资源。

云计算具有以下特点：

1）超大规模；

2）高可扩展性；

3）高可靠性；

4）虚拟化；

5）按需服务；

6）极其廉价；

7）通用性强。

Web 2.0 提供了云计算的接入模式，也为云计算培养了用户习惯。随着云计算平台的建立,将使运营商移动互联网应用开发和运营的成本大大降低。

5.5.2 移动互联网技术的应用

Gartner 预测,2011 年在全球所有出产的手机中,85%将预装浏览器。移动通信网的业务体系也在不断变化,不仅包括各种传统的基本电信业务、补充业务、智能网业务,还包含各种新兴移动数据增值业务,而移动互联网是各种移动数据增值业务中最具生命力的部分。

5.5.2.1 移动浏览/下载

移动浏览不仅是移动互联网最基本的业务能力,也是用户使用的最基本的业务。在移动互联网应用中,OTA 下载作为一个基本业务,可以为其他的业务(如 Java、Widget 等)提供下载服务,是移动互联网技术中重要的基础技术。

5.5.2.2 移动社区

移动互联网应用产品中,应用率最高的依然为即时通信类,如飞信、MSN、QQ 等。手机自身具有的随时随地沟通的特点使社区在移动领域发展具有一定的先天优势。移动社区组合聊天室、博客、相册和视频等服务方式,使得以个人空间、多元化沟通平台、群组及关系为核心的移动社区业务将发展迅猛。

5.5.2.3 移动视频

移动视频业务是通过移动网络和移动终端为移动用户传送视频内容的新型移动业务。随着 3G 网络的部署和终端设备性能的提高,使用移动视频业务的用户越来越多。日前苹果公司发布备受全球关注的第四代 iPhone 时出现了一个小插曲:当乔布斯在为现场观众演示 iPhone 4 的视频通话功能时,由于网络拥塞引起该项业务无法进行演示,以至于乔布斯不得不要求观众暂时关闭手机。这从侧面反映出视频流的迅猛增长对通信网络带来了巨大挑战,同时也说明了越来越多的用户在使用移动视频业务。

5.5.2.4 移动搜索

移动搜索业务是一种典型的移动互联网服务。移动搜索是基

于移动网络的搜索技术总称,是指用户通过移动终端,采用 SMS, WAP,IVR 等多种接入方式进行

搜索,获取 WAP 站点及互联网信息内容、移动增值服务内容及本地信息等用户需要的信息及服务。相对于传统互联网搜索,移动搜索业务可以使用各种业务相关信息,去帮助用户随时随地获取更个性化和更为精确的搜索结果,并可基于这些精确和个性化的搜索结果,为用户提供进一步的增值服务。

5.5.2.5 移动广告

移动广告的定义为通过移动媒体传播的付费信息,旨在通过这些商业信息影响受传者的态度、意图和行为。移动广告实际上就是一种支持互动的网络广告,它由移动通信网承载,具有网络媒体的一切特征,同时由于移动性使得用户能够随时随地接受信息,比互联网广告更具优势。移动广告业务按实现方式可分为 IVR 广告、短信广告、彩信广告、彩铃广告、WAP 广告、流媒体广告、游戏广告等。

5.5.2.6 应用商店

在线应用程序商店作为新型软件交易平台首先由苹果公司于 2008 年 7 月推出,依托苹果的 iPhone 和 iPad Touch 的庞大市场取得了极大成功。Gartner 预测的 2011 年移动技术产业的十大发展趋势中提到,应用程序商店将成为手机服务的重要组成部分。日前在京 2010 全球移动互联网大会上,中国移动研究院黄晓庆指出:"应用商店是移动互联网最重要、最新的发展趋势。"

随着移动设备终端多媒体处理能力的增强,3G 技术带来的网络速度提升,使得移动在线游戏成为通信娱乐产业的发展趋势。目前手机游戏业务发展很快,这种娱乐方式比较适合亚太地区尤其是东亚地区的文化及生活方式,所以日益受到国内用户的青睐。

5.5.3 参考文献

[1] 邬贺铨.中国联通未来网络演进研究报告[R].北京,2006.

[2] 思华科技:对移动互联网发展趋势的认识与思考.

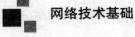

[3]《虚拟化与云计算》小组.虚拟化与云计算[M].北京:电子工业出版社,2009.

[4] 汪卫国.新型移动互联网业务发展趋势研究[R].北京:信息产业部电信研究院通信信息研究所,2008.

[5] 吴伟. 移动互联网业务与 OMA 技术标准 [J]. 电信网技术, 2010(2):1–7.

[6] 互联网技术与业务的发展创新[R].北京,2007.8.

5.6 移动互联网的发展特点及趋势

我们近几年经常听说移动互联网这个词,那么究竟什么是移动互联网呢?移动互联网有什么特点与优势呢?

移动互联网,就是将移动通信和互联网二者结合起来,成为一体。移动互联网是移动网和互联网融合的产物,移动互联网业务呈现出移动通信业务与互联网业务相互融合的特征。4G 时代的开启以及移动终端设备的凸显必将为移动互联网的发展注入巨大的能量,2014 年移动互联网产业必将带来前所未有的飞跃。

一、移动互联网的特点

1.用户体验至上:如果一个商品或一项服务想要成功,在移动互联网时代,谁更加了解消费者的需求, 如何了解消费者体现简单、精准的用户体验上,将决定其爆炸能量的大小,必须从与消费者发生第一点接触开始,越精确越好。

2.盈利策略不可急功近利:这些客户可能只用过手机的简单功能,盈利模式的策略上,需要企业性化和简单易懂的指引,移动互联网的强大平台,已经成为全方位、立体式。

3.找到业务的核心竞争力:这个物品和这个物品的位置密切相关的信息,最有杀伤性的形式,这种集定位、搜索和精确数据库功能的服务必定将手机提升到改变世界的境界。森合万源的创新是颠覆性的,所谓的核心竞争力也只是暂时的。在产业链竞争中处于相对被动的情况下，握在你手中最大的砝码就是市场占有率和业务创新能力，市场占有率让你有更大的话语权和议价资格，业务创新能力则决定了自己的"卖点"。

4.把握移动营销新模型：移动互联网的一个品牌文化，移动互联网的营销模型与传统营销最大的不同，通过口碑传播吸引更多的客户，随之让参与互动，移动互联网的营销模型与传统营销最大的不同，就是直接让正确的客户为企业说正确的话，冷冰冰的广告式营销终将在这个时代里慢慢衰退。

5.整合产业链之外的资源：只要能把握移动互联网的前提，抓住行业强势资源，相关节点进行有效的整合产业的资源。

二、移动互联网的优势

1.高便携性：除了睡眠时间，移动设备一般都以远高于 PC 的使用时间伴随在其主人身边。这个特点决定了，使用移动设备上网，可以带来 PC 上网无可比拟的优越性，即沟通与资讯的获取远比 PC 设备方便。

2.隐私性：移动设备用户的隐私性远高于 PC 端用户的要求。不需要考虑通讯运营商与设备商在技术上如何实现它，高隐私性决定了移动互联网终端应用的特点——数据共享时即保障认证客户的有效性，也要保证信息的安全性。这就不同于互联网公开透明开放的特点。互联网下，PC 端系统的用户信息是可以被搜集的。而移动通讯用户上网显然是不需要自己设备上的信息给他人知道甚至共享。

3.应用轻便：除了长篇大论，休闲沟通外，能够用语音通话的就用语音通话解决。移动设备通讯的基本功能代表了移动设备方便、快捷的特点。而延续这一特点及设备制造的特点，移动通讯用户不会接受在移动设备上采取复杂的类似 PC 输入端的操作——用户的手指情愿用"指手画脚"式的肢体语言去控制设备，也不愿意在巴掌方寸大小的设备上去输入 26 个英文字母长时间去沟通，或者打一篇千字以上的文章。

三、移动互联网的发展

1. 移动互联网正以一种极快的速度发展着，同时也极大的丰富了我们的生活。

2. 移动互联网的发展让我的生活更加的丰富和便利。手机不仅仅只是一个打电话、接电话的工具。

3. 手机短信功能让我可以更加方便的与朋友交流、联系，而不仅仅局限于打电话，让我节省了不少费用。

4. 通过手机我可以 24 小时与朋友网上联系，QQ、校内网等等不仅仅是传统互联网拥有的专利了。不必像往常一样坐于电脑前，我同样能和朋友谈天说地。

5. 现在各大商家都转战移动互联网，一场场商业战争都在移动互联网中打响。甚至越来越多的企业都已经将作为企业形象的企业网站扩展到了移动互联网中，如国内专业为企业网站开发的企业网站系统——MetInfo 企业网站系统已经内置手机网站系统了。

截至 2014 年 1 月，我国移动互联网用户总数达 8.38 亿户，在移动电话用户中的渗透率达 67.8%；手机网民规模达 5 亿，占总网民数的八成多，手机保持第一大上网终端地位。种种迹象表明，现今移动互联网发展已进入全民时代。

不论是传统企业还是高新技术企业，步入移动互联网不是想不想、愿不愿的问题，而是何时进，以何种方式进的问题。

6 数据通信技术

6.1 数据通信的基本概念

数据通信通常是以传送数据信息为主的通信。数据通信传送数据的目的不仅是为了交换，而主要是为利用计算机能够对数据进行处理。

依照通信协议，利用数据传输和交换技术在两个功能单元之间传输数据信息，它可以实现计算机与计算机、计算机与终端以及终端与终端之间的数据信息传递。它通过数据电路将分布在远端的数据终端设备与中央计算机系统连接起来，实现数据的传输、交换、存储和处理功能。

1.数据终端设备（DTE）

数据终端设备（DTE,Data Terminal Equipment）通常由数据输入设备（信息源）、数据输出设备（信宿）和传输控制器组成。

2.传输控制器：传输控制器按照约定的数据通信控制规程，控制数据的传输过程。

3.数据电路终结设备设备（DCE）是数据电路的组成部分，其作用是将数据终端设备输出的数据信号变换成适合在传输信道中传输的信号。

4.接口是数据终端设备和数据电路之间的公共界面。

5.数据电路包括传输信道和数据电路终结设备（DCE,Data Circuit Terminating Equipment），它位 DTE 和 DTE 之间，或 DTE 与中央计算机系统之间，为数据通信提供传输信道。

6.数据链路（DL）：数据链路（DL,Data Link）是一个广义信道，它是指包括数据电路及其两端 DTE 中的传输控制器在内的信号通路。

7.通信控制器：又称前置处理，用于管理与数据终端相连接的所有通信线路。

8. 中央计算机系统（CCS）：中央计算机系统（CCS,Centre Computer System）通过通信线路可连接多个 DTE，实现主机资源共享。CCS 主要功能是处理与管理 DTE 来的数据信息，并将结果向相应 DTE 输出。数据通信的特点：

（1）传统电话通信是人 - 人之间的通信，而数据通信是机（计算机）- 机之间、人 - 机之间的通信。机 - 机间通信需要按事先约定好的规程或协议来完成，而电话通信则没有那么复杂；

（2）电话通信的信源与信宿都是模拟的电压信号，其传输是利用现有的公用电话交换网（PSTN）.而数据通信的数据终端设备发出的数据都是离散信号（数字信号），传输时，既可以利用现有的PSTN，又可以利用数据网络来完成；

（3）数据通信具有差错控制能力，在数据通信的中间转换环节对信号进行抽样、判决，以消除噪声积累，而传统电话则不能；

（4）数据通信具有灵活的接口能力，以适应各种各样的计算机与数据终端设备；

（5）数据通信每次呼叫平均时间较短，要求接续和传输响应时间快；

（6）数据通信抗干扰能力强，因为数据信号比模拟信号的抗干扰能力强；

（7）数据通信容易加密，且加密技术、加密手段由于传统通信方式. 定义：计算机网络是用通信线路和网络连接设备将分布在不同地点的多台独立式计算机系统互相连接，按照网络协议进行数据通信实现资源共享，为用户提供各种应用服务的信息系统。

数据通信是通信技术和计算机技术相结合而产生的一种新的通信方式。要在两地间传输信息必须有传输信道，根据传输媒体的不同，有有线数据通信与无线数据通信之分。但它们都是通过传输信道将数据终端与计算机联结起来，而使不同地点的数据终端实现软、硬件和信息资源的共享。

数据通信的发展趋势集中表现为：

1.应用范围与应用规模的扩大，新的应用业务如电子数据互换(EDI)，多媒体通信等不断涌现。

2.随着通信量增大，网路日益向高速、宽带、数字传输与综合利用的方向发展。例如光纤高速局域网、城域网、宽带综合业务数字网、《中继、快速分组交换等许多新技术迅速发展，有的已进入实用化阶段。

3.与移动通信的发展相配合，移动式数据通信正获得迅速发展。

4.随着网路与系统规模的不断扩大，不同类型的网路与系统的互联(也包括对互联网路的操作与管理)的重要性日趋突出。

5.通信协议标准大量增加，协议工程技术日益发展。

根据通信传输方向分：

1.单工通信，数据单向传输；

2.半双工通信，数据可以双向传输，不过是准双向，某个时间点上，数据只能是按其中一个方向，不能同时进行双向传输；

3.全双工通信，数据在任意时刻都可以双向传输。

6.2 数据通信的发展历程

6.2.1 通信的起源

人类进行通信的历史已很悠久。早在远古时期，人们就通过简单的语言、壁画等方式交换信息。千百年来，人们一直在用语言、图符、钟鼓、烟火、竹简、纸书等传递信息,古代人的烽火狼烟、飞鸽传信、驿马邮递就是这方面的例子。现在还有一些国家的个别原始部落，仍然保留着诸如击鼓鸣号这样古老的通信方式。在现代社会中，交通警的指挥手语、航海中的旗语等不过是古老通信方式进一步发展的结果。这些信息传递的基本方都是依靠人的视觉与听觉。

随着人类社会的发展，人们的生活范围，交际圈子的不断扩展。相互之间的交流就显得越发重要。在 19 世纪中叶以后，随着电报、电话、电磁波的发现，人类通信领域产生了根本性的巨大变革，实现了利用金属导线来传递信息，甚至通过电磁波来进行无线通信,使神话中的"顺风耳"、"千里眼"变成了现实。从此,人类的信息传递可以脱离常规的视听觉方式,用电信号作为新的载体,与此同时也进行了一系列技术革新,开始了人类通信的新时代。

6.2.2 通信的技术革新

1837年,美国人塞缪乐.莫乐斯(Samuel Morse)成功地研制出世界上第一台电磁式电报机,实现了长途电报通信。

1864年,英国物理学家麦克斯韦(J.c.Maxwel)建立了一套电磁理论,预言了电磁波的存在,说明了电磁波与光具有相同的性质,两者都是以光速传播的。

1875年,苏格兰青年亚历山大.贝尔(A.G.Bell)发明了世界上第一台电话机。

1888年,德国青年物理学家海因里斯.赫兹(H.R.Hertz)用电波环进行了一系列实验,发现了电磁波的存在,他用实验证明了麦克斯韦的电磁理论,导致了无线电的诞生和电子技术的发展。电磁波的发现产生了巨大影响。不到6年的时间,俄国的波波夫、意大利的马可尼分别发明了无线电报,实现了信息的无线电传播,其他的无线电技术也如雨后春笋般涌现出来。

1904年英国电气工程师弗莱明发明了二极管。1906年美国物理学家费森登成功地研究出无线电广播。1907年美国物理学家德福莱斯特发明了真空三极管,美国电气工程师阿姆斯特朗应用电子器件发明了超外差式接收装置。

1920年美国无线电专家康拉德在匹兹堡建立了世界上第一家商业无线电广播电台,从此广播事业在世界各地蓬勃发展,收音机成为人们了解时事新闻的方便途径。1924年第一条短波通信线路在瑙恩和布宜诺斯艾利斯之间建立。1933年法国人克拉维尔建立了英法之间和第一第商用微波无线电线路,推动了无线电技术的进一步发展。

电磁波的发现也促使图像传播技术迅速发展起来。1922年16岁的美国中学生菲罗. 法恩斯沃斯设计出第一幅电视传真原理图,

1929 年申请了发明专利,被裁定为发明电视机的第一人。1928 年美国西屋电器公司的兹沃尔金发明了光电显像管,并同工程师范瓦斯合作,实现了电子扫描方式的电视发送和传输。1935 年美国纽约帝国大厦设立了一座电视台,次年就成功地把电视节目发送到70 公里以外的地方。1938 年兹沃尔金又制造出第一台符合实用要求的电视摄像机。经过人们的不断探索和改进,1945 年在三基色工作原理的基础上美国无线电公司制成了世界上第一台全电子管彩色电视机。直到 1946 年,美国人罗斯.威玛发明了高灵敏度摄像管,同年日本人八本教授解决了家用电视机接收天线问题,从此一些国家相继建立了超短波转播站,电视迅速普及开来。

图像传真也是一项重要的通信。自从 1925 年美国无线电公司研制出第一部实用的传真机以后,传真技术不断革新。1972 年以前,该技术主要用于新闻、出版、气象和广播行业;1972 年至 1980年间,传真技术已完成从模拟向数字、从机械扫描向电子扫描、从低速向高速的转变,除代替电报和用于传送气象图、新闻稿、照片、卫星云图外,还在医疗、图书馆管理、情报咨询、金融数据、电子邮政等方面得到应用;1980 年后,传真技术向综合处理终端设备过渡,除承担通信任务外,它还具备图像处理和数据处理的能力,成为综合性处理终端。静电复印机、磁性录音机、雷达、激光器等等都是信息技术史上的重要发明。

此外,作为信息超远控制的遥控、遥测和遥感技术也是非常重要的技术。遥控是利用通信线路对远处被控对象进行控制的一种技术,用于电气事业、输油管道、化学工业、军事和航天事业;遥测是将远处需要测量的物理量如电压、电流、气压、温度、流量等变换成电量,利用通信线路传送到观察点的一种测量技术,用于气象、军事和航空航天业;遥感是一门综合性的测量技术,在高空或远处利用传感器接收物体辐射的电磁波信息,经过加工处理或能够识别的图像或电子计算机用的记录磁带,提示被测物体一性质、形状和变化动态,主要用于气象、军事和航空航天事业。

随着电子技术的高速发展,军事、科研迫切需要解决的计算工具也大大改进。1946 年美国宾夕法尼亚大学的埃克特和莫希里研制出世界上第一台电子计算机。电子元器件材料的革新进一步促使电子计算机朝小型化、高精度、高可靠性方向发展。20 世纪 40 年代,科学家们发现了半导体材料,用它制成晶体管,替代了电子管。1948 年美国贝尔实验室的肖克莱、巴丁和布拉坦发明了晶体三极管,于是晶体管收音机、晶体管电视、晶体管计算机很快代替了各式各样的真空电子管产品。

　　1959 年美国的基尔比和诺伊斯发明了集成电路,从此微电子技术诞生了。1967 年大规模集成电路诞生了,一块米粒般大小的硅晶片上可以集成 1 千多个晶体管的线路。1977 年美国、日本科学家制成超大规模集成电路,30 平方毫米的硅晶片上集成了 13 万个晶体管。微电子技术极大地推动了电子计算机的更新换代,使电子计算机显示了前所未有的信息处理功能,成为现代高新科技的重要标志。

　　为了解决资源共享问题,单一计算机很快发展成计算机联网,实现了计算机之间的数据通信、数据共享。通信介质从普通导线、同轴电缆发展到双绞线、光纤导线、光缆;电子计算机的输入输出设备也飞速发展起来,扫描仪、绘图仪、音频视频设备等,使计算机如虎添翼,可以处理更多的复杂问题。20 世纪 80 年代末多媒体技术的兴起,使计算机具备了综合处理文字、声音、图像、影视等各种形式信息的能力,日益成为信息处理最重要和必不可少的工具。

　　至此,我们可以初步认为:信息技术(Information Technology,简称 IT)是以微电子和光电技术为基础,以计算机和通信技术为支撑,以信息处理技术为主题的技术系统的总称,是一门综合性的技术。电子计算机和通信技术的紧密结合,标志着数字化信息时代的到来。

6.2.3 通信的演进过程

　　早在 1897 年,马可尼在陆地和一只拖船之间用无线电进行了消息传输,成为了移动通信的开端。至今,移动通信已有 100 多年的历史,在这期间移动通信技术日新月异,从 1978 年的第一代模拟蜂窝网电网系统的诞生到第二代全数字蜂窝网电话系统的问世, 将无线通信与国际互联网等多媒体通信结合的第三代移动通信系统,现如今正在兴起的 LTE(Long Term Evolution,长期演进)及将要进入的集 3G 与 WLAN 于一体的第四代移动通信。

第一代移动通信技术(1G)是指最初的模拟、仅限语音的蜂窝电话标准,制定于上世纪 80 年代。第一代移动通信系统的典型代表是美国的 AMPS(Advanced Mobile Phone Service)系统(先进移动电话系统)和后来的改进型系统 TACS(Total Access Communications System)系统(全入网通信系统),以及瑞典,挪威和丹麦的 NMT(Nordic Mobile Telephony 北欧移动电话) 和 NTT (Nippon Telegraph And Telephone Corporation 日本电信电话株式会社)等。

由于模拟移动通信所带来的局限性, 到 20 世纪 80 年代中期到 21 世纪初,数字移动通信系统得到了大规模应用,其代表技术是欧洲的 GSM,也就是通常所说的第二代移动通信技术(2G)。

GSM 是由欧洲电信标准组织 ETSI 制订的一个数字移动通信标准。GSM 是全球移动通信系统 (Global System of Mobile communication)的简称。它的空中接口采用时分多址技术. 自 90 年代中期投入商用以来,被全球超过 100 个国家采用。GSM 标准的设备占据当前全球蜂窝移动通信设备市场 80%以上。

第三代移动通信技术,简称 3G,全称为 3rd Generation,中文含义就是指第三代数字通信。1995 年问世的第一代模拟制式手机(1G)只能进行语音通话;1996 到 1997 年出现的第二代 GSM、TDMA 等数字制式手机(2G)便增加了接收数据的功能,如接受电子邮件或网页;第三代与前两代的主要区别是在传输声音和数据的速度上的提升,它能够要能在全球范围内更好地实现无缝漫游,并处理图像、音乐、视频流等多种媒体形式,提供包括网页浏览、电话会议、电子商务等多种信息服务,同时也要考虑与已有第二代系统的良好兼容性。

6.3 数据通信的传输手段

6.3.1 分类

1.按数据代码传输顺序:串行传输与并行传输。

2.按数据传输同步方式异步传输与同步传输。

3.按数据传输流向和时间关系:单工、半双工和全双工传输串行传输指的是组成字符的数字串(二进制代码)排成一行,一个接一个地在一条信道上进行数据传送并行传输是将数据以成组的方式在两条以上的并列信道上同时传输异步传输方式是指收、发两端各自有相互独立的位(码元)定时时钟,数据率是收发双方约定的,收端利用数据本身来进行同步的传输方式。

同步传输是相对于异步传输而言的,指收发双方要采用统一的时钟节拍来完成数据的传送单工传输是指数据从一个终端只能发出,另一个终端或多个终端只能接收的一种工作方式。

半双工传输是指数据既可以从终端 A 发送到终端 B,也可以从终端 B 传向终端 A,但是不能同时进行全双工传输是指终端 A 与终端 B 之间,它们同时可以进行数据的收发,其信道必须是双向信道。

图 2-4 同轴电缆

6.4 数据通信的传输介质

1.同轴电缆的芯线为铜质导线,外包一层绝缘材料,再外面是由细铜丝组成的网状外导体最外面加一层绝缘塑料保护层。

同轴电缆的这种结构,使它具有高带宽和极好的噪声抑制特性。

同轴电缆之所以设计成这样,也是为了防止外部电磁波干扰异常信号的传递。

2.内导体为铜线,外导体为铜管或网。电磁场封闭在内外导体之间,故辐射损耗小,受外界干扰影响小。常用于传送多路电话和电视

芯线与网状导体同轴,故名同轴电缆。

同轴电缆(Coaxtal CabLe)常用于设备与设备之间的连接,或应用在总线型网络拓扑中。

它与双绞线相比,同轴电缆的抗干扰能力强、屏蔽性能好、传输数据稳定、价格也便宜,而且它不用连接在集线器或交换机上即可使用。

在局域网中常用的同轴电缆有两种:

一种是特性阻抗为 50Ω 的同轴电缆,用于传输数字信号,例如 RG-8 或 RG-11 粗缆和 RG-58 细缆。

1.粗同轴电缆适用于大型局域网,它的传输距离长,可靠性高,安装时不需要切断电缆,用夹板装置夹在计算机需要连接的位置。

但粗缆必须安装外收发器,安装难度大,总体造价高。

2.细缆则容易安装,造价低,但安装时要切断电缆,装上 BNC 接头,然后连接在 T 型连接器两端,所以容易产生接触不良或接头短路的隐患,这是以太网运行中常见的故障。

通常把表示数字信号的方波所固有的频带称为基带,所以这种电缆也叫基带同轴电缆,直接传输方波信号称为基带传输。由于计算机产生的数字信号不适合长距离传输,所以在信号进入信道前要经过编码器进行编码,变成适合于传输的电磁代码。经过编码的数字信号到达接收端,再经译码器恢复为原来的二进制数字数据。

基带系统的优点是安装简单而且价格便宜,但由于在传输过程中基带信号容易发生畸变和衰减,所以传输距离不能太长。一般在 1KM 以内,典型的数据速率是 10Mb/s 或 100Mb/s。

常用的另一种同轴电缆是特性阻抗为 75Ω 的 CATV 电缆(RG-59),用于传输模拟信号,这种电缆也叫宽带同轴电缆。

所谓宽带,在电话行业中是指比 4kHz 更宽的频带,而这里是

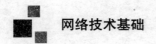

泛指模拟传输的电缆网络。

要把计算机产生的比特流变成模拟信号在 CATV 电缆上传输,在发送端和接收端要分别加入调制器和解调器。

采用适当的调制技术,一个 6MHz 的视频信道的数据速率可以达到 36Mb/s。通常采用频分多路技术(FDM),把整个 CATV 电缆的带宽(1000MHz)划分为多个独立的信道,分别传输数据、声音和视频信号,实现多种通信业务。这种综合传输方式适合于在办公自动化环境中使用。

宽带系统与基带系统的主要区别是模拟信号经过放大器后只能单向传输。

为了实现网络节点间的相互连通,有时要把整个带宽划分为两个频段,分别在两个方向上传送信号,这叫分裂配置。有时用两根电缆分别在两个方向上传送,这叫双缆配置。

虽然两根电缆比单根电缆价格要贵一些(大约贵 15%),但信道容量却提高一倍多。

无论是分裂配置还是双缆配置都要使用一个叫做端头(head-end)的设备。该设备安装在网络的一端,它从一个频率(或一根电缆)接收所有站发出的信号,然后用另一个频率(或电缆)发送出去。

宽带系统的优点是传输距离远,可达几十公里,而且可同时提供多个信道。然而和基带系统相比,它的技术更复杂,需要专业射频技术人员安装和维护,宽带系统的接口设备也更昂贵。

同轴电缆–同轴电缆接口的安装方法:同轴电缆一般安装在设备与设备之间。在每一个用户位置上都装备有一个连接器,为用户提供接口。接口的安装方法如下:

(1)细缆将细缆切断,两头装上 BNC 头,然后接在 T 型连接器两端。

(2)粗缆粗缆一般采用一种类似夹板的 Tap 装置进行安装,它利用 Tap 上的引导针穿透电缆的绝缘层,直接与导体相连。电缆两端头设有终端器,以削弱信号的反射作用。

同轴电缆－两种类型的宽带系统：

1）双缆系统。双缆系统有两条并排铺设的完全相同的电缆。为了传输数据，计算机通过电缆 1 将数据传输到电缆数根部的设备，即顶端器（head-end），随后顶端器通过电缆 2 将信号沿电缆数往下传输。所有的计算机都通过电缆 1 发送，通过电缆 2 接收。

2）单缆系统。另一种方案是在每根电缆上为内、外通信分配不同的频段。低频段用于计算机到顶端器的通信，顶端器收到的信号移到高频段，向计算机广播。

在子分段（subsplit）系统中，5MHz~30MHz 频段用于内向通信，40MHz~300MHz 频段用于外向通信。

在中分（midsplit）系统中，内向频段是 5MHz~116MHz，而外向频段为 168MHz~300MHz。这一选择是由历史的原因造成的。

3）宽带系统有很多种使用方式。在一对计算机间可以分配专用的永久性信道；另一些计算机可以通过控制信道，申请建立一个临时信道，然后切换到申请到的信道频率；还可以让所有的计算机共用一条或一组信道。从技术上讲，宽带电缆在发送数字数据上比基带（即单一信道）电缆差，但它的优点是已被广泛安装。

同轴电缆由里到外分为四层：中心铜线，塑料绝缘体，网状导电层和电线外皮。电流传导与中心铜线和网状导电层形成的回路。因为中心铜线和网状导电层为同轴关系而得名。

同轴电缆传导交流电而非直流电，也就是说每秒钟会有好几次的电流方向发生逆转。如果使用一般电线传输高频率电流，这种电线就会相当于一根向外发射无线电的天线，这种效应损耗了信号的功率，使得接收到的信号强度减小。

同轴电缆的设计正是为了解决这个问题。中心电线发射出来的无线电被网状导电层所隔离，网状导电层可以通过接地的方式来控制发射出来的无线电。

同轴电缆也存在一个问题，就是如果电缆某一段发生比较大的挤压或者扭曲变形，那么中心电线和网状导电层之间的距离就不是始终如一的,这会造成内部的无线电波会被反射回信号发送源。这种效应减低了可接收的信号功率。为了克服这个问题,中心电线和网状导电层之间被加入一层塑料绝缘体来保证它们之间的距离始终如一。这也造成了这种电缆比较僵直而不容易弯曲的特性。

同轴端子,或称接头。可视为短、刚性电缆,设计上须具有与电缆相同的标准阻抗,RF 信号也不会从接口位置穿透或损失。

高品量的电缆往往镀银,而高品质的端子通常会镀金,品质较低的也会镀银或镀锡,虽然银很容易被氧化,但氧化银也是导电的,因此旧了也不会对效果有太大影响。

6.5 数据通信系统

目前,世界上关于移动数据通信系统的研究和开发工作正在如火如荼地进行。全球移动数据通信网络运营商已超过 50 家,各发达国家和各大电信运营商、制造商都开始致力于移动数据通信业务的发展。未来移动数据通信业务将呈现多样化发展的特点。在第二代 GSM 和 CDMA 网络向第三代网络演进的过程中,目前研发与应用主要集中在使用无线信道进行高速数据传输上,最引人注目的就是数据技术的引入和发展。如 GSM 网络通过采用 GPRS 技术,数据最高速率可达 115kbps,CDMA 网络演进到 CDMA20001X 阶段时数据速率可达 144kbps,而马上开始商用的第三代移动通信系统 IMT – 2000,最高速率可达 2Mbps,预计以后可达 10 ~ 20Mbps,欧洲正在研发 155Mbps 的未来移动通信系统。2002 年 12 月 9 日,由中国大唐公司自主研发的符合 TD – SCDMA 标准的第三代移动通信设备和终端一次性通过了第二阶段 52 项指标的测试(以数据业务为主)。2003 年 1 月 9 日,中国联通的 CDMA20001X 网络在上海测试完毕,现已在多个大中城市正式对用户开通。

当前,虽然通用的 CDMA 移动数据通信系统、设备和终端的研究和开发很多,但针对配电自动化、交通监控与信息发布、银行卡服务、工业数据采集、环境检测等具体应用、独立研发的基于 CD-MA 公用移动通信网络的移动数据通信系统还不多见。

以移动数据通信业务的高速发展和联通 CDMA20001X 网络建成为契机,在广泛了解国内外移动数据通信研发和应用现状、深入研究相关数据通信技术的基础上,本文提出了一种"基于 CDMA 网络的移运数据通信系统"。

6.5.1 系统特点

(1)成本低廉、尤其在通信网络的规模比较大时更为明显:

首先是建设投资小,网络建设中省去了大量的组网投资;其次是维护、运行费用低,网络运行过程中只需承担少量的终端维护费用;虽然需要支付一些数据通信使用费, 但就目前的资费水平和网络规模估算,单就运行和维护费用一项的节省就足以对其进行补偿。

2)网络组建的灵活性和方便性:

由于网络的基础设施已经十分完善, 通信系统的组建只需要考虑中心站和外围布点的问题。在外围布点时可以充分地享受无线网络带来的地点选择上的自由性和移动通信网络的较全面的覆盖范围。在大部分地区,基本上可以不考虑布点的限制,甚至支持可移动的站点。对于复杂、易变,站点位置经常性变化的网络(城市改造、用户变更等),无线网络布点不受限制这一点更表现出它的优越性。

(3)地域范围和网络密度的适应性:

目前,CDMA 移动网的基站在城市中的密度大,而在乡村中则相对较小,正好满足在城市通信终端数量大、密度高而在乡村数量少、密度小的要求。因此,基于 CDMA 网络的移动数据通信系统在地域范围和网络密度方面没有问题。

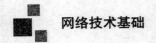
(4)数据业务适应性：

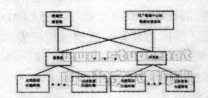

目前的 CDMA 移动网络能支持多种丰富多彩的数据通信业务，因此基于 CDMA 网络的移动数据通信系统完全能满足各种数据应用对通信的要求。

(5)系统安全性高：

系统采用了多种措施来提高安全性。首先，终端每一次登录网络之后都要向管理系统发送经过加密的唯一终端标识号，经终端管理系统确认的终端才可以进入系统；其次，终端在进行数据传输时采用空中加密和应用层加密进行两次加密；再次，前置机可以通过 IPsec 或 GRE 隧道与 CDMA 移动网络建立联系。

6.5.2 系统体系结构

基于 CDMA 网络的移动数据通信系统主要采用一对多的树型体系结构，即一台前置机负责转集和转存分布在一定区域范围内的多台无线数据传输终端传送的来自具体应用数据设备或数据采集设备的数据，所有前置机和终端都由一个终端管理系统负责管理，所有终端和前置机收集来的数据都传送到数据中心由同一个数据处理系统进行处理。

6.5.3 系统工作模式

基于 CDMA 网络的移动数据通信系统支持两种模式的数据传输过程：轮询方式和主动上报方式。轮询方式的可控性较强，用于实时性要求不高的应用。在轮询方式下，用户数据中心的数据处理系统发出数据收集指令，前置机接收并解析数据收集指令，然后通过查找对应的无线数据传输终端的 Socket，并将数据收集指令转发给相应的终端。终端完成数据收集并将数据通过移动网络发送给前置机，然后由前置机将数据转发给中心数据处理系统。终端管理信息的收集过程与数据传输过程类似。主动上报方式则主要用于满足用户数据信息和终端管理信息传输的实时性要求。在主动上报方式下，数据由终端定时或以事件驱动方式收集数据并将数据通过移动网络发送给前置机，然后由前置机将数据转发给数据处理系统。终端管理信息的收集过程与数据传输过程也类似。

6.5.4 系统各部分的功能与特性

（1）无线数据传输终端（WDT）：

①基本功能：主动上行呼叫点到点透明数据传输、被动接受呼叫点到点透明数据传输、支持参数配置模式和数据传输模式选择、主动上行短消息数据、短消息广播数据、电路交换数据（GSM）、分组包交换数据、无线 IP 网络数据、一直在线、故障自动重启。

②扩展功能：前置机开放端口自动搜索、自检与告警输出、远程软件升级与维护、配置键盘和 LCD 显示器方便用户交互。

（2）前置机（FE）：

①基本功能：解析中心站数据收集指令以收集所辖区域内的无线终端传送来的数据、分析终端管理系统发送来的终端信息收集指令或终端配置指令、通知终端完成信息的收集或参数配置、接收与终端管理系统相关的终端信息、控制前置机与终端之间、前置机与中心站之间的通信过程、负责将用户数据发送至中心站进行处理、将终端信息发送给终端管理系统以实现相关的终端管理功能。

②扩展功能：主备用前置机自动切换、终端管理系统功能支持。

（3）终端管理系统（TM）的基本功能：

终端配置管理、终端性能检测与分析、终端故障管理、

前置机及终端费用管理由于 CDMA 公用移动网络终端按照接收和发送数据包的数量来收取费用。

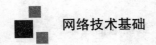

6.6 数据通信的应用及发展前景

6.6.1 数据通信的发展

第一阶段:以语言为主,通过人力、马力、烽火等原始手段传递信息。

第二阶段:文字、邮政。(增加了信息传播的手段)

第三阶段:印刷。(扩大信息传播范围)

第四阶段:电报、电话、广播。(进入电器时代)

第五阶段:信息时代,除语言信息外,还有数据、图像历史

通信(Communication)作为电信(Telecommunication)是从 19 世纪 30 年代开始的。

1831 年法拉第发现电磁感应。1837 年莫尔斯发明电报。1873 年马克斯韦尔的电磁场理论。1876 年贝尔发明电话。

1895 年马可尼发明无线电。开辟了电信(Telecommunication)的新纪元。1906 年发明电子管,从而模拟通信得到发展。

1928 年奈奎斯特准则和取样定理。

1948 年香农定理。

20 世纪 50 年代发明半导体,从而数字通信得到发展。

20 世纪 60 年代发明集成电路。20 世纪 40 年代提出静止卫星概念,但无法实现。

20 世纪 50 年代航天技术。

1963 年第一次实现同步卫星通信。

20 世纪 60 年代发明激光,企图用于通信,未成功。

20 世纪 70 年代发明光导纤维,光纤通信得到发展

6.6.2 数据通信网络应用

数据通信网是数据通信系统的扩展, 或者是若干个数据通信系统的归并和互联。任何一个数据通信系统都是由终端,数据电路和计算机系统 3 部分构成的,远端的数据终端设备(DTE)通过由数

据电路终接设备(DCE)和传输信道组成的数据电路与计算机系统实现连接。数据通信网络在现在可以总结分为中国公用分组交换网、中国公用帧中继网、中国公用数字数据网等三种网络。

6.6.2.1 中国公用分组交换网

中国公用分组交换数据网(ChinaPAC)于 1993 年建成投产。分组交换数据网络(PSDN)技术起源于 20 世纪 60 年代末,技术成熟,规程完备,在世界各得到广泛应用。我国公用分组交换数据网骨干网于 1993 年 9 月正式开通业务,它是原邮电建立的第一个公用数据通信网络。骨干网建网初期端口容量有 5800 个,网络覆盖 31 个省会和直辖市。随后,各省相继建立了省内的分组交换数据通信网。该网业务发展速度猛到 1998 年 9 月,用户已超过 10 万。从网络开通业务至今,分组交换网络端口从 5800 个发展到近 30 万个,网络覆盖面从 31 个城市扩大到通达全国 2278 个县级以上的城市,与 23 个国家和地区的分组数据网相连,网络规模和技术水平已进入世界先进行列。中国公用分组交换数据网(ChinaPAC)的网络结构图,如图。

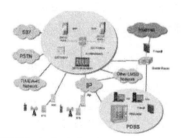

ChinaPAC 的开通,大大方便了金融、政府、跨国企业等客户计算机联网,实现了国内数据通信与国际的接轨,提高国内企业的综合竞争力,满足了改革开放对数据通信的需求。

一、基本业务功能

基本业务功能是指向任一数字终端设备(DTE)提供的基本业务功能。它能满足用户对通信的基本要求。有两类基本业务。

（1）交换型虚电路(SVC)

用户通信时,通过呼叫建立虚电路,通信结束后释放虚电路。交换型虚电路使用灵活,每次均可以与不同的用户建立虚电路,通信费与通信量有关。CHINAPAC 可以为用户开放多条虚电路。

(2)永久型虚电路(PVC)

永久型虚电路类似于固定专线,由用户申请时提出,电信部门固定做好,用户一开机即固定建立起电路,不需每次通信是临时建立和释放,使用于点对点固定连接的用户使用。

二、任选业务功能

用户任选业务功能是为了满足用户的特殊需要,向用户提供的特殊业务功能,如入呼叫封阻、出呼叫封阻、单向入逻辑信道、单向出逻辑信道等。

三、其他业务功能

CHINANET 还提供其他费 ITU–T 建议的业务功能,如虚拟专用网(VPN)、TCP/IP、分组多址广播、呼叫改向等。

四、用户入网方式

1.专线方式

适用于通信业务量大,使用频繁、要求高可靠性、无耗损的应用,但需作用专线,费用相对较高。专线入网速率为 9.6 ~ 64KBPS。

2.电话拨号

适用于业务量不大、间歇时间较长、可以容忍呼叫失败的应用。因其使用已有电话线路,无需另外投资,且数据可以与话音共享线路,因此大大节省投资,对零散用户是理想的接入手段。可分为 x.28 异步拨号入网或 X.32 同步拨号入网,拨号入网的速率为 1200–9600BPS

五、资费政策

CHINAPAC 现行两种收费方式,一是计时计量收费,二是包月制费。计时计量收费。

应用领域和业务定位广和 DDN、帧中继相比较,分组业务资费比较便宜,它是用户构架其内部广域网最经济的一种选择。在需要同时建立多点连接的情况下,通过分组交换网的虚电路功能,可以替代昂贵的多点 DDN 专线。但由于 X.25 协议自身的复杂性,分组业务使用于速率低于 64K 的低速应用场合。例如,目前随着金卡工程的不断推进,POS 机的使用越来越普及,POS 业务量小,但实时性要求高,非分组网互联是实现 POS 机和主机通信的一种非常好的方案。

6.6.3 中国公用帧中继网

帧中继(FRAME RELAY)是从分组交换技术发展起来的,它采用虚电路技术,对分组交换技术进行简化,具有吞吐量大、时延小,适合突发性业务等特点,能充分利用网络资源。

CHINAFRN 是中国电信经营管理的中国公用帧中继网。目前网络已覆盖到全国所有省会城市,绝大部分地市和部分县市,可以方便的为您提供市内、国内和国际帧中继专线的各种服务。

CHINAFRN 是我国的中高速信息国道,其结构如下图所示:

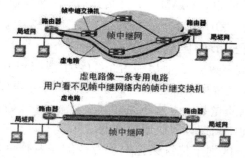

一、局域网互连

利用 CHINAFRN 进行局域网互连是帧中继业务最典型的一种应用。CHINAFRN 在网络空闲时,允许用户以超过自己申请的速率(CIR – 承诺的信息速率)进行传送。这对于经常传递大量突发性数据局域网用户,其费用非常经济合理。此外,我国许多用户的网络是星型网络,总部和分支机构分布于全国各地,如果利用专线组网,则需要(N – 1)(N 为分支机构数)条电路,投资较高。如果利用

CHINAFRN 提供的永久虚电路(PVC)业务,在总部只需要一条物理接入电路,大大的节省用户投资和设备维护工作。

二、图像传送

CHINAFRN 可以为医疗、金融机构提供图像图表的传送业务,这类信息的传送往往要占用很大的数据带宽, 以医疗机构要传送的 X 光片为例,一张 X 胸透照片往往具有 8Mb/s 的数据量,如果用分组网传送、端到端时延过长,用户难以接受;用 DDN 电路传送费用太高;而 CHINAFRN 的高速率、低时延、带宽动态分配的特点就适用此类业务。

三、虚拟专用网(VPN)

虚拟专用网对集团用户十分有利,采用虚拟专用网所需费用比组建一个实际的专用网经济合算。可以预见,中国公用帧中继宽带业务网将是中国高速数据通信的主干道。

四、远程计算机辅助设计(CAD)

计算机辅助设计(CAM)、文件传送、图像查询业务、图像监视及会、组建虚拟专用网、电子文件传送。

6.6.4 第三节中国公用数字数据网

DDN 即数字数据网,他是利用光纤(数字微波和卫星)数字传输通道和数字交叉复用节点组成的数字数据传输网,可以为用户提供各种速率的高质量数字专用电路和其它新业务, 以满足用户多媒体通信和组建中高速计算机通信网的需要。

DDN 业务区别于传统模拟电话专线的显著特点是数字电路,传输质量高,时延小,通信速率可根据需要选择;电路可以自动迂回,可靠性高;一线可以多用,即可以通话、传真、传送数据,还可以组建会议电视系统,开放帧中继业务,做多媒体业务,或组建自己的虚拟专网设立网管中心,自己管理自己的网络。

CHINADDN 是中国电信经营管理的中国公用数字数据网。目前网络已覆盖到全国所有省会城市,绝大部分地市和部分县市,可以方便的为您提供市内、国内和国际 DDN 专线的各种服务。

CHINADDN 是我国的中高速信息国道。

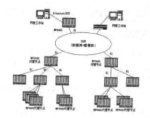

一、基本业务

可向用户提供 2.4, 4.8, 9.6, 19.2, N*64(N=1–31)及 2048kbps 速率的全透明的专用电路，替代模拟专线网或电话网上开放的数据业务，广泛应用于银行、证券、气象、文化教育等领域。适用于 LAN/WAN 的互连、不同类型网络的互连以及会议电视等图像业务的传输；同时，为分组交换网用户提供接入分组交换网的数据传输专用通道。

二、租用专线业务

点对点专线，一点对多点轮询、广播、多点会议。DDN 的多点业务适用于金融、证券等集团系统用户组建总部与其分支机构的业务网。利用多点会议功能可以组建会议电视系统。通信速率：2.4–19.2Kbps，N*64Kbps(N=1–32)可选。

该项业务的主要特点是数据信息流可以一点同时传送到多点，使多点同时获得同一信息，此信息可以是数据信息、图像信息和语音信息。

点到多点通信业务适用于：信息颁布（股票、新闻、气象预报等）、传真等领域，例如：证券交易所利用 DDN 同时向全国证券交易公司颁布股市行情，方便广大股民进行操作。

双向多点通信业务适用于：集中监视、信用卡验证、金融事务、销售点、数据库服务、预定系统、行政管理等领域，例如：城市交通的监视系统可利用 DDN 传送给各交通路口的交通状况，及时进行交通管制。

三、帧中继业务

用户以一条专线接入 DDN，可以同时与多个点建立帧中继电路（PVC）。帧中继业务特别适合局域网（LAN）间的互联。通信速率在 9.6, 14.4, 16, 19.2 , 32, 48, N × 64kbps(N=1~32)可选。

四、语音 /G3 传真业务

CHINADDN 可为用户提供带信令的模拟接口，在一条模拟专线上，同时支持电话和传真，支持标准的语音压缩，质量优良。此外，DDN 也适用于用户交换机（PBX）的连接。模拟话音 / 传真业务的通信速率在 8, 16, 32kbps 可选。

业务应用于电话与传真以及长距离的交换机联网等场合。例如：一个集团总公司所在地与所属分公司分别设置于不同省份，分公司就可以利用 DDN 的话音 / 传真业务与总公司直接相连；分公司也可以利用 DDN 把自己的用户交换机直接接入总公司交换机，实现区域内拨号。

五、虚拟专用网功能（VPN）业务

利用 DDN 的部分网络资源所形成的一种虚拟网络，在 DDN 网管中心的授权下用户可以拥有自己的网络管理站，用户可利用此管理站对其租用的网络资源进行灵活的调度和管理，利用 VPN 组建自己的专用计算机网络，不仅通信质量、安全可靠性问题均能得到保证，而且避免重复投资，节省远距离联网费用。这种专用网络可根据用户需要而设置。VPN 可以支持数据、语音及图像业务，也可以支持 DDN 所具有的其它业务，主要适用于部门、企业或集团用户，如银行、铁路、民航、统计局、石化公司等。

7 网络技术

7.1 网络技术的定义及关键技术

研究网络一般规律和计算方法的技术。又称统筹法,网络技术是用网络图的形式把一项任务的有关活动有机地组成一个整体,并通过分析和计算求得最优化效果的技术,是一种编制工程速度计划,并对计划实行科学管理的有效方法。网络技术的基础是网络图,基本方法是先编制网络图,再利用网络图优化工程计划。

网络图是由工序(箭)、节点(圆圈)、线路、时间参数和时间坐标四大部分构成的。工序指工程中的备料等工艺程序;节点是一种表示工程开始、结束或工序分界的符号,通常用圆圈内标上数码编号表示,如①②等;线路是按顺序或逻辑关系连结起来的工序所组织的道路,通常用双实线或粗实线表示;时间参数分工序工时和节点参数两种,前者指该工序从开工到完工所耗时间,一般用数目字标注在工序下方;节点参数包括节点、节早和节迟,节早指最早能够开工时间。节迟指最迟必须开工时间;时间坐标分累积日期坐标和日历日期坐标,一般置于网络图的上方或下方。

编制网络图的步骤:①分解工程;②列出工序清单;③画出草图;④计算网络时间并标上草图;⑤找出关键线路(消耗时间最长、决定工程总工期的线路)、算出总工期;⑥调整布局配置时间坐标。

调整和优化网络计划的根本途径可以归纳为:向关键线路要时间,向非关键线路要资源。

如何定义网络协议,它有哪些意义?

协议是对网络中设备以何种方式交换信息的一系列规定的组合,它对信息交换的速率、传输代码、代码结构、传输控制步骤、出错控制等许多参数作出定义。

网络是一个相互联结的大群体,因此要想加入到这个群体中来,就不能随心所欲,任由兴之所发。就好像一个国家或一个种族拥有自己的语言,大家都必须通晓并凭借这种语言来对话一样,相互联结的网络中各个节点也需要拥有共同的"语言",依据它所定义的规则来控制数据的传递,这种语言便是大家经常听说的 "协议"。协议是对网络中设备以何种方式交换信息的一 br /> 码、代码结构、传输控制步骤、出错控制等许多参数作出定义。

对网络始入门者来说,纷繁复杂的协议常常让人头痛不已。这些协议各起什么作用?它们之间又有什么联系?为什么有了 A 协议还需要补充 B 协议?这些问题搞不清楚,往往成为进一步学习的障碍。其实这个问题应该这样理解:是先有了各种不同语言的民族,后来随着社会的发展,才有了不同民族间交流的需求。网络也是这样,最初人们在小范围内建立网络,只需要自己作一些简单的约定,保证这一有限范围内的用户遵守就可以了;到后来网络规模越来越大,才考虑到制定更严格的规章制度即协议;而为了实现多个不同网络的互联,又会增加不少新协议作为补充,或成长为统一的新标准。

数据在网络中由源传输到目的地,需要一系列的加工处理,为了便于理解,我们这里不妨打个比喻。如果我们把数据比做巧克力:我们可以把加工巧克力的设备作为源,而把消费者的手作为目的来看看会有什么样的传输过程。巧克力厂通常会为每块巧克力外边加上一层包装,然后还会将若干巧克力装入一个巧克力盒,再把几个巧克力盒一起装入一个外包装,运输公司还会把许多箱巧克力装入一个集装箱,到达消费者所在的城市后,又会由运输商、批发商、零售商、消费者打开不同的包装层。不同层次的包装、解包装需要不同的规范和设备,计算机网络也同样有不同的封装、传输层面,为此国际标准化组织 ISO 于 1978 年提出"开放系统互连参考模型",即著名的 OSI(OpenSystem Interconnection)七层模型,它将是我们后续篇幅中要介绍的内容,这里先不展开论述。网络的协议就是用作这些不同的网络层的行为规范的。网络在发展过程中形成了很多不同的协议族，每一协议族都在网络的各层对应有相应的协议，其中作为 Internet 规范的是 ICP/IP 协议族，这也是我们今天要讲的。

TCP/IP(Transmission Control Protocol/Internet Protocol，传输控制协议／网间网协议)是目前世界上应用最为广泛的协议，它的流行与 Internet 的迅猛发展密切相关 TCP/IP 最初是为互联网的原型 ARPANET 所设计的，目的是提供一整套方便实用、能应用于多种网络上的协议，事实证明 TCP/IP 做到了这一点，它使网络互联变得容易起来，并且使越来越多的网络加入其中，成为 Internet 的事实标准。

应用层是所有用户所面向的应用程序的统称。TCP/IP 协议族在这一层面有着很多协议来支持不同的应用，许多大家所熟悉的基于 Internet 的应用的实现就离不开这些协议。如我们进行万维网（WWW）访问用到了 HTTP 协议、文件传输用 FTP 协议、电子邮件发送用 SMTP、域名的解析用 DNS 协议、远程登录用 Telnet 协议等等，都是属于 TCP/IP 应用层的；就用户而言，看到的是由一个个软件所构筑的大多为图形化的操作界面，而实际后台运行的便是上述协议。

传输层：这一层的的功能主要是提供应用程序间的通信，TCP/IP 协议族在这一层的协议有 TCP 和 UDP。

网络层：是 TCP/IP 协议族中非常关键的一层，主要定义了 IP 地址格式，从而能够使得不同应用类型的数据在 Internet 上通畅地传输，IP 协议就是一个网络层协议。

网络接口层这是 TCP/IP 软件的最低层，负责接收 IP 数据包并通过网络发送之，或者从网络上接收物理帧，抽出 IP 数据报，交给 IP 层。

TCP（Transmission Control Protocol）和 UDP（User Datagram Protocol）协议属于传输层协议。其中 TCP 提供 IP 环境下的数据可靠传输，它提供的服务包括数据流传送、可靠性、有效流控、全双工操作和多路复用。通过面向连接、端到端和可靠的数据包发送。通俗说,它是事先为所发送的数据开辟出连接好的通道,然后再进行数据发送;而 UDP 则不为 IP 提供可靠性、流控或差错恢复功能。一般来说,TCP 对应的是可靠性要求高的应用,而 UDP 对应的则是可靠性要求低、传输经济的应用。TCP 支持的应用协议主要有:Telnet、FTP、SMTP 等;UDP 支持的应用层协议主要有:NFS(网络文件系统)、SNMP(简单网络管理协议)、DNS(主域名称系统)、TFTP(通用文件传输协议)等。

为了便于寻址和层次化地构造网络,IP 地址被分为 A、B、C、D、E 五类,商业应用中只用到 A、B、C 三类。

IP 协议(Internet Protocol)又称互联网协议,是支持网间互连的数据报协议,它与 TCP 协议(传输控制协议)一起构成了 TCP/IP 协议族的核心。它提供网间连接的完善功能,包括 IP 数据报规定互连网络范围内的 IP 地址格式。

Internet 上,为了实现连接到互联网上的结点之间的通信,必须为每个结点(入网的计算机)分配一个地址,并且应当保证这个地址是全网唯一的,这便是 IP 地址。

IP 地址(IPv4:IP 第 4 版本)由 32 个二进制位表示,每 8 位二进制数为一个整数,中间由小数点间隔,如 159.226.41.98,整个 IP 地址空间有 4 组 8 位二进制数,由表示主机所在的网络的地址(类似部队的编号)以及主机在该网络中的标识(如同士兵在该部队的编号)共同组成。

为了便于寻址和层次化的构造网络,IP 地址被分为 A、B、C、D、E 五类,商业应用中只用到 A、B、C 三类。

*A 类地址:A 类地址的网络标识由第一组 8 位二进制数表示,网络中的主机标识

占 3 组 8 位二进制数,A 类地址的特点是网络标识的第一位二进制数取值必须为"0"。不难算出,A 类地址允许有 126 个网段(范围从 0–127,0 是保留的并且表示所有 IP 地址,而 127 也是保

留的地址,并且是用于测试环回用的,所以减去两个为 126 个),每个网络大约允许有 1670 万台主机,通常分配给拥有大量主机的网络(如主干网)。

　　*B 类地址:B 类地址的网络标识由前两组 8 位二进制数表示,网络中的主机标识占两组 8 位二进制数,B 类地址的特点是网络标识的前两位二进制数取值必须为"10"。

　　B 类地址允许有 16384 个网段, 每个网络允许有 65533 台主机,适用于结点比较多的网络(如区域网)。

　　*C 类地址:C 类地址的网络标识由前 3 组 8 位二进制数表示,网络中主机标识占 1 组 8 位二进制数,C 类地址的特点是网络标识的前 3 位二进制数取值必须为"110"。具有 C 类地址的网络允许有 254 台主机,适用于结点比较少的网络(如校园网)。

　　为了便于记忆,通常习惯采用 4 个十进制数来表示一个 IP 地址,十进制数之间采用句点"."予以分隔。这种 IP 地址的表示方法也被称为点分十进制法。如以这种方式表示,A 类网络的 IP 地址范围为 1.0.0.1 – 127.255.255.254;B 类网络的 IP 地址范围为:128.1.0.1 – 191.255.255.254;C 类网络的 IP 地址范围为:192.0.1.1 – 223.255.255.254。

　　D 类地址:范围从 224–239,D 类 IP 地址第一个字节以"1110"开始,它是一个专门保留的地址。它并不指向特定的网络,这一类地址被用在多点广播(Multicast)中。多点广播地址用来一次寻址一组计算机,它标识共享同一协议的一组计算机。

　　E 类地址:范围从 240–254,以"11110"开始,为将来使用保留。全零 ("0.0.0.0") 地址对应于当前主机。全"1"的 IP 地址("255.255.255.255")是当前子网的广播地址。

　　由于网络地址紧张、主机地址相对过剩,采取子网掩码的方式来指定网段号。

　　TCP/IP 协议与低层的数据链路层和物理层无关,这也是 TCP/IP 的重要特点。正因为如此,它能广泛地支持由低两层协议构成的物理网络结构。已使用 TCP/IP 连接成洲际网、全国网与跨地区网。

网络的关键技术有网络结点、宽带网络系统、资源管理和任务调度工具、应用层的可视化工具。网络结点是网络计算资源的提供者,包括高端服务器、集群系统、MPP 系统大型存储设备、数据库等。宽带网络系统是在网络计算环境中,提供高性能通信的必要手段。资源管理和任务调度工具用来解决资源的描述、组织和管理等关键问题。任务调度工具根据当前系统的负载情况,对系统内的任务进行动态调度,提高系统的运行效率。网络计算主要是科学计算,它往往伴随着海量数据。如果把计算结果转换成直观的图形信息,就能帮助研究人员摆脱理解数据的困难。这需要开发能在网络计算中传输和读取,并提供友好用户界面的可视化工具。

7.2 网络互联

7.2.1 网络互联的目的

将不同的网络互相连接起来的目的是,允许任何一个网络中的用户可以与其他网络中的用户进行通信,也允许任何一个网络中的用户可以访问其他网络中的数据。

7.2.2 网络如何连接起来

网络可以通过不同的设备相互连接起来。

在物理层,通过中继器或者集线器可以将网络连接起来,它们通常只是简单地将数据从一个网络搬移到另一个同类型的网络中。

在数据链路层,可以使用网桥和交换机进行网络连接。它们可以接收帧以及检查 MAC 地址,将这些帧转发到另一个不同的网络中。

在网络层,可以使用路由器将两个网络连接起来。

在传输层,使用传输网关。传输网关是指两个传输层连接之间的接口。

在应用层,应用网关可以翻译消息的语义。

7.2.3 参考模型

OSI 和 TCP/IP 是两种重要的网络体系结构。OSI 参考模型与 TCP/IP 参考模型的共同之处是它们都采用了分层的思想,并且在同一层都采用了协议栈的概念,但他们在层次划分和功能设计上存在很大的区别。

7.3 开放系统互连参考模型

OSI(Open System interconnection)开放系统互连参考模型

7.3.1.1 物理层

机械性能:接口的形状、尺寸的大小、引脚的数目和排列方式等。

电气性能:接口规定信号的电压、电流、阻抗、波形、速率及平衡特性等。

工程规范:接口引脚的意义、特性、标准。

工作方式:确定数据位流的传输方式,如:单工、半双工或全双工。

物理层协议有:

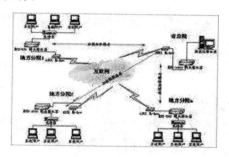

网络互连

美国电子工业协会(EIA)的 RS232,RS422,RS423,RS485 等;

国际电报电话咨询委员会(CCITT)的 X.25、X.21 等;

物理层的数据单位是位(BIT),典型设备是集线器 HUB。

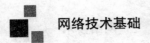

7.3.1.2 链路层

链路层屏蔽传输介质的物理特征,使数据可靠传送。

内容包括介质访问控制、连接控制、顺序控制、流量控制、差错控制和仲裁协议等。

链路层协议有:协议有面向字符的通讯协议(PPP)和面向位的通讯协议(HDLC)。

仲裁协议:802.3、802.4、802.5,即:

CSMA/CD (CarrierSenseMultipleAccesswithCollisionDetection)、TokenBus、TokenRing

链路层数据单位是帧,实现对 MAC 地址的访问,典型设备是交换机 Switch。

7.3.1.3 网络层

网络层管理连接方式和路由选择。

连接方式:虚电路(VirtualCircuits)和数据报(Datagram)服务。

虚电路是面向连接的(Connection-Oriented)数据通讯的一次路由,通过会话建立的一条通路。

数据报是非连接的(Connectionless-Oriented),每个数据报都有路由能力。

网络层的数据单位是包,使用的是 IP 地址,典型设备是路由器 Router。

这一层可以进行流量控制,但流量控制更多的是使用第二层或第四层。

7.3.1.4 传输层

提供端到端的服务。可以实现流量控制、负载均衡。

传输层信息包含端口、控制字和校验和。

传输层协议主要是 TCP 和 UDP。

传输层位于 OSI 的第四层,这层使用的设备是主机本身。

7.3.1.5 会话层

会话层主要内容是通过会话进行身份验证、会话管理和确定通讯方式。

一旦建立连接,会话层的任务就是管理会话。

7.3.1.6 表示层

表示层主要是解释通讯数据的意义,如代码转换、格式变换等,使不同的终端可以表示。

还包括加密与解密、压缩与解压缩等。

7.3.1.7 应用层

应用层应该是直接面向用户的程序或服务,包括系统程序和用户程序,例如 www、FTP、DNS、POP3 和 SMTP 等都是应用层服务。数据在发送时是数据从应用层至物理层的一个打包的过程,接收时是数据从物理层至应用层的一个解包的过程,从功能角度可分为三组,1、2 层解决网络信道问题,3、4 层解决传输问题,5、6、7 层处理对应用进程的访问。

从控制角度可分为二组,第 1、2、3 层是通信子网层,第 4、5、6、7 层是主机控制层。

7.4 网络体系结构与协议

网络体系结构是指通信系统的整体设计,它为网络硬件、软件、协议、存取控制和拓扑提供标准。它广泛采用的是国际标准化组织(ISO)在 1979 年提出的开放系统互连(OSI–Open System Interconnection)的参考模型。

7.4.1 协议定义

1.网络体系结构(network architecture):是计算机之间相互通信的层次,以及各层中的协议和层次之间接口的集合。

2.网络协议:是计算机网络和分布系统中互相通信的对等实体间交换信息时所必须遵守的规则的集合。

3.语法(syntax):包括数据格式、编码及信号电平等。

4.语义(semantics):包括用于协议和差错处理的控制信息。

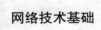

5.定时(timing):包括速度匹配和排序。

计算机网络是一个非常复杂的系统,需要解决的问题很多并且性质各不相同。所以,在 ARPANET 设计时,就提出了"分层"的思想,即将庞大而复杂的问题分为若干较小的易于处理的局部问题。

7.4.2 简介

1974 年美国 IBM 公司按照分层的方法制定了系统网络体系结构 SNA(System Network Architecture)。SNA 已成为世界上较广泛使用的一种网络体系结构。

一开始,各个公司都有自己的网络体系结构,就使得各公司自己生产的各种设备容易互联成网,有助于该公司垄断自己的产品。但是,随着社会的发展,不同网络体系结构的用户迫切要求能互相交换信息。为了使不同体系结构的计算机网络都能互联,国际标准化组织 ISO 于 1977 年成立专门机构研究这个问题。1978 年 ISO 提出了"异种机连网标准"的框架结构,这就是著名的开放系统互联基本参考模型 OSI/RM (Open Systems Interconnection Reference Modle),简称为 OSI 。

OSI 得到了国际上的承认,成为其他各种计算机网络体系结构依照的标准,大大地推动了计算机网络的发展。20 世纪 70 年代末到 80 年代初,出现了利用人造通信卫星进行中继的国际通信网络。网络互联技术不断成熟和完善,局域网和网络互联开始商品化。

OSI 参考模型用物理层、数据链路层、网络层、传输层、对话层、表示层和应用层七个层次描述网络的结构, 它的规范对所有的厂商是开放的,具有指导国际网络结构和开放系统走向的作用。它直接影响总线、接口和网络的性能。常见的网络体系结构有 FDDI、以太网、令牌环网和快速以太网等。从网络互连的角度看,网络体系结构的关键要素是协议和拓扑。

7.5 OSI 模型

7.5.1 形成

Network Architecture 网络体系结构,? 网络体系结构定义计算机设备和其他设备如何连接在一起以形成一个允许用户共享信息和资源的通信系统。存在专用网络体系结构,如 IBM 的系统网络系统结构(SNA)和 DEC 的数字网络体系结构(DNA),也存在开放体系结构,如国际标准化组织(ISO)定义的开放式系统互联(OSI)模型。网络体系结构在层中定义(参见"分层体系结构")。如果这个标准是开放的, 它就向厂商们提供了设计与其他厂商产品具有协作能力的软件和硬件的途径。然而,OSI 模型还保持在模型阶段,它并不是一个已经被完全接受的国际标准。考虑到大量的现存事实上的标准, 许多厂商只能简单地决定提供支持许多在工业界使用的不同协议,而不是仅仅接受一个标准。

分层在一个"协议栈"的不同级别说明不同的功能。这些协议定义通信如何发生,例如在系统之间的数据流、错误检测和纠错、数据的格式、数据的打包和其它特征。

通信是任何网络体系结构的基本目标。在过去,一个厂商需要非常关心它自己的产品可以相互之间进行通信, 并且如果它公开这种体系结构,那么其它厂商就也可以生产和此竞争的产品了,这样就使得这些产品之间的兼容通常是很困难的。在任何情况下,协议都是定义通信如何在不同操作的级别发生的一组规则和过程。一些层定义物理连接,例如电缆类型、访问方式、网络拓扑,以及数据是如何在网络之上进行传输的。向上是一些关于在系统之间建立连接和进行通信的协议, 再向上就是定义应用如何访问低层的网络通信功能,以及如何连接到这个网络的其它应用。

如上所述,OSI 模型已经成为所有其它网络体系结构和协议进行比较的一个模型。这种 OSI 模型的目的就是协调不同厂商之间的通信标准。虽然一些厂商还在继续追求他们自己的标准,但是象 DEC 和 IBM 这样的一些公司已经将 OSI 和象 TCP/IP 这样的 Internet 标准一起集成到他们的联网策略中了。

当许多 LAN 被连接成企业网时,互操作性是很重要的。可以使用许多不同的技术来达到这一目的, 其中包括在单一系统中使用多种协议或使用可以隐藏协议的"中间件"的技术。中间件还可以提供一个接口来允许在不同平台上的应用交换信息。使用这些技术,用户就可以从他们的台式应用来访问不同的多厂商产品了。

7.5.2 第一层:物理层(PhysicalLayer)

规定通信设备的机械的、电气的、功能的和规程的特性,用以建立、维护和拆除物理链路连接。具体地讲,机械特性规定了网络连接时所需接插件的规格尺寸、引脚数量和排列情况等;电气特性规定了在物理连接上传输 bit 流时线路上信号电平的大小、阻抗匹配、传输速率距离限制等;功能特性是指对各个信号先分配确切的信号含义,即定义了 DTE 和 DCE 之间各个线路的功能;规程特性定义了利用信号线进行 bit 流传输的一组操作规程,是指在物理连接的建立、维护、交换信息时,DTE 和 DCE 双方在各电路上的动作系列。

在这一层,数据的单位称为比特(bit)。

OSI 七层模型

物理层的主要设备:中继器、集线器、适配器。

一、物理层的基本概念

是计算机网络 OSI 模型中最低的一层。物理层规定:为传输数据所需要的物理链路创建、维持、拆除,而提供具有机械的,电子的,功能的和规范的特性。简单的说,物理层确保原始的数据可在各种物理媒体上传输。局域网与广域网皆属第 1、2 层。

物理层是 OSI 的第一层,它虽然处于最底层,却是整个开放系统的基础。物理层为设备之间的数据通信提供传输媒体及互连设备,为数据传输提供可靠的环境。如果您想要用尽量少的词来记住这个第一层,那就是"信号和介质"。

OSI 采纳了各种现成的协议,其中有 RS–232、RS–449、X.21、V.35、ISDN、以及 FDDI、IEEE802.3、IEEE802.4、和 IEEE802.5 的物理层协议。

（一）主要功能:

1.物理层要解决的主要问题:

（1）物理层要尽可能地屏蔽掉物理设备和传输媒体,通信手段的不同,使数据链路层感觉不到这些差异,只考虑完成本层的协议和服务。

（2）给其服务用户（数据链路层）在一条物理的传输媒体上传送和接收比特流（一般为串行按顺序传输的比特流）的能力,为此,物理层应该解决物理连接的建立、维持和释放问题。

（3）在两个相邻系统之间唯一地标识数据电路。

2.物理层主要功能:为数据端设备提供传送数据通路、传输数据。

（1）为数据端设备提供传送数据的通路,数据通路可以是一个物理媒体,也可以是多个物理媒体连接而成。一次完整的数据传输,包括激活物理连接,传送数据,终止物理连接。所谓激活,就是不管有多少物理媒体参与,都要在通信的两个数据终端设备间连接起来,形成一条通路。

（2）传输数据,物理层要形成适合数据传输需要的实体,为数据传送服务。一是要保证数据能在其上正确通过,二是要提供足够的带宽（带宽是指每秒钟内能通过的比特（BIT）数）,以减少信道上的拥塞。传输数据的方式能满足点到点,一点到多点,串行或并行,半双工或全双工,同步或异步传输的需要。

（3）完成物理层的一些管理工作。

（二）组成部分：

物理层的媒体包括架空明线、平衡电缆、光纤、无线信道等。通信用的互连设备指 DTE 和 DCE 间的互连设备。DTE 即数据终端设备，又称物理设备，如计算机、终端等都包括在内。而 DCE 则是数据通信设备或电路连接设备，如调制解调器等。数据传输通常是经过 DTE——DCE，再经过 DCE——DTE 的路径。互连设备指将 DTE、DCE 连接起来的装置，如各种插头、插座。LAN 中的各种粗、细同轴电缆、T 型接、插头，接收器，发送器，中继器等都属物理层的媒体和连接器。

1.物理层的接口的特性：

（1）机械特性

指明接口所用的接线器的形状和尺寸、引线数目和排列、固定和锁定装置等等。

（2）电气特性

指明在接口电缆的各条线上出现的电压的范围。

（3）功能特性

指明某条线上出现的某一电平的电压表示何意。

（4）规程特性指明对于不同功能的各种可能事件的出现顺序。

2.物理层的主要特点：

（1）由于在 OSI 之前，许多物理规程或协议已经制定出来了，而且在数据通信领域中，这些物理规程已被许多商品化的设备所采用，加之，物理层协议涉及的范围广泛，所以至今没有按 OSI 的抽象模型制定一套新的物理层协议，而是沿用已存在的物理规程，将物理层确定为描述与传输媒体接口的机械，电气，功能和规程特性。

（2）由于物理连接的方式很多，传输媒体的种类也很多，因此，具体的物理协议相当复杂。信号的传输离不开传输介质，而传输介质两端必然有接口用于发送和接收信号。因此，既然物理层主要关心如何传输信号，物理层的主要任务就是规定各种传输介质和接口与传输信号相关的一些特性。

1)机械特性

也叫物理特性，指明通信实体间硬件连接接口的机械特点，如接口所用接线器的形状和尺寸、引线数目和排列、固定和锁定装置等。这很像平时常见的各种规格的电源插头，其尺寸都有严格的规定。已被 ISO 标准化了的 DCE 接口的几何尺寸及插孔芯数和排列方式。DTE(Data Terminal Equipment，数据终端设备，用于发送和接收数据的设备，例如用户的计算机)的连接器常用插针形式，其几何尺寸与. DCE(Data Circuit-terminating Equipment，数据电路终接设备，用来连接 DTE 与数据通信网络的设备，例如 Modem 调制解调器)连接器相配合，插针芯数和排列方式与 DCE 连接器成镜像对称。

2)电气特性

规定了在物理连接上，导线的电气连接及有关电路的特性，一般包括：接收器和发送器电路特性的说明、信号的识别、最大传输速率的说明、与互连电缆相关的规则、发送器的输出阻抗、接收器的输入阻抗等电气参数等。

3)功能特性

指明物理接口各条信号线的用途(用法)，包括：接口线功能的规定方法，接口信号线的功能分类 -- 数据信号线、控制信号线、定时信号线和接地线 4 类。

4)规程特性

指明利用接口传输比特流的全过程及各项用于传输的事件发生的合法顺序，包括事件的执行顺序和数据传输方式，即在物理连接建立、维持和交换信息时，DTE/DCE 双方在各自电路上的动作序列。

以上 4 个特性实现了物理层在传输数据时，对于信号、接口和传输介质的规定。

(三)重要标准

物理层的一些标准和协议早在 OSI/TC97/C16 分技术委员会成立之前就已制定并在应用了，OSI 也制定了一些标准并采用了一些

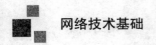

已有的成果。下面将一些重要的标准列出，以便读者查阅。

ISO2110：称为"数据通信——5 芯 DTE/DCE 接口连接器和插针分配"。它与 EIA（美国电子工业协会）的"RS-232-C"基本兼容。

ISO2593：称为"数据通信——34 芯 DTE/DCE——接口连接器和插针分配"。

ISO4902：称为"数据通信——37 芯 DTE/DEC——接口连接器和插针分配"。与 EIARS-449 兼容。

CCITT V.24：称为"数据终端设备（DTE）和数据电路终接设备之间的接口电路定义表"。其功能与 EIARS-232-C 及 RS-449 兼容于 100 序列线上。特性反映在物理接口协议中的物理接口的 4 个特性是机械特性、电气特性、功能特性与规程特性：

（1）机械特性，指明接口所用接线器的形状和尺寸、引线数目和排列、固定和锁定装置等。这很像平时常见的各种规格的电源插头的尺寸都有严格的规定。

（2）电气特性，指明在接口电缆的各条线上出现的电压的范围。物理层的电气特性规定了在物理连接上传输二进制位流时线路上信号电压高低、阻抗匹配情况、传输速率和距离的限制等。早期的电气特性标准定义物理连接边界点上的电气特性，而较新的电气特性标准定义的都是发送器和接收器的电器特性，同时还给出了互连电缆的有关规定。比较起来，较新的标准更有利于发送和接收线路的集成化工作。

（3）物理层接口的电气特性主要分为三类：非平衡型，新的非平衡型和新的平衡型。

非平衡型的信号发送器和接收器均采用非平衡方式工作，每个信号用一根导线传输，所有信号共用一根地线。信号的电平是用 +5V ~ +15V，表示二进制 "0"，用 -5V ~ -15V，表示二进制 "1"。信号传输速率限于 20Kbps 以内，电线长度限于 15M 以内。由于信号线是单线，因此线间干扰大，传输过程中的外界干扰也很大。

在新的非平衡型标准中，发送器采用非平衡方式工作。接收器采用平衡方式工作(即差分接收器). 每个信号用一根导线传输. 所有信号共用两根地线，即每个方向一根地线. 信号的电平使用 +4v~+6v 表示二进制 "0"，用 – 4V ~ – 6V 表示二进制 "1". 当传输距离达到 1000M 时，信号传输速率在 3kbps 以下，随着传输速率的提高，传输距离将缩短. 在 10M 以内的近距离情况下，传输速率可达 300kbps。由于接收器采用差分方式接收，且每个方向独立使用信号地，因此减少了线间干扰和外界干扰。

新的平衡型标准规定，发送器和接收器均以差分方式工作，每个信号用两根导线传输，整个接口无需共用信号就可以正常工作，信号的电平由两根导线上信号的差值表示. 相对于某一根导线来说，差值在 +4V ~ +6V 表示二进制 "0"，差值在 – 4V ~ – 6V 表示二进制 "1". 当传输距离达到 1000M 时，信号传输率在 100kbps 以下；当在 10m 以内的近距离传输时，速率可达 10Mbps。由于每个信号均使用双线传输，因此线间干扰和外界干扰大大削弱，具有较高的抗共模干扰能力。

(4)功能特性，规定了接口信号的来源、作用以及其他信号之间的关系。即物理接口上各条信号线的功能分配和确切定义。物理接口信号线一般分为数据线、控制线、定时线和地线。

DTE/DCE 标准接口的功能特性主要是对各接口信号线作出确切的功能定义，并确定相互间的操作关系。对每根接口信号线的定义通常采用两种方法：一种方法是一线一义法，即每根信号线定义为一种功能，CCITT V24、EIA RS–232–C、EIA RS–449 等都采用这种方法；另一种方法是一线多义法，指每根信号线被定义为多种功能，此法有利于减少接口信号线的数目，它被 CCITT X。21 所采用。

接口信号线按其功能一般可分为接地线、数据线、控制线、定时线等类型。对各信号线的命名通常采用数字、字母组合或英文缩写三种形式，如 EIA RS–232–C 采用字母组合，EIA RS–449 采用英文缩写，而 CCITT V。24 则以数字命名。在 CCITT V。24 建议中，对 DTE/DCE 接口信号线的命名以 1 开头，所以通常将其称为 100 系列接口线，而用于 DTE/ACE 接口信号线命名以 2 开头，故将它称做 200 系列接口信号线。

（5）规程特性，定义了再信号线上进行二进制比特流传输的一组操作过程，包括各信号线的工作顺序和时序，使得比特流传输得以完成。

DTE/DCE 标准接口的规程特性规定了 DTE/DCE 接口各信号线之间的相互关系、动作顺序以及维护测试操作等内容。规程特性反映了在数据通信过程中，通信双方可能发生的各种可能事件。由于这些可能事件出现的先后次序不尽相同，而且又有多种组合，因而规程特性往往比较复杂。描述规程特性一种比较好的方法是利用状态变迁图。因为状态变迁图反映了系统状态的变迁过程，而系统状态迁移正是由当前状态和所发生的事件（指当时所发生的控制信号）所决定的。

不同的物理接口标准在以上 4 个重要特性上都不尽相同。实际网络中比较广泛使用的是物理接口标准有 EIA-232-E、EIA RS-449 和 CCITT 的 X。21 建议。EIA RS-232C 仍是目前最常用的计算机异步通信接口。

（四）通信硬件

物理层常见设备有：网卡光纤、CAT-5 线（RJ-45 接头）、集线器有整波作用、Repeater 加强信号、串口、并口等。

通信硬件包括通信适配器（也称通信接口）和调制解调器（MO-DEM）以及通信线路。从原理上讲，物理层只解决 DTE 和 DCE 之间的比特流传输，尽管作为网络节点设备主要组成部分的通信控制装置，其本身内涵在物理层、数据链路层、甚至更高层，在内容上分界并不很分明，但它所包含的 MODEM 接口、比特的采样发送、比特的缓冲等功能是确切属于物理层范畴的。为了实现 PC 机与调制解调器或其它串行设备通信，首先必须使用电子线路将 PC 机内的并行数据转成与这些设备相兼容的比特流。除了比特流的传输之外，还必须解决一个字符由多少个比特组成及如何从比特流中提取字符等技术问题,这就需要使用通信适配。通信适配器可以认为是用于完成二进制数据的串、并转换及一其它相关功能的电路。通信适配器按通信规程来划分可分为 TTY (Tele Type Writer,电传打字机)、BSC(Birary Synchronous Communication,二进制同步通信)和 HDLC (High—level Data link Control,高级数据链路控制)三种。

　　IBM PC 异步通信适配器:使用 TTY 规程的异步通信适配采用 RS—232C 接口标准。这种通信适配器除可用于 PC 机联机通信外,还可以连接各种采用 RS – 232C 接口的外部设备。例如,可连接采用 RS–232C 接口的鼠标器、数字化仪等输入设备;可连接采用 RS–232C 接口的打印机、绘图仪及 CRT 显示器等各种输出设备。可见,异步通信适配器的用途是很广泛的。异步通信规程将每个字符看成一个独立的信息,字符可顺序出现在比特流中,字符与字符间的间隔时间是任意的(即字符间采用异步定时),但字符中的各个比特用固定的时钟频率传输。字符间的异步定时和字符中比特之间的同步定时,是异步传输规程的特征。

　　异步传输规程中的每个字符均由四个部分组成:1 位起始位:以逻辑"0"表示,通信中称"空号";5 ~ 8 位数据位:即要传输的内容;1 位奇 / 偶检验位:用于检错;1 ~ 2 位停止位:以逻辑"1"表示,用以作字符间的间隔;

　　这种传输方式中,每个字符以起始位和停止位加以分隔,故也称"起——止"式传输。串行口将要发送的数据中的每个并行字符,先转换成串行比特串,并在串前加上起始位,串后加上检验位和停止位,然后发送出去。接收端通过检测起始位,检验位和停止位来保证接收字符中比特串的完整性,最后再转换成并行的字符。串行异步通信适配器本身就象一个微型计算机,上述功能均由它透明地完成,不须用户介入。早期的异步通信适配器被做成单独的插件板形成,可直接插在 PC 机的系统扩充槽内供使用,后来大多将异步通信适配器与其他适配器(如打印机、磁盘驱动器等的适配器)做在一块称作多功能板的插件板上。也有一些高档微机,已将异步通信适配器做在系统主板上,作为微机系统的一个常规部件。

二、物理层下面的传输媒体

(一)传输媒体的两大类

传输媒体(Transmission Medium)也称传输介质或传输媒介,它就是数据传输系统中在发送器和接收器之间的物理通路。它可分为两大类,即导向传输媒体和非导向传输媒体。在导向传输媒体中,电磁波被导向沿着固体媒体(铜线或光纤)传播,而非导向传输媒体就是指自由空间,在非导向传输媒体中电磁波的传输常称为无线传播。

传输媒体可分为两大类,导引型传输媒体和非导引型传输媒体。在导引型传输媒体中,电磁波被导引沿着固体媒体(铜线或光纤)传播。非导引型传输媒体就是指自由空间,在非导引传输媒体中电磁波的传输常成为无线传输。

1.常用的导引传输媒体有以下几种:

(1)双绞线:最古老又是最常用的传输媒体,就是把两根互相绝缘的铜导线并排放在一起,然后用规则的方法绞合起来。双绞线的价格便宜且性能也不错,其通信距离一般为几到几十公里,使用十分广泛。分为屏蔽双绞线和无屏蔽双绞线两大类,后者更加便宜,但传输距离和抗干扰性能比不上前者。

(2)同轴电缆:由内导体铜质芯线(单股实心线或多股绞合线)、绝缘层、网状编织的外导体屏蔽层(也可以是单股的)以及保护塑料外层所组成。由于外导体屏蔽层的作用,同轴电缆具有很好的抗干扰特性,被广泛用于传输较高速率的数据。在局域网的初期曾广泛的使用同轴电缆作为传输媒体。但随着技术的进步,在局域网领域基本上都采用双绞线作为传输媒体。目前同轴电缆主要用在有线电视网的居民小区中,同轴电缆的带宽取决于电缆的质量,目前高质量的同轴电缆的带宽已接近 1GHz。

(3)光缆:利用光导纤维(以下简称光纤)传递光脉冲来进行通信。光纤不仅具有通信容量非常大的特点,而且还具有其他的一些特点:1)传输损耗小,中继距离长,对远距离传输特别经济。2)抗雷电和电磁干扰性能好。这有在大电流脉冲干扰的条件下尤为重要。3)无串音干扰,保密性好,也不易被窃听或截取数据。4)体积小,重量轻。

(4)架空明线:安装简单但通信质量差,受气候环境等影响较大。

2.非导引型传输媒体:

非导引型传输媒体就是利用无线电波在自由空间的传播就可以较快的实现多种的通信。最近十几年无线电通信发展的特别快,因为利用无线信道进行信息的传输,是在运动中通信的唯一手段。

无线传输可使用的频段很广。例如:短波通信:通信距离远,但通信质量较差。微波波段:直线传播。

其主要特点是:1.频率很高,频段范围也很宽。2.传输质量较高。3.投资少,见效快,易于跨越山区、江河。

缺点:1.相邻站之间必须直视,不能有障碍物,否则可能失真。2.也会受到恶劣天气的影响。3.隐蔽性和保密性较差。4.对大量中继站的使用和维护要耗费较多的人力和物力。

(二)物理层的数据通信

物理层是 OSI 的第一层,它虽然处于最底层,却是整个开放系统的基础.物理层为设备之间的数据通信提供传输媒体及互连设备,为数据传输提供可靠的环境.其功能:透明的传送比特流;所实现的硬件:集线器(HUB)。

1.媒体和互连设备

物理层的媒体包括架空明线、平衡电缆、光纤、无线信道等.通信用的互连设备指 DTE 和 DCE 间的互连设备.DTE 既数据终端设备,又称物理设备,如计算机、终端等都包括在内.而 DCE 则是数据通信设备或电路连接设备,如调制解调器等.数据传输通常是经过 DTE——DCE,再经过 DCE——DTE 的路径.互连设备指将 DTE、DCE 连接起来的装置,如各种插头、插座。LAN 中的各种粗、细同轴电缆、T 型接、插头,接收器,发送器,中继器等都属物理层的媒体和连接器。

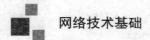

2.物理层的主要功能

(1)为数据端设备提供传送数据的通路,数据通路可以是一个物理媒体,也可以是多个物理媒体连接而成.一次完整的数据传输,包括激活物理连接,传送数据,终止物理连接.所谓激活,就是不管有多少物理媒体参与,都要在通信的两个数据终端设备间连接起来,形成一条通路。

(2)传输数据.物理层要形成适合数据传输需要的实体,为数据传送服务。一是要保证数据能在其上正确通过,二是要提供足够的带宽(带宽是指每秒钟内能通过的比特(BIT)数),以减少信道上的拥塞.传输数据的方式能满足点到点,一点到多点,串行或并行,半双工或全双工,同步或异步传输的需要。

(3)完成物理层的一些管理工作,物理层的一些重要标准物理层的一些标准和协议早在 OSI/TC97/C16 分技术委员会成立之前就已制定并在应用了,OSI 也制定了一些标准并采用了一些已有的成果.下面将一些重要的标准列出,以便读者查阅。

ISO2110:称为 " 数据通信——25 芯 DTE/DCE 接口连接器和插针分配 ".它与 EIA(美国电子工业协会)的 "RS−232−C" 基本兼容。

ISO2593:称为 " 数据通信——4 芯 DTE/DCE——接口连接器和插针分配 "。

ISO4092: 称为 " 数据通信——37 芯 DTE/DEC——接口连接器和插针分配 ",与 EIARS−449 兼容。

CCITT V.24:称为 " 数据终端设备(DTE)和数据电路终接设备之间的接口电路定义表 ". 其功能与 EIARS−232−C 及 RS−449 兼容于 100 序列线上。

物理层的主要任务描述为确定与传输媒体的接口的一些特性,主要包括以下几方面内容:

1)机械特性,指明接口所用接线器的形状和尺寸、引线数目和排列、固定和锁定装置等.这很像平时常见的各种规格的电源插头的尺寸都有严格的规定。

2)电气特性,指明在接口电缆的各条线上出现的电压的范围。

3)功能特性,指明某条线上出现的某一电平的电压表示何种意义。

4)规程特性,指明对于不同功能的各种可能事件的出现顺序。

(三)传输媒体的主要特征

传输媒体(Transmission Medium)也称传输介质或传输媒介,它就是数据传输系统中在发送器和接收器之间的物理通路。它可分为两大类,即导向传输媒体和非导向传输媒体。在导向传输媒体中,电磁波被导向沿着固体媒体(铜线或光纤)传播,而非导向传输媒体就是指自由空间,在非导向传输媒体中电磁波的传输常称为无线传播。

传输媒体是通信网络中发送方和接收方之间的物理通路。计算机网络中采用的传输媒体可分为有线和无线两大类.双绞线、同轴电缆和光纤是常用的三种传输媒体。卫星通信、无线通信、红外通信、激光通信以及微波通信的信息载体都属于无线传输媒体。传输媒体的特性对网络数据通信质量有很大影响,这些特性是:

1.同轴电缆

(1)物理特性:说明传输媒体的特征。

(2)传输特性:包括是使用模拟信号发送还是数字信号发送,调制技术、传输量及传输的频率范围。

(3)连通性:点到点或多点连接。

(4)地理范围:网上各点间的最大距离,能用在建筑物内、建筑物之间或扩展到整个城市。

(5)抗干扰性:防止噪音、干扰对数据传输影响的能力。

(6)相对价格:以元件、安装和维护的价格为基础。

2.常用的传输媒体双绞线

收螺旋扭在一起的两根绝缘导线组成。线对扭在一起可以减少相互间的辐射电磁干扰,双绞线早就用在电话通信中模拟信号的传输,也可用于数据信号的传输,是最常用的传输媒体。

（1）物理特性双绞线一般是铜质的，提供良好的传导率。

（2）传输特性双绞线既可以用于传输模拟信号也可以用于传输数字信号。对于模拟信号来说，大约每 5~6km 需要一个放大器。对于数字信号来说，每 2~3km 使用一个中继器。双绞线最常用于声音的模拟传输，虽然语音的频谱在 20Hz---20MHz 之间，但是进行可理解的语音传输所需要的带宽却窄得多，一条全双工音频通道的标准宽是 300Hz--4Hz，即只要 4Hz 的带宽。因而，在双绞线上使用频分多路复用技术可以进行多个音频通道的多路复用。双绞线带宽 268Hz，在通道之间留适当的隔离，那么就可具有 24 条间频通道的容量。在使用调制解调器时，双绞线作为模拟间频通道也可传输数字数据。根据上前的调制解调器设计，使用移相键控法 PSK，实用的速度达到 9600kbps 以上。在一条 24 通道的双绞线上，总的数据传输率是230kbps。双绞线上也可发送数字信号。使用 T1 线路的总数据传输率可达 1.544Mbps。达到较高数据传输率是可能的，但与距离有关，新近制定标准的 10BASE-T 总线局域网提供了通过无屏蔽双绞线数据传输率为 10Mbps，采用特殊技术可达 100Mbps。

（3）连通性双绞线既可以用于点到点的连接，也可以用于多点的连接，作为一种多点媒体，双绞线比同轴电缆的价格低，但性能差，而且只能把持很少几个站，普遍用于点一点连接。

（4）地理范围双绞线可以很容易地在 15km 或更大范围内提供数据传输，例如远距离的中继线。局域网的双绞线主要用于一个建筑物内或几个建筑物内，在 100kbps 速率下传输距离可达 1km。

（5）抗干扰性在低频传输时，双绞线的抗干扰性相当于或高于同轴电缆，但在超过 10~100kHz 时，同轴电缆就比双绞线明显优越。

（6）价格以每米 2 为计算，双绞线比同轴电缆或光导纤维都要便宜得多。

3.同轴电缆

同轴电缆也象双绞线那样由一对导体组成，但它们的按 " 同轴

"形式构成线对,最里层是内芯,外包一层绝缘材料,外面再一层屏蔽层,最外面则是起保护作用的塑料外套。内芯和屏蔽层构成一对导体。同轴电缆又分为基带同轴电缆(阻抗 50 欧姆)和宽带同轴电缆(阻抗 75 欧姆)。基带同轴电缆用来直接传输数字信号,宽带同轴电缆用于频分多路复用(FDM)的模拟信号发送,还用于不使用频分多路复用的高速数字信号发送和模拟信号发送。闭路电视所使用的CATV 电缆就是宽带同轴电缆。

(1)物理特性单根同轴电缆的直径约为 1.02--2.54cm,可在较宽的频率范围内工作。

(2)传输特性 50 欧姆仅仅用于数字传输,并使用曼彻斯特编码,数据传输率最高可达 10Mbps。公用无线电视 CATV 电缆既可用于模拟信号发送又可用于数字信号发送。对于模拟信号频率可达300--400Mbps。在 CATV 电缆上用与无线电和电视广播相同的方法自理模拟数据,例如视频和声频。每个电视通道分配 6MHz 带宽。每个无线电通道需要的带宽要窄得多,因此在同轴电缆上使用频分多路复用 FDM 技术可以支持大量的通道。

(3)连通性同轴电缆适用于点到点和多点连接。基带 50 欧姆电缆可以支持数千台设备,在高数据传输率下(50Mbps)使用欧姆电缆时设备数目限制在 20~30 台。

(4)地理范围典型基带电缆的最大距离限制在几公里,宽带电缆可以达到几十公里,取决于界模拟信号还是数字信号.高速的数字传输或模拟传输(50Mbpds)限制在约 1km 的范围内.由于有较高的数据传输率,因此总线上信号间的物理距离非常小,这样,只允许有非常小衰减或噪声,否则数据就会出错。

(5)抗干扰性同轴电缆的抗干扰性能比双绞线强。

(6)价格安装同轴电缆的费用比双绞线贵,但比光导纤维便宜。

4.光纤

光纤是光导纤维的简称,,它由能传导光波的石英下班纤维,外加保护层构成。相对于金属来说重量轻、体积(细)。用光纤来传输电信号时,在发送端先要将其转换成光信号,而在接收端又要由光检波器瞠原成电信号。光源可以采用二种不同类型的发光管:发光二极管 LED(Light-Emitting)和注入型激光二极管 ILD(Injection Laser Diode)。发光二极管 LED 是一种固态器件,电流通过时就发光,价格较便宜,它产生的是可见光,定向性较差,是通过在光纤石英玻璃媒体内不断反射面向前传播的。这种光纤称为多模光纤(multimode fiber),注入型激光二极管 ILD 也是一种固态器件,它根据激光器原理进行工作, 即激励量子电子疢来产生一个窄带的超辐射光束,产生的是激光,由于激光的定向性好, 它可沿着光导纤维传播,减少了折射也减少了损耗,效率更高,也能传播更长的距离,而且可以保持很高的数据传输率。但是激光二极管要比 LED 价格贵得多,这种光纤称为单模光纤(Single mode fider)。

在接收端用来把光波转换为电能的检波器是一个交电二极管。目前使用两种固态器件:PIN 检波器和 APD 检波器。PIM 光电二极管是在二极管的 P 层和 N 层之间增加一小段纯(I)硅,雪崩光电二极管(APD)的外部特性和 PIN 类似,但是使用了较强电磁场。这两种器件基本上是光电计数器。PIN 的价格便宜,但是不如 APD 灵敏。

(1)光纤传送信号过程

对光载波的调制属于移幅键控法 ASK,也称亮度调制(intensity modulation)。典型的做法是在给定的频率下,以光的出现和消失来表示两个二进制数字。发光二极管 LED 和注入型激光二极管 ILD 的信号都可用这种方法调制,PIN 和 APD 检波直接响应亮度调制。(1)物理特性光计算机网络中均采用两根光纤(一来一去)组成传输系统。按波长范围(近红外范围内)可分为三种:0.85um 波长区(0.8~0.9um),1.3um 波长区(1.25~1.35um) 和 1.55um 波长区(1.53~1.58um) 。不同的波长范围光纤损耗特性也不同, 其中 0.85um 工区为多模光纤通信方式,1.55um 波长区为单模光纤通信方式工区为多模光纤.3um 波长区有多模和单模两种。

1)传输特性

光纤通过内部的全反射来传输一束经过编码的光信号。内部的全反射可以的任何折射指数高于包层媒体折射指数的透明媒体中进行。实际上光纤作为频率范围从 1014~1015Hz 的波导管,这一范围覆盖了可见光谱和部分红外光谱。从小角度进入纤维的光沿着纤维反射,其它光线则被吸收,光纤的数据传输率可达几千,传输距离达几十公里。上前一第光纤线路上只能传输一个载波,随着技术进步,会出现实用的频分多路复用或者时分多路复用。

2)连通性

光纤普遍用于点到点的链路。总线拓扑结构的实验性多点系统建成,但是价格还太贵。原则上讲,由于光纤功率损失小,衰减少的特性以及有较大的带宽潜力,因此一段光纤能够支持的分接头数比双绞线或同轴电缆多得多。

3)地理范围

从上前的技术来看,可以在 6~8km 的距离内不用中继器传输。因此光纤适合于在几个建筑物之间通过点到点的链路连接局域网络。

4)抗干扰性

光纤具有不受电磁干扰或噪声影响的独有特征,适宜在长距离内保持高数据传输率,而且能够提供很好的安全性。

5)价格

以每米的价格和所需部件(发送器、接收器、连接器)比双绞线和同轴电缆要贵。但是双绞线和同轴电缆的价格不大可能下降,但光纤的价格将随着工程技术的进步会大大下降,使它能与同轴电缆的价格相竞争.由于光纤通信具有损耗低、频带宽、数据传输率高、抗电磁干扰强等特点,对高速率、距离较远的局域网也是很适用的。

低价、可靠的发送器为 0.85um 波长发光二极管 LED,能支持40Mbps 速率和 1.5~2km 范围的局域网.激光二极管的发送器成本较高,且不能满足面万小时寿命的要求。运行在 0.85um 波长的光二极管检波器 PIM 也是低价的接收器.雪崩光二极管检波器的信号增益比 PIN 大,但要用 20~50 伏的电源,而 PIN 检波器只需 5 伏电源。如果要达到更高速率和与之配套的光纤连接器的性能也是很重要的，要求每个连接器的连接损耗低于 25dB，易于安装、价格较低。

(2)无线传输媒体

无线传输媒体都不需要架设或铺埋电缆或光纤，而通过大气传输，上前有三种技术：微波、红外线和激光。无线通信已广泛应用于电话的领域构成蜂窝式无线电话便携式计算机的出现以及在军事、野外等特殊场合下移动式通信连网的需要促进了数字化无线移动通信的发展现在已开始出现无线局域网产品，能在一幢楼内提供快速、高性能的计算机连网技术。

微小通信的载波频率为 2GHz 到 40GHz 范围，因为频率很高，可同时传送大量信息，如一个带宽为 2MHz 的频段可容纳 500 条话音线路，用来传输数字信号，可达若干 Mbps。

蜂窝式无线电话

微小通信的工作频率很高，与通常的无线电波不一样，是沿直线传播的，由于地球表面是曲面，微小在地面的传播距离有限，直接传播的距离与天线的高度有关，天线越高距离越远，但超过一定距离后就要用中继站来接力，另外两种无线通信技术，红外通信和激光通信也象微波通信一样，有很强的方向性，都是沿直线传播的。这三种技术都需要在发送方和接收方之间有一条视线(line-of-sight)通路，有时统称这三者为视线媒体。不同的是红外通信和激光通信把要传输的信号分别转换为红外光倍和激光信号，直接在空间传播.这三种视线媒体由于都不需要铺设电缆，对于连接不同建筑物内的局域网特别有用，这是因为很难在建筑物之间架设电缆，不论在地下或用电线杆，特别的要穿越的空间属于公共场所，例如要跨越公路时，会更加困难。而使用无线技术只需在每个建筑物上安装设备。这三种技术对环境气候较为敏感，例如雨、雾和雷电。相对来说，微波对一般雨和雾的敏感度较低。

最后以对微波通信中特殊形式 -- 卫星通信作介绍。卫星通信利用地球同步卫星作中继来转发微波信号，卫星通信可以克服地面微波通信距离的限制。一个同步卫星可以覆盖地球的三分之一以上表面。三个这样的卫星就可以覆盖地球的人武部通信区域,这样地球上的各个地面站之间都可互相通信了。由于卫星信道频带宽,也可彩频分多路复用技术分为若干子信道,有些用于由地面站向卫星发送(称为上行信道),有些用于由卫星向地面转发(称为下行信道).卫星通信的优点是容量大,距离远;缺点产传播延迟时间长。从发送站通过卫星转发到接收站的传播延迟时间要花 270ms,但这个传播延迟时间是和两站点间的距离可以无关。这相对于地面电缆传播延迟时间约 6us/km 来说,特别对于近距离的站点要相差几个数量级。

(3)选择

传输媒体的选择取决于许多因素,这些因素是:(1)网络拓扑的结构;(2)要支持实际需要所提出的通信容量;(3)满足可靠性要求;(4)能承受的价格范围。

双绞线的显著特点的价格便宜,但与同轴电缆相比,其带宽受到限制,对于在低通信容量的局域网来说,双绞线的性能价格比可能的最好的。

同轴电缆的价格要比双绞线贵一些,对于大多数的局域网来说,需要连接较多设备而且通信容量相当大时可以选择同轴电缆、价格合理。

随着通信网络广泛彩数字传输技术,以得到高质量的传输性能,选用光纤作为传输媒体,比之于同轴电缆和双绞线可以在一毓优点:频带宽、速度高、体积小、重量轻、衰减小,能电磁隔离,误码率低。因此,它在国际和辆长话传输中的地位日趋重要,并已广泛用于高速数据通信网。随着光纤通信技术的发展,成本的降低,光纤作为局域网的传输媒体也得到普遍采用,光纤分布数据接口 FDDI 就是一例。

便携式计算机在九二年代将有很大的发展和普及,由于可随身携带,可移动的无线风的需求日益增加。无线数字网类似于蜂窝电话网,人们随时随地可将计算机接入网络,发送和接收数据,但是,

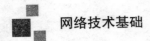

蜂窝网技术对数据传输来说还不能满足需求．为了发展移动无线数字网,正在寻求新的技术,还同开发新的通信协议来适应移动的计算机入网。总之,移动的无线数字网的发展前景是十分乐观的。

7.5.2 第二层:数据链路层(DataLinkLayer)

在物理层提供比特流服务的基础上,建立相邻结点之间的数据链路,通过差错控制提供数据帧(Frame)在信道上无差错的传输,并进行各电路上的动作系列。

数据链路层在不可靠的物理介质上提供可靠的传输。该层的作用包括:物理地址寻址、数据的成帧、流量控制、数据的检错、重发等。

在这一层,数据的单位称为帧(frame)。

数据链路层主要设备:二层交换机、网桥

一、使用点对点信道的数据链路层

(一)"链路"和"数据链路"

首先明确一下"链路"和"数据链路"并不是一回事。

所谓链路, 指的是从一个结点到相邻结点的一段物理线路,而中间没有任何其他的交换结点。

数据链路除了必须有一条物理线路以外,还必须有一些必要的通信协议来控制这些数据的传输。若把视线这些协议的硬件和软件加到链路上,就构成了数据链路。

1.点对点信道的数据链路层的协议数据单元为帧

点对点信道的数据链路层在进行通信时的主要步骤:

(1)结点 A 的数据链路层把网络层交下来的 IP 数据报添加首部和尾部封装成帧。

(2)结点 A 把封装好的帧发送给结点 B 的数据链路层。

(3)若结点 B 的数据链路层收到的帧无差错,则从收到的帧中提取出 IP 数据报上交给上面的网络层;否则丢弃这个帧。

2.三个基本问题

(1)封装成帧

封装成帧就是在一段数据的前后分别添加首部和尾部。接收端在收到物理层上交的比特流后,就能根据首部和尾部的标记,从收到的比特流中识别帧的开始和结束。一个帧的长度等于帧的数据部分长度加上帧首部和帧尾部的长度。每一种链路层协议都规定了所能传送的帧的数据部分长度上限——最大传送单元 MTU。

(2)透明传输

由于帧的开始和结束标记是使用专门指明的控制字符(SOT 和 EOT),因此,所传输的数据中的任何 8 比特的组合一定不允许使用和用作帧定界的控制字符,否则就会出现帧定界的错误。为了解决透明传输的问题,就必须设法使数据中可能出现的控制字符在接收端不被解释为控制字符。具体方法是:发送端的数据链路层在数据中出现控制字符的前面插入一个转义字符(ESC)。而在接收端的数据链路层在把数据送往网络层之前删除这个插入的转义字符。

(3)差错检测

比特在传输过程中可能会产生差错。在一段时间内,传输错误的比特占所传输比特总数的比率称为误码率 BER。为保证数据的可靠性,在计算机传输数据时,必须采用各种差错检测措施。目前数据链路层广泛使用了循环冗余检测 CRC,M 长数据,n 位冗余码计算:用二进制的模 2(不进位加法)运算进行 2^n 乘 M 的运算,这相当于在 M 后面添加 n 个 0。得到的(k+n)位的数除以收发双方事先商定的长度为(n+1)的除数 P,得出商是 Q 而余数是 R。这个余数 R 就作为冗余码拼接在数据 M 的后面发送出去。接收端把接收到的数据以帧为单位进行 CRC 检验:把收到的每个帧都除以同样的除数 P(模 2 运算),然后检查得到余数 P。如果传输无差错,则 CRC 检验后得出的余数 R 一定是 0。注意:我们现在并没有要求数据链路层向网络层提供可靠传输服务。

3.点对点协议 PPP

(1)PPP 协议有三个组成部分

1)一个将 IP 数据报封装到串行链路的方法。

2)一个用来建立、配置和测试数据链路连接的链路控制协议

LCP。

3)一套网络控制协议 NCP，其中的每一个协议支持不同的网络层协议。

（2）PPP 协议的帧格式

PPP 帧的首部和尾部分别为四个字段和两个字段。

首部第一个字段和尾部第二个字段都是标志字段 F（Flag）规定为"0x7E"。标志一个帧的开始或结束。因此标志字段就是 PPP 帧的定界符。

连续两个帧之间只需要一个标志字段。如果连续出现两个标志字段，就表示这是一个空帧，应当丢弃。

首部中第二个字段 A 规定为"0xFF"第三个字段 C 规定为"0x03"并无意义。PPP 首部第四个字段是 2 字节协议字段。

（3）RFC1662 规定如下填充方法：

1）把信息字段中出现的每一个 0x7E 字节转变为 2 字节序列（0x7D，0x5E）

2）若信息字段中出现了一个 0x7D 的字节（即出现了转义字符一样的比特组合），则把 0x7D 转变成 2 字节序列（0x7D，0x5D）

3）若信息字段中出现 ASCII 码的控制字符（即数值小于 0x20）则在前面加入 0x7D，同时将该字符的编码加以改变。

4）零比特填充（针对于异步传输的解决方案

在发送端，先扫描整个信息字段，只要发现 5 个连续 1，则立即填入一个 0.因此经过零比特填充数据后的数据，就可以保证信息字段中不会出现 6 个连续 1。

（二）数据链路层

数据链路层属于计算机网络中个的底层，数据链路层使用的信道主要有两种：1.点对点信道：这种信道使用一对一的点对点通信方式。2.广播信道：这种信道使用一对的光通信方式，因此过程比较复杂。

1.数据链路和帧

所谓链路就是指从一个节点到相邻节点的一段物理链路，而且中间没有任何的其他的交换结点。在进行数据通信时，两个计算机之间的通信路劲往往要经过许多这样的链路，可见链路只是一天路径的组成部分。

2.数据链路

当需要在一条线路上传送数据时，除了必须有一条物理线路外，还必须有一些必要的通信协议来控制这些数据的传输，将实现这些协议的硬件和软件加到链路上，就构成了数据链路。现在最常用的方式是使用网络适配器，如拨号上网的拨号适配器，以及通过以太网上网使用的局域网适配器。一般的适配器都是包含数据链路层和物理层这两层的功能。

3.数据链路层的协议数据单元是帧。

数据链路层把网络层交下来的数据构成帧发送到链路上，以及把接收到的帧中的数据取出并上交给网络层。在因特网中，网络层协议数据单元就是 IP 数据报，或者简称为数据报、分组或包。

4.点对点信道的数据链路层在进行通信时主要的步骤如下：

（1）发送端的数据链路层把网络层交下来的 IP 数据报添加首部和尾部进行封装。

（2）发送端把封装好的帧发送给接收端的数据链路层。

（3）若接收端的数据链路层收到的帧无差错，则从收到的帧中提取 IP 数据报上交给上面网络层，否则丢弃这个帧。

数据链路层不必考虑物理层如何实现比特传输的细节，我们还可以更简单的设想好像是沿着两个数据链路层之间的水平方向把帧直接发送给对方。

5.三个基本问题

数据链路层协议有许多种，但是三个基本问题是共同的。这三个基本问题是：封装成帧，透明传输和差错检测。

（1）封装成帧

封装成帧就是在一段数据的前后分别添加首部和尾部，这样就构成一个帧。接收端在收到物理层上交的比特流后,就能根据首部和尾部标记,从接收到的比特流中识别帧的开始和结束。

所有在因特网上传送的数据都是以分组,即 IP 数据报作为基本传送单位的。网络层的 IP 数据报传送到数据链路层就称为帧的数据部分,在帧的数据部分的前面和后面分别添加上首部和尾部,就构成了一个完整的帧。因此,帧长等于数据部分的长度加上帧首部和帧尾部的长度,而首部和尾部的一个重要作用就是进行帧定界。此外,首部和尾部还包括许多必要的控制信息。在发送帧时,是从帧首部开始发送的, 各种数据链路层协议都要对帧首部和尾部的格式有明确的规定。显然,为了提高帧的传输效率,应当是帧的数据部分远远大于首部和尾部的长度。而每一种链路层协议都规定了帧的数据部分的长度上限——最大传送单元 MTU(Maximum Transfer Unit)。

当数据时由可打印的 ASCII 码组成的文本文件时, 帧定界可以使用特殊的帧定界符。ASCII 码是 7 为编码,一共可以组成 128 种不同的 ASCII 码,其中可以打印的有 95 个,而不可打印的控制符有 33 个。控制字符 SOH(Start Of Header)放在一帧的最前面,表示帧的首部开始。另外一个控制字符是 EOT(End Of Transmission)表示帧的结束。其中 SOH 和 EOT 都是控制字符的名称, 他们是十六进制编码的 01 和 04。

(2)透明传输

由于帧的开始和结束的标记是使用专门指明的控制字符,因此,所传输的数据中的任何 8 比特的组合一定不允许和用作帧定界的控制字符的比特编码一样,否则就会出现真定界错误。

为了解决透明问题, 就必须设法是数据中的可能出现的控制字符 SOH 和 EOT 在接收端不被解释为控制字符。具体的方法是:在发送端的数据链路层在数据中出现的控制字符 SOH 和 EOT 的前面加上转义字符 ESC,其十六进制编码是 1B,而在接收端的数据链路层在将数据送往网络层之前删除这个插入的转义字符。这种方法称为字符填充或者字节填充。

（3）错检测

通信的链路层都不会是理想的。这就是说，比特在传输中可能会产生差错：1 可能变成 0，而 0 有可能变成 1，这就叫比特差错。比特差错是传输差错中的一种。在一段时间内，传输错误的比特占所传输比特总数的比特率称为误码率 BER（Bit Per Rate）。误码率跟信噪比有很大的关系，如果设法提高信噪比，就可以是误码率减小。实际的通信链路并非理想的，它不可能使误码率下降到 0。因此，为了保证数据传输的可靠性，在计算机网路传输数据时，必须采用各种差错检测措施。目前在数据链路层广泛使用了循环冗余检验 CRC 的检错技术。

在数据链路层若仅仅使用循环冗余检测 CRC 差错检测技术，则只能做到对帧的无差错接收：即凡是接收端数据链路层接受的帧，我们都已分厂接近于 1 的概率认为这些帧在传输过程中都没有产生差错。接收端丢弃的帧虽然层收到了，但最终还是因为有差错而被丢弃，即没有接收。凡是接收端数据链路层接收的帧均无差错。

在实际的数据传输过程中，还有另一类复杂的错误出现在数据链路层，那就是：帧丢失、帧重复、帧失序，以上三种情况都属于出现传输差错。

二、点对点协议 PPP

（一）数据链层 –PPP

1.协议简介

点对点协议（Point to Point Protocol）的缩写为 PPP，是 TCP/IP 网络协议包的一个成员。PPP 是 TCP/IP 的扩展，它增加了两个额外的功能组：（1）它可以通过串行接口传输 TCP/IP 包；（2）它可以安全登录。

当使用作为公共电话系统的部分的串行接口时，必须要注意确保所有通信的真实性。这个终端 PPP 集了用户名字和密码安全。因此，一个路由器或者服务器通过 PPP 接收到一个请求时，如果这个请求的来源是不安全的，这就需要授权。这个授权是 PPP 的一部分。因为它的通过串行接口路由 TCP/IP 包的能力和它的授权能力，ISP（Internet 服

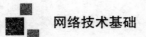

务提供商)通常使用 PPP 来允许拨号用户连接到 Internet。

2.PPP 组成部分

(1)在串行链路上封装 IP 数据报的方法。PPP 既支持数据为 8 位和无奇偶检验的异步模式（如大多数计算机上都普遍存在的串行接口），还支持面向比特的同步链接。

(2)建立、配置及测试数据链路的链路控制协议(LCP:Link Control Protocol)。它允许通信双方进行协商，以确定不同的选项。

(3)针对不同网络层协议的网络控制协议(NCP:Network Control Protocol)体系。当前 RF 定义的网络层 IP、OSI 网络层、DEC net 以及 Apple Talk。例如,IP NCP 允许双方商定是否对报文首部进行压缩,类似于 CSLIP(缩写词 NCP 也可用在 TCP 的前面)。

3.增强的错误校验

PPP 协议使用帧校验串行 FCS(Frame Check Sequence)来检查每一个单独的帧是否发生错误,PPP 也可以监控哪些帧在接受的时候总是发生错误,并且可以通过配置来降低这个发生过多错误的 接口。

4.链路回环检查

链路控制协议 LCP （作为 PPP 协议的一个组成部分和 PPP 定义在同一个 RFC 中)使用标示自己的特殊数字作为特征来发现回路。当使用 PPP 协议的时候, 端点发出具有和其他端点都不相同的特殊数字标识的 LCP 信息,如果线路存在回路,发出这个信息的端点就会收到含有自己标识的信息而不是其他人的标识信息。

PPP 协议提供钩子供每个端用户自动配置网络接口 （设置 IP 地址和默认网关等)和身份鉴别。

5.PPP 多连接协议

PPP 多连接协议可以在两个系统间提供多条连接, 以增加额外带宽。当进行远程资源访存时,PPP 多连接协议允许将两个带宽合二为一或者将物理通信线路比如模拟调制解调器,ISDN 和其他的模拟或数字链路进行合并以提高整体的吞吐量。IETF RFC 1717 中描述了 PPP 多连接协议。

6.PPP 故障排查命令

Debug PPP negotiation – 确定客户端是否可以通过 PPP 协商；这是您检查地址协商的时候。debug PPP authentication – 确定客户端是否可以通过验证。如果您在使用 Cisco IOS 软件版本 11.2 之前的一个版本，请发出 debug ppp chap 命令。debug PPP error – 显示和 PPP 连接协商与操作相关的协议错误以及统计错误。debug aaa authentication – 要确定在使用哪个方法进行验证（应该是 RADIUS，除非 RADIUS 服务器发生故障），以及用户是否通过验证。debug PPP authorization – 要确定在使用哪个方法进行验证，并且用户是否通过验证。debug PPP accounting – 查看发送的记录。debug radius – 查看用户和服务器交换的属性。

7.PPP 常见问题

（1）什么是 LCP

链路控制协议(LCP) LCP 建立点对点链路，是 PPP 中实际工作的部分。LCP 位于物理层的上方，负责建立、配置和测试数据链路连接。LCP 还负责协商和设置 WAN 数据链路上的控制选项，这些选项由 NCP 处理。

（2）NCP 是什么

PPP 允许多个网络协议共用一个链路，网络控制协议(NCP) 负责连接 PPP(第二层)和网络协议(第三层)。对于所使用的每个网络层协议，PPP 都分别使用独立的 NCP 来连接。例如，IP 使用 IP 控制协议(IPCP)，IPX 使用 Novell IPX 控制协议(IPXCP)。

（二）PPP 协议的特点

在通信质量较差的年代，在数据链路层使用可靠传输协议曾是一个好的办法。因此，能实现可靠传输的高级数据链路控制 HDLC(High-Level Data Link Control)就称为当时比较流行的数据链路层协议。但现在 DHLC 已经很少使用了，对于点对点的链路，相对比较简单的点对点协议 PPP(Point-to-Point Protocol)则是目前使用最为广泛的数据链路层协议。

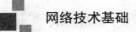

我们知道,因特网用户通常都要连接到某个 ISP 才能接入到互联网。PPP 协议就是用户计算机和 ISP 进行通信时所使用的数据链路层协议。

PPP 协议是 IEIF 在 1992 年制定的。经过 1993 年和 1994 年的修订,现在的 PPP 协议在 1994 年就已成为因特网的正式标准。

1.PPP 协议需要满足的要求

IEIF 认为,在设计 PPP 协议时必须考虑的以下诸多方面的要求:

(1)简单

IEIF 在设计因特网体系结构时把其中最复杂的部分放在 TCP 协议中,而网际协议 IP 则相对比较简单,它提供的是不可靠的数据报服务。在这种情况下,数据链路层没有必要提供比 IP 协议更多的功能。因此,对数据链路层的帧,不需要纠错,不需要序号,也不要流量控制。当然,在误码率较高的无线链路上可能会需要更多的更为复杂的链路层协议。因此 IEIF 把简单作为首要的需求。

简单的设计还可以使协议在实现时不容易出现错误,因而使得不同的厂商对协议的不同的实现的互操作性提高了。我们知道,协议标准化的一个主要目的就是提高协议的互操作性。总之,这种数据链路层的协议非常简单:在接收方每收到一个帧,就进行 CRC 检验。如 CRC 检验正确,就收下这个帧,否则就丢弃这个帧。

(2)封装成帧

PPP 协议必须规定特殊字符作为帧定界符, 即标志一个帧的开始和结束的字符, 以便在接收端从收到的比特流中准确的找出帧的开始和结束的位置。

(3)透明性

PPP 协议还必须保证数据传输的透明性。这就是说,如果数据中碰巧出现了和帧定界符一样的彼特组合时, 就要采取有效的措施来解决这个问题。

(4)多种网络层协议

PPP 协议必须能够在同一条物理链路上同时支持多种网络层

协议,不如 IP 和 IPX 等的运行。当点对点链路所连接的是局域网或者路由器时,PPP 协议必须支持所在的链路所连接的局域网或路由器上运行的各种网络层协议。

（5）多种类型链路

除了要支持多种网络层的协议外,PPP 还必须能够在多种类型的链路上运行。例如,串行的或并行的,同步的或者异步的,低速的或高速的,电的或光的,交换的或非交换的点对点链路。

（6）差错检验

PPP 协议必须能够对接收端收到的帧进行检测，并立即丢掉有差错的帧。若在数据链路层不进行差错检测,那么已出现的差错的无用帧就还要在网络中继续传送，因而会白白浪费许多宝贵的网络资源。

（7）检测连接状态

PPP 协议必须有一种机制能够及时自动检测出链路是否处于正常的状态。当出现故障的链路隔了一段时间后又重新恢复了正常工作时,就特别需要这种及时检测的功能。

最大传送单元

PPP 协议必须对每一种类型的点对点链路设置最大的传送单元 MTU 的标准默认值。这样做的目的是为了促进各种实现之间的互操作性。如果高层协议发送的分组过长并超过了 MTU 的数值，PPP 协议就要丢弃这样的帧，并且返回错误。需要强调的是,MTU 是数据链路层的帧可以载荷的数据部分的最大长度，而不是帧的总长度。

（8）网络层地址协商

PPP 协议必须提供一种机制是通信的两个网络层的实体通过协商知道能够配置彼此的网络层地址。协商的算法应尽可能的简单,并且能够在所有的情况下得出协商的结果。这对拨号连接的链路特别的重要，因为仅仅在链路层建立了连接而并不知道对方网络层地址时，还不能保证网络层能够传递分组。

数据压缩协商

PPP 协议必须提供一种方法来协商使用数据压缩的算法。但是 PPP 协议并不要求将数据压缩算法进行标准化。

2.PPP 协议不需要的功能

（1）纠错

在 TCP/IP 协议族中，可靠传输由运输层的 TCP 协议负责，而数据链路层的 PPP 协议只进行检错。这就是说，PPP 协议是不可靠传输协议。

（2）流量控制

在 TCP/IP 协议族中，端倒短的流量控制由 TCP 负责，因而链路级的 PPP 协议就不需要再重复进行流量控制。

（3）序号

PPP 协议是不可靠传输，因此不需要使用真的需要。许多曾经很流行的停止等待协议或连续 ARQ 协议都使用序号。在噪声比较大的环境下，如无线网络，则可以使用有序号的工作方式，这样就可以提供可靠传输服务。

（4）多点线路

PPP 协议不支持多点线路，即一个主站轮流和链路上的多个从站进行通信，而只支持点对点的链路通信。

（5）半双工或单工链路

PPP 协议只支持全双工链路。

3.PPP 协议的组成

PPP 协议的组成由三部分组成：

（1）一个将 IP 数据报封装到串行链路的方法。PPP 协议既支持异步链路（无奇偶的 8 比特数据），也支持面向比特的同步链路。IP 数据报在 PPP 帧中就是其信息部分，这个信息部分的长度受最大传送单元 MTU 的限制。

（2）一个用来建立、配置和测试数据链路连接的链路控制协议 LCP（Link Control Protocol），通信的双发可以协商一些选项。

（3）一套网络控制协议 NCP,其中每一个协议支持不同的网络层协议,如 IP,OSI 的网络层,DEC net,以及 Apple Talk 等。

（三)点对点协议 PPP 的构成

PPP(点对点协议)主要由以下几局部构成:

链路扼制协议:PPP 供给的 LCP 功能全面, 实用于大多数环境。LCP 用于就封装款式选项积极达成统一, 处理数据包大小局限,探测环路链路和其他等闲的搭配讹谬,以及终止链路。LCP 供给的其他可选功能有:认证链路中同等单元的身份,定夺链路功能正常或链路失利情形。

网络扼制协议:一种伸展链路扼制协议,用于发生、搭配、测验和管教数据链路连接。

封装:一种封装多协议数据报的措施。PPP 封装供给了不同网络层协议同时在统一链路传输的多路复用技巧。PPP 封装专心设计,能坚持对大多数常用硬件的接受性。征服了 SLIP 不足之处的一种多用处、点到点协议,它供给的 WAN 数据链接封装服务相仿于 LAN 所供给的密封服务。因而,PPP 不但仅供给帧定界,而且供给协议标识和位级全面性察看服务。

搭配:利用链路扼制协议的容易和自制机制。该机制也利用于其他扼制协议,例如:网络扼制协议(NCP)。

链路将坚持通信设定不变,直到有 LCP 和 NCP 数据包关闭链路,可能是发生一些表面事件的时候(如,休止事态的定时器期满可能网络管教员过问)。

为了发生点对点链路通信,PPP 链路的每一端,定然率先发送 LCP 包以便设定和测验数据链路。在链路发生,LCP 所需的可选功能被选定尔后,PPP 定然发送 NCP 包以便抉择和设定一个或更多的网络层协议。一旦每个被抉择的网络层协议都被设定好了,来自每个网络层协议的数据报就能在链路上发送了。

应用:假想同样是在 Windows 98,并且曾经创立好 " 拨号连接 "。那么能够穿越下面的措施来设置 PPP 协议:率先,敞开 " 拨号连

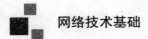

接"属性,同样抉择"服务器种类"选项卡;然后,抉择默认的"PPP:Internet,Windows NT Server,Windows 98",在高级选项中能够设置该协议其他功能选项;最后,单击"确定"按钮即可。

三、使用广播信道的数据链路层

(一)广播信道的数据链路层

1.局域网

(1)局域网最主要的特点

1)局域网最主要的特点:就是网络为一个单位所拥有,且地理范围和站点数目均有限。

2)在局域网刚刚出现时,局域网比广域网具有较高的数据率、较低的时延和较小的误码率。但随着光纤技术在广域网中普遍使用,现在的广域网也具有很高的数据率和很低的误码率。

(2)局域网的主要优点

1)具有广播功能,从一个站点可方便地访问全网。局域网上的主机可共享连接在局域网上的各种硬件和软件资源。

2)便于系统的扩展和逐渐地演变,各设备的位置可灵活地调整和改变。

3)提高系统的可靠性(reliability)、可用性(availability)、生存性(survival)。

(3)局域网可按网络拓扑进行分类

1)星形网:由于集线器(hub)的出现和双绞线大量用于局域网中,星形以太网和多级星形结构的以太网获得了非常广泛的应用。

2)环形网:最典型的就是令牌环形网(token ring),简称为令牌环。

3)总线网:各站直接连在总线上。总线两端的匹配电阻吸收在总线上传播的电磁波信号的能量,避免在总线上产生有害的电磁波反射。总线网可使用两种协议:1)传统以太网使用的 CSMA/CD。2)令牌传递总线网,即物理上是总线网而逻辑上是令牌环形网。前一种总线网现在已演变为星形网,而后一种令牌传递总线网早已退出了市场。

树形网：树形网是总线网的变形，都属于使用广播信道的网络，但这主要用于频分复用的宽带局域网。

2.共享信道的方法

（1）静态划分信道

1）如利用频分复用、时分复用、波分复用和码分复用等。用户只要分配到了信道就不会和其他用户发送冲突。

2）这种划分信道的方法代价比较高，不适合于局域网使用。

（2）动态媒体接入控制

1）随机接入：随机接入的特点是所有用户可随机地发送信息。但如果恰巧有两个或更多的用户在同一时刻发送信息，那么在共享媒体上就要发生碰撞(即发生了冲突)，使得这些用户的发送都失败。因此，必须有解决碰撞的网络协议。

2）受控接入：受控接入的特点是用户不能随机地发送信息而必须服从一定的控制。这类的典型代表有分散控制的令牌环局域网和集中控制的多点线路探询(polling)或称为轮询。

3）广播信道可以进行一对多的通信。局域网使用的就是广播信道。局域网工作的层次已跨越了数据链路层和物理层。局域网不仅仅和数据链路层有关。

（二）以太网

1.以太网的两个标准

（1）DIX Ethernet V2

DIX Ethernet V2，是世界上第一个局域网产品的规约。

（2）IEEE 802.3[W–IEEE802.3]

1）1983 年制定了第一个 IEEE 的以太网标准 IEEE 802.3，数据率为 10Mb/s。

2）802.3 局域网对以太网标准中的帧格式作了很小的一点更动，但允许基于这两种标准的硬件实现可以在同一局域网上互操作。

3）出于有关厂商在商业上的激烈竞争，IEEE 802 委员会未能

网络技术基础

形成一个统一的、最佳的局域网标准,而是被迫制定了几个不同的局域网标准,如 802.4 令牌总线网、802.5 令牌环网等。

为了使数据链路层更好地适应不同的局域网标准,IEEE802 委员会就把局域网的数据链路层拆成两个子层,即逻辑链路控制子层 LLC(Logical Link Control)和媒体接入控制子层 MAC(Medium Access Control)。

与接入到传输媒体有关的内容都放到 MAC 子层,而 LLC 子层则与传输媒体无关,不管采用何种传输媒体和 MAC 子层的局域网对 LLC 子层来说都是透明的。

2.适配器的作用

(1)计算机与外界局域网的连接是通过通信适配器(adapter)。

(2)适配器本来是在电脑主机箱内插入的一块网络接口板(或者是在笔记本电脑中插入一块 PCMCIA 卡)。这种接口板又称为网络接口卡 NIC(Network Interface Card)或简称为网卡。

(3)适配器和局域网之间的通信是通过电缆或双绞线以串行传输方式进行的,而适配器和计算机之间的通信则是通过计算机主板上的 I/O 总线以并行传输方式进行的。

(4)适配器的一个重要功能就是要进行数据串行传输和并行传输的转换。

(5)由于网络上的数据率和计算机总线上的数据率并不相同,所以在适配器中必须装有对数据进行缓存的存储芯片。

(6)若在主板上插入适配器时,还必须把管理该适配器的设备驱动程序安装在计算机的操作系统中。这个驱动程序以后就会告诉适配器,应当从存储器的什么位置上把多长的数据块发送到局域网,或应当在存储器的什么位置上把局域网传送过来的数据块存储下来。

3.适配器还要能够实现以太网协议。

(1)适配器接收和发送各种帧时不使用计算机的 CPU。这时 CPU 可以处理其他任务。

（2）当适配器收到有差错的帧时，就把这个帧丢弃而不必通知计算机。

（3）当适配器收到正确的帧时，它就使用中断来通知该计算机并交付给协议栈中的网络层。

（4）当计算机要发送 IP 数据报时，就由协议栈把 IP 数据报向下交给适配器，组装成帧后发送到局域网。

（5）计算机的硬件地址——MAC 地址，就在适配器的 ROM 中。

（6）计算机的软件地址——IP 地址，就在计算机的存储器中。

（三）局域网的数据链路层

广播信道可以进行一对多通信。局域网是在 20 世纪 70 年代发展起来的，局域网技术在计算机网络中占有很重要的地位。

局域网的主要特点是：网络作为一个单位所拥有，且地理范围和站点数目均有限。在局域网刚刚出现时，局域网比广域网具有较高的数据传输率，较低的时延和较小的误码率。但是随着光纤技术在广域网中的广泛使用，现在的关于王也具有很高的数据率和很低的误码率。局域网具有一些主要的优点如下：1.具有广播功能，从一个站点可以很方便的访问全网。局域网上的主机可共享连接在局域网上的各种硬件和软件资源。2.便于系统的扩展和逐步演变，各设备的位置可灵活调整和改变。3.提高系统的可靠性，可用性和生存性。

1.共享信道

（1）静态划分信道　频分复用、时分复用、波分复用和码分复用技术等。用户只需要分配到信道就不会和其他的用户发生冲突，但是这种划分信道的方法代价较高，不适合局域网。

（2）动态媒体介入控制，它又称为多点接入，其特点是信道并非在用户通信时固定分配给用户。在这里又分为两大类：随机接入 随机接入的特点是所有的用户可随机的发送信息，但是如果碰巧两个用户在同一时刻都发送信息，那么在共享媒体上就要发生碰撞，使得这些用户都发送失败。因此，必须有解决碰撞的网络协议。受控接入受控接入的特点是用户不能随机的发送信息而必须服从一定的控制。这类典型的代表有分散控制的令牌环局域网和集中控制的多点线路探询或称为轮询。

2.局域网的数据链路层:局域网使用的就是广播信道

(1)局域网:网络为一个单位所拥有,地理范围和站点数量有限,提高了系统的可靠性、可用性、生存性。局域网的工作层次跨越了数据链路层和物理层,但是局域网技术中有关数据链路层的内容较多。

(2)适配器:进行数据串行传输和并行传输的转换。

(3)CSMA/CD 协议:载波监听多点接入/碰撞检测(Carrier Sense Multiple Access with Collision Detection),以太网采取的协调方法,协调总线上只要有一台计算机在发送数据,总线的传输资源就被占用,这样同一时间只能允许一台计算机发送信息,否则会互相干扰,大家都无法正常发送数据。

载波监听:发送前先监听;碰撞检测:边发送边检查,可见使用此协议的以太网不能进行全双工通信,只能进行半双工通信。但是每一个站在自己发送数据之后的一小段时间内存在着遭遇碰撞的可能性,取决于另一个发送数据的站到本站的距离,以太网的这一特点称为发送的不确定性。完全经过争用期(以太网端到端的往返时间)这段期间还没检测到碰撞才能肯定这次发送不会发生碰撞以太网使用截断二进制指数退避算法来解决碰撞问题,让发生碰撞的站在停止发送数据后,不是等待信道变成空闲以后就立即再发送数据,而是推迟(退避)一个随机的时间。为了使重传时再次发生冲突的概率减小。此外,以太网还采取一种叫强化碰撞的措施,一旦发现碰撞,立即停止发送,还要再继续发送 32 比特或者 48 比特的人为干扰信号,让所有用户都知道现在已经发送了碰撞。

3.局域网的数据链的要点

(1)适配器从网络成活的一个分组,加上以太网的首部和尾部,组成以太网帧,放入适配器的缓存中准备发送;

(2)若适配器检测到信道空闲(即在 96 比特时间内没有检测到

信道上有信号),发送这个帧,若检测到信道忙,则继续检测并等待信道转为空闲(加上 96 比特时间),发送这个帧;

(3)发送过程中继续检测信道,若一直未检测到碰撞,顺利把这个帧成功发完。若检测到碰撞,终止发送数据,并发送人为干扰信号。

(4)在中止发送后,适配器就执行指数退避算法,等待 r 倍 512比特时间后,返回到(2)。

7.5.3 第三层:网络层(Network layer)

在计算机网络中进行通信的两个计算机之间可能会经过很多个数据链路,也可能还要经过很多通信子网。网络层的任务就是选择合适的网间路由和交换结点,确保数据及时传送。网络层将数据链路层提供的帧组成数据包,包中封装有网络层包头,其中含有逻辑地址信息——源站点和目的站点地址的网络地址。

如果你在谈论一个 IP 地址,那么你是在处理第 3 层的问题,这是"数据包"问题,而不是第 2 层的"帧"。IP 是第 3 层问题的一部分,此外还有一些路由协议和地址解析协议(ARP)。有关路由的一切事情都在第 3 层处理。地址解析和路由是 3 层的重要目的。网络层还可以实现拥塞控制、国际互联等功能。

在这一层,数据的单位称为数据包(packet)。

网络层协议的代表包括:IP、IPX、RIP、ARP、RARP、OSPF 等。
网络层主要设备:路由器

一、网络层提供的两种服务

(一)计算机网络层

网络层向运输层提供"面向连接"虚电路(Virtual Circuit)服务或"无连接"数据报服务。前者预约了双方通信所需的一切网络资源。优点是能提供服务质量的承诺。即所传送的分组不出错、丢失、重复和失序(不按序列到达终点),也保证分组传送的时限。缺点是路由器复杂,网络成本高;后者无网络资源障碍,尽力而为,优缺点与前者互易。

1.网络互联的实际意义

网络互联可扩大用户共享资源范围和更大的通信区域。进行网络互联时,需要解决共同的问题有:(1)不同的寻址方案;(2)不同的最大分组长度;(3)不同的网络接入机制;(4)不同的超时控制;(5)不同的差错恢复方法;(6)不同的状态报告方法;(7)不同的路由选择技术;(8)不同的用户接入控制;(9)不同的服务(面向连接服务和无连接服务);(10)0 不同的管理与控制方式 。

2.作为中间设备,转发器、网桥、路由器和网关的区别

中间设备又称为中间系统或中继(relay)系统。

(1)物理层中继系统:集线器,转发器(repeater)。

(2)数据链路层中继系统:交换机,网桥或桥接器(bridge)。

(3)网络层中继系统:路由器(router)。

(4)网桥和路由器的混合物:桥路器(brouter)。

(5)网络层以上的中继系统:网关(gateway)。

3.IP、ARP、RARP 和 ICMP 协议的作用

(1)IP 协议:实现网络互联。使参与互联的性能各异的网络从用户看起来好像是一个统一的网络。网际协议 TCP,IP 是 TCP/IP 体系中两个最主要的协议之一,与 IP 协议配套使用的还有四个协议。

(2)ARP 协议:是解决同一个局域网上的主机或路由器的 IP 地址和硬件地址的映射问题。RARP:是解决同一个局域网上的主机或路由器的硬件地址和 IP 地址的映射问题。

(3)ICMP:提供差错报告和询问报文,以提高 IP 数据交付成功的机会。

(4)因特网组管理协议 IGMP:用于探寻、转发本局域网内的组成员关系。

4.IP 地址的主要特点

每一类地址都由两个固定长度的字段组成, 其中一个字段是网络号 net-id,它标志主机(或路由器)所连接到的网络,而另一个字段则是主机号 host-id,它标志该主机(或路由器)。各类地址的网络号字段 net-id 分别为 1,2,3,0,0 字节;主机号字段 host-id 分别

为 3 字节、2 字节、1 字节、4 字节、4 字节。

特点：

(1)IP 地址是一种分等级的地址结构。分两个等级的好处是：

第一，IP 地址管理机构在分配 IP 地址时只分配网络号，而剩下的主机号则由得到该网络号的单位自行分配。这样就方便了 IP 地址的管理。

第二，路由器仅根据目的主机所连接的网络号来转发分组（而不考虑目的主机号），这样就可以使路由表中的项目数大幅度减少，从而减小了路由表所占的存储空间。实际上 IP 地址是标志一个主机（或路由器）和一条链路的接口。

(2)当一个主机同时连接到两个网络上时，该主机就必须同时具有两个相应的 IP 地址，其网络号 net-id 必须是不同的。这种主机称为多归属主机(multihomed host)。由于一个路由器至少应当连接到两个网络(这样它才能将 IP 数据报从一个网络转发到另一个网络)，因此一个路由器至少应当有两个不同的 IP 地址。

(3)用转发器或网桥连接起来的若干个局域网仍为一个网络，因此这些局域网都具有同样的网络号 net-id。

(4)所有分配到网络号 net-id 的网络，范围很小的局域网，还是可能覆盖很大地理范围的广域网，都是平等的。

5.使用两种不同的地址

IP 地址就是给每个连接在因特网上的主机（或路由器）分配一个在全世界范围是唯一的 32 位的标识符。从而把整个因特网看成为一个单一的、抽象的网络。在实际网络的链路上传送数据帧时，最终还是必须使用硬件地址。

MAC 地址在一定程度上与硬件一致，基于物理、能够标识具体的链路通信对象，IP 地址给予逻辑域的划分、不受硬件限制。

(二)数据报和虚电路

1.服务分类

网络层为主机的传输层所提供的服务有两大类：

（1）可靠的面向连接的网络服务（典型实例：ATM机，通过虚电路 VC 服务实现）；

（2）不可靠的无连接的网络服务（典型实例：Internet 的 IP，通过数据报服务实现）。

1）电信网提供端到端可靠传输的服务，因为电信网的终端（电话机）非常简单，没有智能，也没有差错处理能力；

2）计算机网络的端系统是有智能的计算机，其具备很强的差错处理能力，所以在设计因特网时，思路不同于设计电信网：网络层向上只提供简单灵活的、无连接的、尽最大努力交付的数据报服务（网络层不提共服务质量的承诺）。

2.网络层提供的服务

（1）面向连接服务（虚电路服务）

连接：指两个对等实体之间为进行数据通信而进行的一种结合。面向连接服务：数据交换前，必须先建立连接；数据交换结束后，应终止该连接。面向连接服务是一种可靠的报文序列服务；建立连接之后，每个用户都可发送可变长度的报文；报文按顺序发送给远端的用户，报文的接收也是按顺序的。

（2）无连接服务

数据报服务（Datagram）：发完了就算，而不需要接收端做任何响应。

特点：不能防止报文的丢失、重复或失序。

（3）虚电路与数据报服务区别

当我们采用电路交换的电话网上打电话时，通话期间，始终占用一条端到端的物理线路。用一条虚电路进行计算机通信时，由于采用的是存储转发分组交换，只是断续地占用一段又一段的链路(提前设定的路径)。数据报服务则不同，没有建立虚电路的过程；每一个发出的分组都携带了完整的目的站的地址信息，因而每一个分组都可以独立地选择路由。

（4）数据报的缺点：

1)分组独立传输的结果,可能各自通过不同的路径达到目标;

2)不能保证按发送顺序交付,也不能保证不丢失、不重复、不出现差错。

3.区别

虚电路服务与数据报服务的本质差别表现为:是将顺序控制、差错控制和流量控制等通信功能交由通信子网完成,还是由端系统自己来完成.虚电路服务向端系统保证了数据的按序到达,免去了端系统在顺序控制上的开销.但是,当端系统本身并不关心数据的顺序时,这项功能便成了多余,反倒影响了无序数据的整体效率.虚电路服务向端系统提供了无差错的数据传送,但是,在端系统只要求快速的数据传送,而不在乎个别数据块丢失的情况下,虚电路服务所提供的差错控制也就并不很必要了。

相反,有的端系统却要求很高的数据传送质量,虚电路服务所提供的差错控制还不能满足要求,端系统仍需要自己来进行更严格的差错控制,此时虚电路服务所做的工作又略嫌多余.不过,这种情况下, 虚电路服务毕竟在一定程度上为端系统分担了一部分工作,为降低差错概率还是起了一定作用。

(三)优缺点比较

1.在传输方式

虚电路服务在源、目的主机通信之前,应先建立一条虚电路,然后才能进行通信,通信结束应将虚电路拆除。而数据报服务,网络层从运输层接收报文,将其装上报头(源、目的地址等信息)后,作为一个独立的信息单位传送,不需建立和释放连接,目标结点收到数据后也不需发送确认,因而是一种开销较小的通信方式。但发方不能确切地知道对方是否准备好接收,是否正在忙碌,因而数据报服务的可靠性不是很高。

2.关于全网地址

虚电路服务仅在源主机发出呼叫分组中需要填上源和目的主机的全网地址,在数据传输阶段,都只需填上虚电路号。而数据报

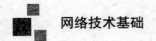

服务,由于每个数据报都单独传送,因此,在每个数据报中都必须具有源和目的主机的全网地址,以便网络结点根据所带地址向目的主机转发,这对频繁的人—机交互通信每次都附上源、目的主机的全网地址不仅累赘,也降低了信道利用率。

3.关于路由选择

虚电路服务沿途各结点只在呼叫请求分组在网中传输时,进行路径选择,以后便不需要了。可是在数据报服务时,每个数据每经过一个网络结点都要进行一次路由选择。当有一个很长的报文需要传输时,必须先把它分成若干个具有定长的分组,若采用数据报服务,势必增加网络开销。

4.关于分组顺序

对虚电路服务,由于从源主机发出的所有分组都是通过事先建立好的一条虚电路进行传输,所以能保证分组按发送顺序到达目的主机。但是,当把一份长报文分成若干个短的数据报时,由于它们被独立传送,可能各自通过不同的路径到达目的主机,因而数据报服务不能保证这些数据报按序列到达目的主机。

5.可靠性与适应性

虚电路服务在通信之前双方已进行过连接,而且每发完一定数量的分组后,对方也都给予确认,故虚电路服务比数据报服务的可靠性高。但是,当传输途中的某个结点或链路发生故障时,数据报服务可以绕开这些故障地区,而另选其他路径,把数据传至目的地,而虚电路服务则必须重新建立虚电路才能进行通信。因此,数据报服务的适应性比虚电路服务强。

6.关于平衡网络流量

数据报在传输过程中,中继结点可为数据报选择一条流量较小的路由,而避开流量较高的路由,因此数据报服务既平衡网络中的信息流量,又可使数据报得以更迅速地传输。而在虚电路服务中,一旦虚电路建立后,中继结点是不能根据流量情况来改变分组的传送路径的。

二、网际协议 IP

(一)网络协议的简介

网际协议(Internet Protocol,缩写:IP),或互联网协议,是用于报文交换网络的一种面向数据的协议。中文缩写为"网协".

数据在 IP 互联网中传送时会被封装为报文或封包。IP 协议的独特之处在于:在报文交换网络中主机在传输数据之前,无须与先前未曾通信过的目的主机预先建立好一条特定的"通路"。互联网协议提供了一种"不可靠的"数据包传输机制(也被称作"尽力而为");也就是说,它不保证数据能准确的传输。数据包在到达的时候可能已经损坏,顺序错乱(与其他一起传送的封包相比),产生冗余包,或者全部丢失。如果应用需要保证可靠性,一般需要采取其他的方法,例如利用 IP 的上层协议控制。

互联的二层网络通过报文交换机或者是互联网路由器进行互联,传输数据包。由于不必保证数据包传送质量,因此交换机的设计也是十分的简单。(大部分的网络设备都"尽力而为"的传送封包,避免封包丢失,损坏等问题出现,而这些都将给用户带来不便)。

现在的国际互联网普遍的采用了 IP 协议。而现在正在网络中运行的 IP 协议是 IPv4;IPv6 为 IPv4 的后续的一个版本。互联网现在正慢慢的耗尽 IP 地址,而 IPv6 的出现解决了这个问题,与 IPv4 的 32 位元的地址相比较而言,IPv6 拥有 128 位元的地址空间可以提供比前者多很多的地址。版本 0 至 3 不是被保留就是没有使用。而版本 5 被用于实验流传输协议。其他的版本也已经被分配了,通常是被用于实验的协议,而没有被广泛的应用。

网络之间互联的协议也就是为计算机网络相互连接进行通信而设计的协议。在因特网中,它是能使连接到网上的所有计算机网络实现相互通信的一套规则,规定了计算机在因特网上进行通信时应当遵守的规则。任何厂家生产的计算机系统,只要遵守 IP 协议就可以与因特网互联互通。IP 地址具有唯一性,根据用户性质的不同,可以分为 5 类。另外,IP 还有进入防护,知识产权,指针寄存器等含义。

1.网络互联

网络互联设备，如以太网、分组交换网等，它们相互之间不能互通，不能互通的主要原因是因为它们所传送数据的基本单元(技术上称之为"帧")的格式不同。IP协议实际上是一套由软件、程序组成的协议软件，它把各种不同"帧"统一转换成"网协数据包"格式，这种转换是因特网的一个最重要的特点，使所有各种计算机都能在因特网上实现互通，即具有"开放性"的特点。

（1）NNT流量数据包

那么，"数据包(data packet)"是什么？它又有什么特点呢？数据包也是分组交换的一种形式，就是把所传送的数据分段打成"包"，再传送出去。但是，与传统的"连接型"分组交换不同，它属于"无连接型"，是把打成的每个"包"（分组）都作为一个"独立的报文"传送出去，所以叫做"数据包"。这样，在开始通信之前就不需要先连接好一条电路，各个数据包不一定都通过同一条路径传输，所以叫做"无连接型"。这一特点非常重要，它大大提高了网络的坚固性和安全性。每个数据包都有报头和报文这两个部分，报头中有目的地址等必要内容，使每个数据包不经过同样的路径都能准确地到达目的地。在目的地重新组合还原成原来发送的数据。这就要IP具有分组打包和集合组装的功能。

（2）TCP/IP数据包格式

在传送过程中，数据包的长度为30000字节(Byte)(1字节=8二进制位)。

另外，特别注意的是，ip数据包指一个完整的ip信息，即ip数据包格式中各项的取值范围或规定，如版本号可以是4或者6,ip包头长度可以是20字节–60字节，总长度不超过65535字节，封装的上层协议可以是tcp和udp等。

（3）分片和重组

分片后的IP数据包，只有到达目的地才能重新组装。重新组装由目的地的 IP 层来完成,其目的是使分片和重新组装过程对传输层(TCP 和 UDP)是透明的。已经分片过的数据包有可能会再次进行分片(不止一次)。

IP 分片原因:链路层具有最大传输单元 MTU 这个特性,它限制了数据帧的最大长度,不同的网络类型都有一个上限值。以太网的 MTU 是 1500,你可以用 nets tat –i 命令查看这个值。如果 IP 层有数据包要传,而且数据包的长度超过了 MTU,那么 IP 层就要对数据包进行分片(fragmentation)操作,使每一片的长度都小于或等于 MTU。我们假设要传输一个 UDP 数据包,以太网的 MTU 为 1500 字节,一般 IP 首部为 20 字节,UDP 首部为 8 字节,数据的净荷(payload)部分预留是 1500–20–8=1472 字节。如果数据部分大于 1472 字节,就会出现分片现象。

2.IP 地址

IP 协议中还有一个非常重要的内容,那就是给因特网上的每台计算机和其他设备都规定了一个唯一的地址,叫做"IP 地址"。由于有这种唯一的地址,才保证了用户在联网的计算机上操作时,能够高效而且方便地从千千万万台计算机中选出自己所需的对象来。如今电信网正在与 IP 网走向融合,以 IP 为基础的新技术是热门的技术,如用 IP 网络传送话音的技术(即 VOIP)就很热门,其他如 IP over ATM、IP over SDH、IP over WDM 等等,都是 IP 技术的研究重点。

(1)地址公用地址

所谓 IP 地址就是给每个连接在互联网上的主机分配的一个 32 位地址。

IP 地址就好像电话号码(地址码):有了某人的电话号码,你就能与他通话了。同样,有了某台主机的 IP 地址,你就能与这台主机通信了。

按照 TCP/IP(Transport Control Protocol/Internet Protocol,传输控制协议 /Internet 协议)协议规定,IP 地址用二进制来表示,每个 IP

地址长 32bit,比特换算成字节,就是 4 个字节。例如一个采用二进制形式的 IP 地址是一串很长的数字, 人们处理起来也太费劲了。为了方便人们的使用,IP 地址经常被写成十进制的形式,中间使用符号 "." 分开不同的字节。于是, 上面的 IP 地址可以表示为 "10.0.0.1"。IP 地址的这种表示法叫做"点分十进制表示法",这显然比 1 和 0 容易记忆得多。

有人会以为,一台计算机只能有一个 IP 地址,这种观点是错误的。我们可以指定一台计算机具有多个 IP 地址,因此在访问互联网时,不要以为一个 IP 地址就是一台计算机;另外,通过特定的技术,也可以使多台服务器共用一个 IP 地址,这些服务器在用户看起来就像一台主机似的。将 IP 地址分成了网络号和主机号两部分,设计者就必须决定每部分包含多少位。网络号的位数直接决定了可以分配的网络数(计算方法 $2^\wedge$ 网络号位数);主机号的位数则决定了网络中最大的主机数(计算方法 $2^\wedge$ 主机号位数 -2)。然而,由于整个互联网所包含的网络规模可能比较大,也可能比较小,设计者最后聪明的选择了一种灵活的方案:将 IP 地址空间划分成不同的类别,每一类具有不同的网络号位数和主机号位数。

（2）IPV4 数据包头格式

IP 地址是 IP 网络中数据传输的依据,它标识了 IP 网络中的一个连接,一台主机可以有多个 IP 地址。IP 分组中的 IP 地址在网络传输中是保持不变的。

如今的 IP 网络使用 32 位地址, 以点分十进制表示,如 192.168.0.1。地址格式为:IP 地址 = 网络地址 + 主机地址或 IP 地址 = 网络地址 + 子网地址 + 主机地址。网络地址是因特网协会的 I-CANN(the Internet Corporation for Assigned Names and Numbers)分配的,下有负责北美地区的 InterNIC、负责欧洲地区的 RIPENIC 和负责亚太地区的 APNIC 目的是为了保证网络地址的全球唯一性。主机地址是由各个网络的系统管理员分配。因此,网络地址的唯一性与网络内主机地址的唯一性确保了 IP 地址的全球唯一性。

（3）地址分配

根据用途和安全性级别的不同,IP 地址还可以大致分为两类:公共地址和私有地址。公用地址在 Internet 中使用,可以在 Internet 中随意访问。私有地址只能在内部网络中使用,只有通过代理服务器才能与 Internet 通信。

（二）IP 查询

1.Windows 操作系统下

Ipconfig 详解:开始 ——— 运行,输入 cmd——— 在弹出的对话框里输入 ipconfig /all（网协配置、参数变量为全部）,然后回车出现列表.其中有一项:ip address 就是 ip 地址

Linux 操作系统下运行 ipconfig（网协配置）其中以太网下面 inet 地址即为 IP 地址

2.IP 协议

（1）Internet 体系结构

一个 TCP/IP 互联网提供了三组服务。最底层提供无连接的传送服务为其他层的服务提供了基础。第二层一个可靠的传送服务为应用层提供了一个高层平台。最高层是应用层服务。

（2）IP 协议:这种不可靠的、无连接的传送机制称为 Internet 协议。

（3）IP 协议三个定义:

1）IP 定义了在 TCP/IP 互联网上数据传送的基本单元和数据格式。

2）IP 软件完成路由选择功能,选择数据传送的路径。

3）IP 包含了一组不可靠分组传送的规则,指明了分组处理、差错信息发生以及分组的规则。

（4）IP 数据包:联网的基本传送单元是 IP 数据包,包括数据包头和数据区部分。

（5）IP 数据包封装:物理网络将包括数据包包头的整个数据包作为数据封装在一个帧中。

（6）MTU 网络最大传送单元：不同类型的物理网对一个物理帧可传送的数据量规定不同的上界。

（7）IP 数据包的重组：一是在通过一个网络重组；二是到达目的主机后重组。后者较好，它允许对每个数据包段独立地进行路由选择，且不要求路由器对分段存储或重组。

（8）生存时间：IP 数据包格式中设有一个生存时间字段，用来设置该数据包在联网中允许存在的时间，以秒为单位。如果其值为0，就把它从互联网上删除，并向源站点发回一个出错消息。

（9）IP 数据包选项：

IP 数据包选项字段主要是用于网络测试或调试。包括：记录路由选项、源路由选项、时间戳选项等。

路由和时间戳选项提供了一种监视或控制互联网路由器路由数据包的方法。

3.IP 分类

网络号用于识别主机所在的网络。

（1）IP 分类编址

主机号：用于识别该网络中的主机。

IP 地址分为五类，A 类保留给政府机构，B 类分配给中等规模的公司，C 类分配给任何需要的人，D 类用于组播，E 类用于实验，各类可容纳的地址数目不同。

A、B、C 三类 IP 地址的特征：当将 IP 地址写成二进制形式时，A 类地址的第一位总是 0，B 类地址的前两位总是 10，C 类地址的前三位总是 110。

（2）A 类地址

1）A 类地址第 1 字节为网络地址，其他 3 个字节为主机地址。它的第 1 个字节的第一位固定为 0.

2）A 类地址网络号范围：1.0.0.0———126.0.0.0

3）A 类地址中的私有地址和保留地址：

①10.X.X.X 是私有地址（所谓的私有地址就是在互联网上不

使 用 ， 而 被 用 在 局 域 网 络 中 的 地 址 ）。 范 围
（10.0.0.0---10.255.255.255）

②127.X.X.X 是保留地址,用做循环测试用的。

（3）B 类地址

1）B 类地址第 1 字节和第 2 字节为网络地址,其他 2 个字节为
主机地址。它的第 1 个字节的前两位固定为 10.

2）B 类地址网络号范围:128.0.0.0---191.255.0.0。

3）B 类地址的私有地址和保留地址

①172.16.0.0---172.31.255.255 是私有地址

②169.254.X.X 是保留地址。如果你的 IP 地址是自动获取 IP 地
址,而你在网络上又没有找到可用的 DHCP 服务器。就会得到其中
一个 IP。
191.255.255.255 是广播地址,不能分配。

（4）C 类地址

1）C 类地址第 1 字节、第 2 字节和第 3 个字节为网络地址,第
4 个字节为主机地址。另外第 1 个字节的前三位固定为 110。

2）C 类地址网络号范围:192.0.0.0---223.255.255.0。

3）C 类 地 址 中 的 私 有 地 址 192.168.X.X 是 私 有 地 址。
（192.168.0.0---192.168.255.255)

（5）D 类地址

1）D 类地址不分网络地址和主机地址，它的第 1 个字节的前
四位固定为 1110。

2）D 类地址范围:224.0.0.0---239.255.255.255

（6）E 类地址

1）E 类地址不分网络地址和主机地址,它的第 1 个字节的前五
位固定为 11110。

2）E 类地址范围:240.0.0.0---255.255.255.254

IP 地址如果只使用 ABCDE 类来划分，会造成大量的浪费:一
个有 500 台主机的网络,无法使用 C 类地址。但如果使用一个 B 类

地址,6 万多个主机地址只有 500 个被使用,造成 IP 地址的大量浪费。因此,IP 地址还支持 VLSM 技术,可以在 ABC 类网络的基础上,进一步划分子网。

(7)无类地址

除 ABCDE 以外的 IP 地址段划分方式,如:192.168.1.0 255.255.255.252 等分成 C 段划分的地址

4.实体 IP

在网络的世界里,为了要辨识每一部计算机的位置,因此有了计算机 IP 位址的定义。一个 IP 就好似一个门牌!例如,你要去微软的网站的话,就要去『64.4.11.42』这个 IP 位置! 这些可以直接在网际网络上沟通的 IP 就被称为『实体 IP』了。

5.虚拟 IP

不过,众所皆知的,IP 位址仅为 xx.xxx.xxx.xxx 的资料形态,其中,xxx 为 1–255 间的整数,由于计算机的成长速度太快,实体的 IP 已经有点不足了,好在早在规划 IP 时就已经预留了三个网段的 IP 作为内部网域的虚拟 IP 之用。这三个预留的 IP 分别为:

(1)A 级:10.0.0.1 – 10.255.255.254

(2)B 级:172.16.0.1 – 172.31.255.254

(3)C 级:192.168.0.1 – 192.168.255.254

上述中最常用的是 192.168.0.0 这一组。不过,由于是虚拟 IP,所以当您使用这些地址的时候,当然是有所限制的,限制如下:

私有位址的路由信息不能对外散播,使用私有位址作为来源或目的地址的封包,不能透过 Internet 来转送。关于私有位址的参考纪录(如 DNS),只能限于内部网络使用。由于虚拟 IP 的计算机并不能直接连上 Internet,因此需要特别的功能才能上网。不过,这给我们架设 IP 网络提供了很大的方便,比如:您的公司还没有连上 Internet 但这不保证将来不会。使用公共 IP 的话,如果没经过注册 在以后真正连上网络的时候 就很可能和别人冲突了。也正如前面所分析的,到时候再重新规划 IP 的话 将是件非常头痛的问

题。这时候,我们可以先利用私有位址来架设网络,等到真要连上 internet 的时候,我们可以使用 IP 转换协定,如 NAT (Network Address Translation)等技术,配合新注册的 IP 就可以了。

6.掩码

为了标识 IP 地址的网络部分和主机部分,要和地址掩码(Address Mask)结合,掩码跟 IP 地址一样也是 32 bits,用点分十进制表示。IP 地址网络部分对应的掩码部分全为"1",主机部分对应的掩码全为"0"。

缺省状态下,如果没有进行子网划分,A 类网络的子网掩码为 255.0.0.0,B 类网络的子网掩码为 255.255.0.0,C 类网络的子网掩码为 255.255.255.0。利用子网,网络地址的使用会更加有效。

有了子网掩码后,IP 地址的标识方法如下:例:192.168.1.1 255.255.255.0 或者标识成 192.168.1.1/24(掩码中"1"的个数)。固定 IP 与动态 IP 基本上,这两个东西是由于网络公司大量的成长下的产物,例如,你如果向中国电信申请一个商业形态的 ADSL 专线,那他会给你一个固定的实体 IP,这个实体 IP 就被称为『固定 IP』了。而若你是申请计时制的 ADSL,那由于你的 IP 可能是由数十人共同使用,因此你每次重新开机上网时,你这部计算机的 IP 都不会是固定的!于是就被称为『动态 IP』或者是『浮动式 IP』。基本上,这两个都是『实体 IP』,只是网络公司用来分配给用户的方法不同而产生不同的名称而已!

(三)特殊地址

1.组播地址

在 IP 地址空间中,有的 IP 地址不能为设备分配的,有的 IP 地址不能用在公网,有的 IP 地址只能在本机使用,诸如此类的特殊 IP 地址众多:注意它和广播的区别。从 224.0.0.0 到 239.255.255.255 都是这样的地址。224.0.0.1 特指所有主机,224.0.0.2 特指所有路由器。这样的地址多用于一些特定的程序以及多媒体程序。如果你的主机开启了 IRDP (Internet 路由发现协

网络技术基础

议,使用组播功能)功能,那么你的主机路由表中应该有这样一条
路由。

2.受限组播地址

如果你的主机使用了 DHCP 功能自动获得一个 IP 地址，那么
当你的 DHCP 服务器发生故障，或响应时间太长而超出了一个系
统规定的时间,Windows 系统会为你分配这样一个地址。如果你发
现你的主机 IP 地址是一个诸如此类的地址,很不幸,十有八九是
你的网络不能正常运行了。

3.受限广播地址

广播通信是一对所有的通信方式。若一个 IP 地址的 2 进制数
全为 1,也就是 255.255.255.255,则这个地址用于定义整个互联网。
如果设备想使 IP 数据报被整个 Internet 所接收，就发送这个目的
地址全为 1 的广播包,但这样会给整个互联网带来灾难性的负担。
因此网络上的所有路由器都阻止具有这种类型的分组被转发出
去,使这样的广播仅限于本地网段。

4.直接广播地址

一个网络中的最后一个地址为直接广播地址，也就是 HostID
全为 1 的地址。主机使用这种地址把一个 IP 数据报发送到本地网
段的所有设备上，路由器会转发这种数据报到特定网络上的所有
主机。注意这个地址在 IP 数据报中只能作为目的地址。另外,直接
广播地址使一个网段中可分配给设备的地址数减少了 1 个。

5.源 IP 地址

若 IP 地址全为 0,也就是 0.0.0.0,则这个 IP 地址在 IP 数据报
中只能用作源 IP 地址,这发生在当设备启动时但又不知道自己的
IP 地址情况下。在使用 DHCP 分配 IP 地址的网络环境中,这样的
地址是很常见的。用户主机为了获得一个可用的 IP 地址，就给
DHCP 服务器发送 IP 分组,并用这样的地址作为源地址,目的地址
为 255.255.255.255(因为主机这时还不知道 DHCP 服务器的 IP 地
址)。NetID 为 0 的当某个主机向同一网段上的其他主机发送报文

·314·

时就可以使用这样的地址，分组也不会被路由器转发。比如
12.12.12.0/24 这个网络中的一台主机 12.12.12.2/24 在与同一网络
中的另一台主机 12.12.12.8/24 通信时，目的地址可以是 0.0.0.8。

6.环回地址

127 网段的所有地址都称为环回地址，主要用来测试网络协议
是否工作正常的作用。比如使用 ping127.0.0.1 就可以测试本地
TCP/IP 协议是否已正确安装。另外一个用途是当客户进程用环回
地址发送报文给位于同一台机器上的服务器进程，比如在浏览器
里输入 127.1.2.3，这样可以在排除网络路由的情况下用来测试 IIS
是否正常启动。

7.环回地址

IP 地址空间中，有一些 IP 地址被定义为专用地址，这样的地
址不能为 Internet 网络的设备分配，只能在企业内部使用，因此也
称为私有地址。若要在 Internet 网上使用这样的地址，必须使用网
络地址转换或者端口映射技术。

这些专有地址是：10/8 地址范围：10.0.0.0 到 10.255.255.255 共
有 2 的 24 次方个地址；172.16/12 地址范围：172.16.0.0 至
172.31.255.255 共有 2 的 20 次方个地址；192.168/16 地址范围：
192.168.0.0 至 192.168.255.255 共有 2 的 16 次方个地址。

（四）IPV6

1.V6 简介

IPv6 是 "Internet Protocol Version 6" 的缩写，也被称作下一代
互联网协议，它是由 IETF 小组（Internet 工程任务组 Internet Engi-
neering Task Force）设计的用来替代现行的 IPv4（现行的 IP）协议的
一种新的 IP 协议。

我们知道，Internet 的主机都有一个唯一的 IP 地址，IP 地址用
一个 32 位二进制的数表示一个主机号码，但 32 位地址资源有限，
已经不能满足用户的需求了，因此 Internet 研究组织发布新的主机
标识方法，即 IPv6。在 RFC1884 中（RFC 是 Request for Comments

Document 的缩写。RFC 实际上就是 Internet 有关服务的一些标准），规定的标准语法建议把 IPv6 地址的 128 位（16 个字节）写成 8 个 16 位的无符号整数，每个整数用四个十六进制位表示，这些数之间用冒号（:）分开，例如：3ffe:3201:1401:1280:c8ff:fe4d:db39:1984

特扩展的寻址能力

IPv6 将 IP 地址长度从 32 位扩展到 128 位，支持更多级别的地址层次、更多的可寻址节点数以及更简单的地址自动配置。通过在组播地址中增加一个"范围"域提高了多点传送路由的可扩展性。还定义了一种新的地址类型，称为"任意播地址"，用于发送包给一组节点中的任意一个；简化的报头格式一些 IPv4 报头字段被删除或变为了可选项，以减少包处理中例行处理的消耗并限制 IPv6 报头消耗的带宽；对扩展报头和选项支持的改进 IP 报头选项编码方式的改变可以提高转发效率，使得对选项长度的限制更宽松，且提供了将来引入新的选项的更大的灵活性；标识流的能力增加了一种新的能力，使得标识属于发送方要求特别处理（如非默认的服务质量获"实时"服务）的特定通信"流"的包成为可能；认证和加密能力 IPv6 中指定了支持认证、数据完整性和（可选的）数据机密性的扩展功能。

2.代理 IP

代理 IP 就是代理服务器，英文全称是 Proxy Server，其功能就是代理网络用户去取得网络信息。形象的说：它是网络信息的中转站。在一般情况下，我们使用网络浏览器直接去连接其他 Internet 站点取得网络信息时，须送出 Request 信号来得到回答，然后对方再把信息以 bit 方式传送回来。代理服务器是介于浏览器和 Web 服务器之间的一台服务器，有了它之后，浏览器不是直接到 Web 服务器去取回网页而是向代理服务器发出请求，Request 信号会先送到代理服务器，由代理服务器来取回浏览器所需要的信息并传送给你的浏览器。而且，大部分代理服务器都具有缓冲的功能，就好像一个大的 Cache，它有很大的存储空间，它不断将新取得数据储存到它本机的存储器上，如果浏览器所请求的数据在它本机的存储器上已经存在而且是最新的，那么它就不重新从 Web 服务器取数据，而直接将存储器上的数据传送给用户的浏览器，这样就能显著提高浏览速度和效率。更重要的是：Proxy Server（代理服务器）是 Internet 链路级网关所提供的一种重要的安全功能，它的工作主要在开放系统互联(OSI)模型的对话层。主要的功能有：

（1）突破自身 IP 访问限制，访问国外站点。教育网、169 网等网络用户可以通过代理访问国外网站。

（2）访问一些单位或团体内部资源，如某大学 FTP（前提是该代理地址在该资源的允许访问范围之内），使用教育网内地址段免费代理服务器，就可以用于对教育网开放的各类 FTP 下载上传，以及各类资料查询共享等服务。

（3）突破中国电信的 IP 封锁：中国电信用户有很多网站是被限制访问的，这种限制是人为的，不同 Serve 对地址的封锁是不同的。所以不能访问时可以换一个国外的代理服务器试试。

（4）提高访问速度：通常代理服务器都设置一个较大的硬盘缓冲区，当有外界的信息通过时，同时也将其保存到缓冲区中，当其他用户再访问相同的信息时，则直接由缓冲区中取出信息，传给用户，以提高访问速度。

（5）隐藏真实 IP：上网者也可以通过这种方法隐藏自己的 IP，免受攻击。

3.IP 认证

IP 认证（Identity Preservation Certification）是对企业为保持产品的特定身份（如转基因身份）而建立的保证体系，按照特定标准进行审核、发证的过程。

IP 体系是为防止在食品、饲料和种子生产中潜在的转基因成分的污染，从非转基因作物种子的播种到农产品的田间管理、收获、运输、出口、加工的整个生产供应链中通过严格的控制、检测、可追踪性信息的建立等措施，确保非转基因产品"身份"的纯粹性，并提高产品价值的生产和质量保证体系。

4.IP 体系的特点

（1）可追踪性,为产品提供整个生产供应链的全方位信息

（2）严格的隔离,杜绝一切非受控材料的意外混入

（3）策略性的代表性取样和检测,验证产品的非转基因身份

（4）完善的体系文件和程序手册,产品质量保证的基础

（5）严格的内外控制,确保 IP 体系有效运行

三、划分子网和构造超网

（一）划分子网

Internet 组织机构定义了五种 IP 地址,有 A、B、C 三类地址。A 类网络有 126 个,每个 A 类网络可能有 16777214 台主机,它们处于同一广播域。而在同一广播域中有这么多结点是不可能的,网络会因为广播通信而饱和, 结果造成 16777214 个地址大部分没有分配出去。可以把基于每类的 IP 网络进一步分成更小的网络,每个子网由路由器界定并分配一个新的子网网络地址, 子网地址是借用基于每类的网络地址的主机部分创建的。划分子网后,通过使用掩码,把子网隐藏起来,使得从外部看网络没有变化,这就是子网掩码。

RFC 950 定义了子网掩码的使用, 子网掩码是一个 32 位的 2 进制数,其对应网络地址的所有位置都为 1,对应于主机地址的所有位置都为 0。

由此可知,A 类网络的默认子网掩码是 255.0.0.0,B 类网络的默认子网掩码是 255.255.0.0,C 类网络的默认子网掩码是 255.255.255.0。将子网掩码和 IP 地址按位进行逻辑"与"运算,得到 IP 地址的网络地址,剩下的部分就是主机地址,从而区分出任意 IP 地址中的网络地址和主机地址。

子网掩码常用点分十进制表示,我们还可以用 CIDR 的网络前缀法表示掩码,即"/< 网络地址位数 >;"。如 138.96.0.0/16 表示 B 类网络 138.96.0.0 的子网掩码为 255.255.0.0。

1.子网寻址

（1）从两级 IP 地址到三级 IP 地址

1）IP 地址利用率有时很低。

2）给每一个物理网络分配一个网络号会使路由表变得太大而使网络性能变坏。

3）两级 IP 地址不够灵活。

为了解决上述问题，1985 年起在 IP 地址中增加了一个"子网号字段"，使两级 IP 地址变为三级 IP 地址。这种方法叫做划分子网，或子网寻址或子网路由选择。

（2）划分子网的基本思路如下：

1）一个拥有许多物理网络的单位，可将所属的物理网络划分为若干个子网（subnet）。划分子网纯属一个单位内部的事情。本单位以外的网络看不见这个网络是由多少个子网组成，因为这个单位对外仍然表现为一个网络。

2）划分子网的方法是从网络的主机号借用若干位作为子网号 subnet-id，当然主机号也就相应减少了同样的位数。于是两级 IP 地址在本单位内部就变成三级 IP 地址：网络号、子网号和主机号。也可以用以下记法来表示：IP 地址::= ｛<网络号>,<子网号>,<主机号>｝

3）凡是从其他网络发送给本单位某个主机的 IP 数据报，仍然是根据 IP 数据报的目的网络号找到连接在本单位网络上的路由器。但此路由器在收到 IP 数据报后，再按目的网络号和子网号找到目的子网，把 IP 数据报交付给目的主机。

2.子网掩码

（1）从 IP 数据报的首部并不知道源主机或目的主机所连接的网络是否进行了子网划分。这是因为 32 位的 IP 地址本身以及数据报的首部都没有包含任何有关子网划分的信息。因此必须想办法，使 IP 数据报到达时路由器知道如何把它转发至某个子网。这就是子网掩码。

子网掩码:也是 32 位,由一串 1 和跟随的一串 0 组成。子网掩码中的 1 对应于 IP 地址中原来的 net-id 加上 subnet-id,而子网掩码中的 0 对应于现在的 host-id。

使用子网掩码的好处是:不管网络有没有划分子网,只要把子网掩码和 IP 地址进行逐位的"与"运算(AND),就立即得出网络地址来。

另外,不划分子网时,使用子网掩码可以更便于查找路由表。如果一个网络不划分子网,则使用默认子网掩码。

A 类地址的默认子网掩码是 255.0.0.0,或 0xFF000000。

B 类地址的默认子网掩码是 255.255.0.0,或 0xFFFF000。

C 类地址的默认子网掩码是 255.255.255.0,或 0xFFFFFF00。

划分子网增加了灵活性,但却减少了能够连接在网络上的主机数。同样的 IP 地址和不同的子网掩码可以得出相同的网络地址,但是,不同的子网掩码的效果是不同的。

(2)使用子网时分组的转发 使用子网划分时,路由表必须包含以下三项内容:目的网络地址、子网掩码和下一跳地址。在划分子网的情况下,路由表转发分组的算法如下:

1)从收到的数据报的首部提取目的 IP 地址 D。

2)先判断是否为直接交付。对路由器直接相连的网络逐个进行检查:用各网络的子网掩码和 D 逐位相"与"(AND 操作),看结果是否和相应的网络地址匹配。若匹配,则把分组进行直接交付(当然还要把 D 转换成物理地址,把数据报封装成帧再发送出去),转发任务结束。否则就是间接交付,执行 3)。

3)若路由表中有目的地址为 D 的特定主机路由,则把数据报传送给路由表中所指明的下一跳路由器;否则,执行 4>。

4)对路由表中的每一行(目的网络地址、子网掩码、下一跳地址),用其中的子网掩码和 D 逐位相"与"(AND 操作),其结果为 N。若 N 与该行的目的网络地址匹配,则数据报传送给指明的下一跳路由器;否则,执行 5>。

5)若路由表中有一个默认路由,则把数据报传送给路由表中所指明的默认路由器;否则,执行6)。

6)报告转发分组出错。

3.IP 判断

子网掩码告知路由器,IP 地址的前多少位是网络地址,后多少位(剩余位)是主机地址,使路由器正确判断任意 IP 地址是否是本网段的,从而正确地进行路由。

例如,有两台主机,主机一的 IP 地址为 222.21.160.6,子网掩码为 255.255.255.192,主机二的 IP 地址为 222.21.160.73,子网掩码为 255.255.255.192。现在主机一要给主机二发送数据,先要判断两个主机是否在同一网段。

(1)主机一

1)222.21.160.6 即:11011110.00010101.10100000.00000110

2)255.255.255.192 即:11111111.11111111.11111111.11000000

3)按位逻辑与运算结果为:11011110.00010101.10100000.00000000

4)十进制形式为(网络地址):222.21.160.0

(2)主机二

1)222.21.160.73 即:11011110.00010101.10100000.01001001

2)255.255.255.192 即:11111111.11111111.11111111.11000000

3)按位逻辑与运算结果为:11011110.00010101.10100000.01000000

4)十进制形式为(网络地址):222.21.160.64

C 类地址判断前三位是否相同,即可确定 2 个 IP 地址是否在同一网段内,但本例中的 222.21.160.6 与 222.21.160.73 不在同一网段,因为这两个 C 类 IP 地址已经做了子网划分就不能只判断前三位是否相同就确认这两个 IP 是否在同一网段。其中 222.21.160.6 在 222.21.160.1-222.21.160.62 段,222.21.160.73 在 222.21.160.65-222.21.160.126 段,所以不在同一网段,如果要通信需要通过路由器转发。设置子网划分是通过借用 IP 地址的若干位主机位来充当子网地址从而将原网络划分为若干子网而实现的。

划分子网时,随着子网地址借用主机位数的增多,子网的数目随之增加,而每个子网中的可用主机数逐渐减少。以 C 类网络为例,原有 8 位主机位,2 的 8 次方即 256 个主机地址,默认子网掩码 255.255.255.0。借用 1 位主机位,产生 2 个子网,每个子网有 126 个主机地址;借用 2 位主机位,产生 4 个子网,每个子网有 62 个主机地址……每个网中,第一个 IP 地址(即主机部分全部为 0 的 IP)和最后一个 IP(即主机部分全部为 1 的 IP)不能分配给主机使用,所以每个子网的可用 IP 地址数为总 IP 地址数量减 2;根据子网 ID 借用的主机位数,我们可以计算出划分的子网数、掩码、每个子网主机数。

4.计算步骤

(1)确定要划分的子网数

(2)求出子网数目对应二进制数的位数 N 及主机数目对应二进制数的位数 M。

(3)对该 IP 地址的原子网掩码,将其主机地址部分的前 N 位置取 1 或后 M 位置取 0 即得出该 IP 地址划分子网后的子网掩码。

例如,对 B 类网络 135.41.0.0/16 需要划分为 20 个能容纳 200台主机的网络(即:子网)。因为 16<20<32,即:2 的 4 次方 <20<2 的 5 次方,所以,子网位只须占用 5 位主机位就可划分成 32 个子网,可以满足划分成 20 个子网的要求。B 类网络的默认子网掩码是 255.255.0.0,转换为二进制为 11111111.11111111.00000000.00000000。现在子网又占用了 5 位主机位,根据子网掩码的定义,划分子网后的子网掩码应该为 11111111.11111111.11111000.00000000,转换为十进制应该为 255.255.248.0。现在我们再来看一看每个子网的主机数。子网中可用主机位还有 11 位,2 的 11 次方 =2048,去掉主机位全 0 和全 1 的情况,还有 2046 个主机 ID 可以分配,而子网能容纳 200 台主机就能满足需求,按照上述方式划分子网,每个子网能容纳的主机数目远大于需求的主机数目,造成了 IP 地址资源的浪费。为了更有效地利用资源,我们也可以根据子网所需主机数来划

分子网。还以上例来说,128<200<256,即 $2^7<200<2^8$,也就是说,在 B 类网络的 16 位主机位中,保留 8 位主机位,其他的 16 – 8=8 位当成子网位,可以将 B 类网络 135. 41.0.0 划分成 256(2^8)个能容纳 256 – 1 – 1=254 台(去掉全 0 全 1 情况)主机的子网。此时的子网掩码为 11111111.11111111.11111111.00000000,转换为十进制为 255.255.255.0。

在上例中,我们分别根据子网数和主机数划分了子网,得到了两种不同的结果,都能满足要求,实际上,子网占用 5~8 位主机位时所得到的子网都能满足上述要求,那么,在实际工作中,应按照什么原则来决定占用几位主机位呢?

5.注意事项

在划分子网时,不仅要考虑目前需要,还应了解将来需要多少子网和主机。对子网掩码使用必须要更多的子网位,可以得到更多的子网,节约了 IP 地址资源,若将来需要更多子网时,不用再重新分配 IP 地址,但每个子网的主机数量有限;反之,子网掩码使用较少的子网位,每个子网的主机数量允许有更大的增长,但可用子网数量有限。一般来说,一个网络中的节点数太多,网络会因为广播通信而饱和,所以,网络中的主机数量的增长是有限的,也就是说,在条件允许的情况下,会将更多的主机位用于子网位。

子网掩码的设置关系到子网的划分。子网掩码设置的不同,所得到的子网不同,每个子网能容纳的主机数目不同。若设置错误,可能导致数据传输错误。

优点:1.减少网络流量 2.提高网络性能 3.简化管理 4.易于扩大地理范围

(二)构造超网

超网(supernetting)是与子网类似的概念 ――IP 地址根据子网掩码被分为独立的网络地址和主机地址。但是,与子网把大网络分成若干小网络相反,它是把一些小网络组合成一个大网络 ―― 超网。

超网创建用来解决路由列表超出现有软件和管理人力的问题

以及提供 B 类网络地址空间耗尽的解决办法。超网允许一个路由列表入口表示一个网络集合，就如一个区域代码表示一个区域的电话号码的集合一样。

目前盛行的外部网关协议边界网关协议(BGP)以及开放式最短路径优先(OSPF)路由协议都支持超网技术。

子网划分将一个单一的 IP 地址划分成多个子网，以延缓大型网络地址(主要是 B 类)的分配速度。子网划分从 20 世纪 80 年代提出以后的确起到了这个作用。但是到了 20 世纪 90 年代，子网划分也就无法阻止 B 类网络地址最后耗尽的趋势。原因很简单，B 类地址只有一万六千多个。而人们在为中等大小的网络申请地址时，更倾向于使用 B 类地址，并在其上进行子网划分，以避免由于使用多个 C 类地址给网络配置和管理带来的不便。因此，B 类地址分配的速度很快，而 C 类地址的分配速度则慢很多。为了解决 B 类地址空间紧张的问题，并充分利用 C 类地址空间(C 类网络的数量有 2 百多万个)，人们又提出了超网技术。

超网的功能是将多个连续的 C 类的网络地址聚合起来映射到一个物理网络上。这样，这个物理网络就可以使用这个聚合起来的 C 类地址的共同地址前缀作为其网络号。

超网创建用来解决路由列表超出现有软件和管理人力的问题以及提供 B 类网络地址空间耗尽的解决办法。超网允许一个路由列表入口表示一个网络集合，就如一个区域代码表示一个区域的电话号码的集合一样。

目前盛行的外部网关协议边界网关协议(BGP)以及开放式最短路径优先(OSPF)路由协议都支持超网技术。

1.无分类编址 CIDR(构造超网)

(1)在一个划分子网的网络中可同时使用几个不同的子网掩码。使用变长子网掩码 VLSM (Variable Length Subnet Mask) 可进一步提高 IP 地址资源的利用率。在 VLSM 的基础上又进一步研究出无分类编址方法，它的正式名字是无分类域间路由选择 CIDR (

Classless Inter–Domain Routing）。

（2）CIDR 两个主要特点

1)消除了传统的 A 类、B 类和 C 类地址以及划分子网的概念。

CIDR 把 32 位的 IP 地址划分为两个部分。前面的部分是"网络前缀"用来指明网络，后面的部分则用来指明主机。因此 CIDR 使 IP 地址从三级编址又回到了两级编址，但这已是无分类的两级编址。它的记法是：

2)IP 地址:= {< 网络前缀 >, < 主机号 >}

CIDR 还使用"斜线记法"，或称为 CIDR 记法，即在 IP 地址后面加上斜线"/"，然后写上网络前缀所占的位数。128.14.35.7/20 = 10000000 00001110 00100011 00000111

（3）CIDR 把网络前缀都相同的连续的 IP 地址组成一个"CIDR 地址块"。我们只要知道 CIDR 地址块中的任何一个地址，就可以知道这个地址块的起始地址（即最小地址）和最大地址，以及地址块中的地址数。

最 小 地 址 128.14.32.0　 10000000　00001110　00100000 00000000

最 大 地 址 128.14.47.255　 10000000　00001110　00101111 11111111

这个地址块共有 $2^{12}-2$ 个地址，我们可使用地址块中的最小地址和网络地址块的位数指明这个地址块。例如，上面的地址块可记为 128.14.32.0/20，也可简称为"/20 地址块"。

CIDR 使用 32 位的地址掩码，由一串 1 和一串 0 组成，而 1 的个数是网络前缀的长度。例如，/20 地址块的地址掩码是 11111111 11111111 11110000 00000000。斜线记法中，斜线后面的数字就是地址掩码中 1 的个数。

由于一个 CIDR 地址块中有很多地址，所以在路由表中就利用 CIDR 地址块来查找目的网络。这种地址的聚合常称为路由聚合（route aggregation），它使得路由表中的一个项目可以表示原来传统分类地址的很多个路由。路由聚合也称为构成超网。

CIDR 记法有很多形式。10.0.0.0/10 可简写为 10/10。0000101000*（意思是 * 号前是网络前缀，* 表示主机号，可以任意值)CIDR 可更加有效地分配 IPv4 的地址空间。

2.优点和不足

超网的优点是可以充分利用 C 类网络空间资源。在多数情况下，使用超网地址分配乐意使分配的网络空间与实际所需的结点数量相匹配,因而提高了地址空间的利用率。例如,一个 4000 个结点的物理网络，分配一个 B 类地址显然是浪费，但 C 类地址又太小,那么我们可以为该物理网络分配一个由 16 个连续 C 类网络构成的地址空间块。

超网方式也带来了新的问题:路由表规模的增长。路由表规模与网络数量成正比。一个物理网络对应多个 C 类网络地址,使得该网络在路由表中对应于多个 C 类的前缀表项,使路由表过于庞大。路由协议为交换路由信息而带来的开销也急剧增加。这个问题可采用无类型域间路由就(CIDR,Class Inter-Domain-Routing)技术来解决。尽管一个物理网络在路由表中对应多个表项,但所有表项必然指向同一个下一跳地址,因此有可能对表项进行聚合。CIDR 技术可以把路由表中连续的 C 类网络地址块聚合的 C 类网络地址必须是连续的,且地址块的数量为 2 的幂。聚合以后的 CIDR 地址块的网络前缀的长度。显然,子网掩码的长度将小于 24(C 类网络的掩码长度)。与子网选路中采用的表示形式一样,CIDR 定义得地址快也统一表示成"网络前缀 / 子网掩码位数"的形式。

3.超网 CIDR 的特点

（1)CIDR 消除了传统的 A 类、B 类和 C 类地址以及划分子网的概念,可以更加有效的分配 IP 地址空间。CIDR 使用各种长度的"网络前缀"来代替分类地址中的网络号和子网号,而不是像分类地址中只能使用 1 字节、2 字节、3 字节长的网络号。CIDR 不再使用"子网"的概念而使用网络前缀,使用 IP 地址从三级编址又回到了两级编址,即无分类的两级编址。

IP 地址:={< 网络前缀 >,< 主机号 >}

CIDR 也使用"斜线记法",即在 IP 地址后写上斜线"/",然后写上网络前缀所占的位数(对应子网掩码中 1 的个数)。

(2)CIDR 把网络前缀都相同的连续的 IP 地址组成"CIDR 地址块",一个 CIDR 地址块是由地址块的起始地址(即地址块中地址数值最小的一个)和地址块中的地址数来定义的。CIDR 地址块也可用斜线记法来表示。

由于一个 CIDR 地址块可以表示很多地址,所以在路由表中就利用 CIDR 地址块来查找目的网络。这种地址的聚合通常称为路由聚合,它使得路由表中的一个项目可以表示原来传统分类地址的很多个路由。路由聚合也称为构成超网。路由聚合有利于减少路由器之间的路由选择信息的交换,从而提高了整个因特网的性能。

四、网际控制报文协议 ICMP

(一)ICMP 分析

ICMP 是(Internet Control Message Protocol)Internet 控制报文协议。它是 TCP/IP 协议族的一个子协议,用于在 IP 主机、路由器之间传递控制消息。控制消息是指网络通不通、主机是否可达、路由是否可用等网络本身的消息。这些控制消息虽然并不传输用户数据,但是对于用户数据的传递起着重要的作用。

ICMP 是为了解决两大问题:1.反馈分组传送和到达中出现的各种错误;2.查询主机或路由器信息。

ICMP 是网络层协议,但它不直接传递给下层(数据链路层),而是被封装为 IP 数据报传递给下层。

1.功能分类

ICMP 报文分为差错报告报文和查询报文,

(1)差错报告报文

差错报告报文总是发给数据源站,以下 4 中情况不产生 ICMP 报文。1)携带 ICMP 的数据报不再产生 ICMP 报文;2)若数据报进行了分片,只有第一个分片能产生 ICMP 报文;3)多播地址的数据报,不产生 ICMP 报文;4)特殊地址(如 127.0.0.0 或 0.0.0.0)不产生 ICMP 报文。

(2)ICMP 差错报告报文含有出现差错原始数据报的首部和数据部分的前 8 个字节,这 8 个字节可以提供传输层(TCP 或 UDP)关于数据报出错部分相关信息,如端口号(TCP 和 UDP)和序号。

(3)差错报文类别有

1)终点不可达:原因可能有网络不可达,主机不可达,端口不可达,协议不可达等,有些是路由器发出,有些是目的主机发出,但即使源点没有收到终点不可达 ICMP, 也不能确定目的主机已经收到了数据报,因为如以太网这样的网络,没有数据报确认机制,必须由上层确认。

2)源点抑制:源点抑制提供了拥塞控制,当路由器或者主机因拥塞丢弃数据报时,每个被丢弃的数据报都要向源点发送源点抑制报文。

2.源点抑制作用

(1)告诉源点数据报被丢弃

(2)要求源点放慢发包速度.

(3)没有一种机制告诉源点拥塞已经得到缓解,源点只有不断放慢发包速度,直到不再收到源点抑制数据报

(4)在多对 1 发包的情况下,发送方速度不一致,产生拥塞后,路由器或目的主机不知道那个源点该对拥塞负责,他们只知道向被丢弃的数据报源点发送 ICMP

3.超时的情况

(1)生存时间(实际是跳数)递减为 0,数据报被丢弃,向源点发送 ICMP 超时报文,这种报文只有可能是路由器发送。

(2)当目的主机收到一个分片时,就会启动一个分片计时器,如果计时器内分片没完全到达,则发送超时报文并丢弃已经收到的所有分片。

（3）参数问题:数据报首部出现错误或者首部缺少一些选项发送此报文,主机和路由器都可能发送此报文

（4）改变路由(非常重要):路由器要经常更新自己的路由表,网络上主机的数量远远大于路由器的数量, 如果主机也动态更新,将产生无法忍受的通信量,所以主机使用静态路由选择,一般情况下,开始时主机只知道默认路由地址,IP 数据报将被发送到默认路由器,但也许此数据报应该被发到另外的路由器,默认路由器知道这种情况后,转发此数据报,并向源点发送改变路由 ICMP,让主机刷新自己的路由表,主机的路由表通过这种方式进行更新

说明:改变路由是唯一一个不会丢弃数据报的差错报告报文

4.查询报文

（1）此报由源点发出,再由目的点以指定的格式进行回答

（2）查询报文类别有:

1)回送请求与回答:一般用于源主机或源路由器判断目的主机或目的路由器能否与其通信,主机和路由器都能发送此报文,此报文包括了回送请求报文和回送回答报文,ping 命令便是此报文。

2）时间戳请求和回答: 包括时间戳请求报文和时间戳回答报文,它能够确定 IP 数据报在两台机器的往返时间,即使两个路由器本地时间不同步,但他们的往返时间仍然是精确的,具体计算方法参考书上。

（二)ICMP 与 IP 的关系

1.ICMP 的作用

IP 层的主要控制功能包括差错控制、拥塞控制和路由控制。若在 IP 报文传输过程中出现错误,IP 协议本身并没有一种内在的机制获取差错信息并进行差错控制。比如以下问题 IP 协议本身是不能解答的:(1)数据报是否正确地到达了接收端？(2)若数据报不能到达接收方,那么这是什么原因造成的？

为此, 在 TCP/IP 中设计了 ICMP 协议来处理报文传输过程中出现的错误,ICMP 是 IP 层的一个组成部分。具体如下:

1）当中间路由器或目标主机发现数据报文在传输过程中出现错误，不能到达接收端时，主机或者路由器的 ICMP 模块将被触发，并产生一个 ICMP 报文向信源机报告出错情况。

2）在实际应用中，ICMP 不但用来传输报告差错的报文，它还用来传输控制报文。

3）ICMP 并不能提高 IP 协议的可靠性，只是当 IP 数据报不能到达接收端时，用来向发送端的 IP 层通知数据报因何原因没有到达接收端，以便发送端的 IP 层能够进行差错控制和差错处理。

4）目前的 ICMP 已成为用于 IP 层差错和控制报文传输的专用协议。

2.不发送 ICMP 报文的情况下

（1）ICMP 差错报文（ICMP 查询报文可能会产生 ICMP 差错报文）

（2）目的地址是广播地址或多播地址的 IP 数据报

（3）作为链路层广播的数据报

（4）不是 IP 分片的第一片

（5）源地址不是单个主机的数据报

（6）具有特殊地址（如 127.0.0.0 或 0.0.0.0）的数据报

3.ICMP 应用

（1）源主机消亡：源主机接收到源主机消亡（抑制）报文后，必须将此信息交给高层进程处理。

（2）超时

（3）参数问题

（4）重定向

（5）回送请求和回送应答是一对查询报文，用于测试两个机器（主机或路由器）之间能否实现通信。

（6）时间戳请求和时间戳应答一对查询报文，用于确定 IP 数据报在源端和目的端之间往返所需要的时间，也可用作源端和目的端机器的时钟同步。

（7）地址掩码请求和地址掩码应答是一对查询报文，用于获得一个主机所在网络的子网掩码。

（8）路由器通告和路由器请求是一对查询报文，用于主机与路由器之间交换信息。

（9）信息请求和信息应答是一对查询报文，用于主机查找所连接网络的地址。

（10）路由跟踪

4.ICMP 的封装

ICMP 封装在 IP 报进行传输。ICMP 报文本身被封装在 IP 数据报的数据区中，而这个 IP 数据报又被封装在帧数据中。在 IP 数据报报头中的协议（Protocol）字段设置成 1，表示该数据是 ICMP 报文。其中，ICMP 报文包含：ICMP 首部（8 字节）+ 产生差错的数据报 IP 首部 +IP 首部后的 8 个字节。

IP 包首部要被传回的原因，因为 IP 首部中包含了协议字段，使得 ICMP 可以知道如何解释后面的 8 个字节。而 IP 首部后面的 8 字节（UDP 的首部或者 TCP 首部，UDP 和 TCP 首部的 8 个字节分别包含了 16 位的目的端口号和源端口号），根据源端口号就可以把差错报文与某个特定的用户进程关联。

5.ICMP 报文的报头

ICMP 报文包括 8 个字节的报头和长度可变的数据部分。对于不同的报文类型，报头的格式一般是不相同的，但是前 3 个字段(4 个字节)对所有的 ICMP 报文都是相同的。

（1）类型（Type）字段，长度是 1 字节，用于定义报文类型。

（2）代码（Code）字段，长度是 1 字节，表示发送这个特定报文类型的原因。

（3）校验和（Checksum）字段，长度是 2 字节，用于数据报传输过程中的差错控制。与 IP 报头校验和的计算方法类似，不同的是其是对整个 ICMP 报文进行校验。

（4）报头的其余部分，其内容因不同的报文而不同。

（5）数据字段，其内容因不同的报文而不同。对于差错报告报文类型，数据字段包括 ICMP 差错信息和触发 ICMP 的整个原始数据报，其长度不超过 576 字节。

IP 协议是一种不可靠的、无连接的协议，不具备差错报告和差错纠正机制，它必须依赖于 ICMP 协议来报告处理一个 IP 数据报传输过程中的错误并提供管理和状态信息。ICMP 即网际控制报文协议，是 IP 协议的一部分。当数据报在传输过程中发生错误时，主机或者路由器的 ICMP 模块将被触发，并产生一个 ICMP 报文。ICMP 报文有两大类：差错报告报文和查询报文。其中，差错报告报文包括：目的不可达、源主机消亡、超时、参数问题、重定向。查询报文包括：回应请求和应答、信息请求和应答（已弃用）、时间戳和时间戳应答、地址掩码请求和应答、路由器通告和请求。ICMP 报文封装成 IP 数据报的形式传送。ICMP 报文包括 1 字节的类型字段、1 字节的代码字段、2 字节的校验和字段和长度可变的数据字段。

（三）网际控管理协议

主机 IP 软件需要进行组播扩展，才能使主机能够在本地玩了过上收发组播分组。但仅靠这一点是不够的，因为跨越多个网络的组播转发必须依赖于路由器。路由器为建立组播转发路由必须了解每个组员在 Internet 中的分布，这要求主机必须能将其所在的组播组通知给本地路由器，这也是建立组播转发路由的基础。主机与本地路由器之间使用 Internet 组管理协议（IGMP, Internet Group Management Protocol）来进行组播组成员信息的交互。在此基础上，本地路由器再你信息与她组播路由器通信，传播组播组的成员信息，并建立组播路由。这个过程与路由器之间的常规单播路由。这个过程与路由器之间的常规单播路由的传播十分相似。IGMP 是 TCP/IP 中重要标准之一，所有 IP 组播系统（包括主机和路由器）都需要支持 IGMP 协议。

组播协议包括组成员管理协议和组播路由协议。组成员管理协议用于管理组播组成员的加入和离开，组播路由协议负责在路由器之间交互信息来建立组播树。IGMP 属于前者,是组播路由器用来维护组播组成员信息的协议, 运行于主机和和组播路由器之间。IGMP 信息封装在 IP 报文中,其 IP 的协议号为 2。

　　若一个主机想要接收发送到一个特定组的组播数据包, 它需要监听发往那个特定组的所有数据包。为解决 Internet 上组播数据包的路径选择, 主机需通过通知其子网上的组播路由器来加入或离开一个组,组播中采用 IGMP 来完成这一任务。这样,组播路由器就可以知道网络上组播组的成员,并由此决定是否向它们的网络转发组播数据包。当一个组播路由器收到一个组播分组时,它检查数据包的组播目的地址,仅当接口上有那个组的成员时才向其转发。

　　IGMP 提供了在转发组播数据包到目的地的最后阶段所需的信息,实现如下双向的功能:主机通过 IGMP 通知路由器希望接收或离开某个特定组播组的信息。路由器通过 IGMP 周期性地查询局域网内的组播组成员是否处于活动状态, 实现所联网段组成员关系的收集与维护。

　　IGMP 共有三个版本,即 IGMP v1、v2 和 v3。

　　1.IGMPv1

　　IGMPv1 定义了主机只可以加入组播组,但没有定义离开成员组的信息,路由器基于成员组的超时机制发现离线的组成员。

　　IGMPv1 主要基于查询和响应机制来完成对组播组成员的管理。当一个网段内有多台组播路由器时,由于它们都能从主机那里收到 IGMP 成员关系报告报文(Membership Report Message),因此只需要其中一台路由器发送 IGMP 查询报文(Query Message)就足够了。这就需要有一个查询器(Querier)的选举机制来确定由哪台路由器作为 IGMP 查询器。对于 IGMPv1 来说,由组播路由协议(如PIM)选举出唯一的组播信息转发者 DR(Designated Router,指定路由器)作为 IGMP 查询器。

　　IGMPv1 没有专门定义离开组播组的报文。当运行 IGMPv1 的主机离开某组播组时,将不会向其要离开的组播组发送报告报文。

当网段中不再存在该组播组的成员后,IGMP 路由器将收不到任何发往该组播组的报告报文,于是 IGMP 路由器在一段时间之后便删除该组播组所对应的组播转发项。

2.IGMPv2

iGMPv2 是在版本 1 上基础上增加了主机离开成员组的信息,允许迅速向路由协议报告组成员离开情况,这对高带宽组播组或易变性组播组成员而言是非常重要的。另外,若一个子网内有多个组播路由器,那么多个路由器同时发送 IGMP 查询报文不仅浪费资源,还会引起网络的堵塞。为解决这个问题,IGMPv2。不同使用路由选举机制,能在一个子网内查询多个路由器。igmp 版本 2 对版本 1 所做的改进主要有:

(1)共享网段上组播路由器的选举机制

共享网段表示一个网段上有多个组播路由器的情况。在这种情况下,由于此网段上运行 igmp 的路由器都能从主机那里收到成员资格报告消息, 因此, 只需要一个路由器发送成员资格查询消息,这就需要一个路由器选举机制来确定一个路由器作为查询器。其选举过程如下:

1)所有 IGMPv2 路由器在初始时都认为自己是查询器,并向本地网段内的所有主机和路由器发送 IGMP 普遍组查询(General Query)报文(目的地址为:224.0.0.1);

2)本地网段中的其他 IGMPv2 路由器在收到该报文后,将报文的源 IP 地址与自己的接口地址作比较。通过比较,IP 地址最小的路由器将成为查询器,其他路由器成为非查询器(Non-Querier);

3)所有非查询器上都会启动一个定时器(即其它查询器存在时间定时器 OtherQuerier Present Timer)。在该定时器超时前,如果收到了来自查询器的 IGMP 查询报文,则重置该定时器;否则,就认为原查询器失效,并发起新的查询器选举过程。

在 igmp 版本 1 中, 查询器的选择由组播路由协议决定;igmp 版本 2 对此做了改进,规定同一网段上有多个组播路由器时,具有最小 ip 地址的组播路由器被选举出来充当查询器。

（2）igmp 版本 2 增加了离开组机制

在 igmp 版本 1 中，主机悄然离开组播组，不会给任何组播路由器发出任何通知。造成组播路由器只能依靠组播组响应超时来确定组播成员的离开。而在版本 2 中，当一个主机决定离开时，如果它是对一条成员资格查询消息作出响应的主机，那么它就会发送一条离开组的消息。在 IGMPv2 中，当一个主机离开某组播组时：

1）该主机向本地网段内的所有组播路由器（目的地址为 224.0.0.2）发送离开组（Leave Group）报文；

2）当查询器收到该报文后，向该主机所声明要离开的那个组播组发送特定组查询（Group-Specific Query）报文（目的地址字段和组地址字段均填充为所要查询的组播组地址）；

3）如果该网段内还有该组播组的其它成员，则这些成员在收到特定组查询报文后，会在该报文中所设定的最大响应时间（Max Response Time）内发送成员关系报告报文；

4）如果在最大响应时间内收到了该组播组其他成员发送的成员关系报告报文，查询器就会继续维护该组播组的成员关系；否则，查询器将认为该网段内已无该组播组的成员，于是不再维护这个组播组的成员关系。

（3）igmp 版本 2 增加了对特定组的查询

在 igmp 版本 1 中，组播路由器的一次查询，是针对该网段下的所有组播组。这种查询称为普遍组查询。

在 igmp 版本 2 中，在普遍组查询之外增加了特定组的查询，这种查询报文的目的 ip 地址为该组播组的 ip 地址，报文中的组地址域部分也为该组播组的 ip 地址。这样就避免了属于其它组播组成员的主机发送响应报文。

（4）igmp 版本 2 增加了最大响应时间字段

igmp 版本 2 增加最大响应时间字段，以动态地调整主机对组查询报文的响应时间。

3.IGMPv3

IGMPv3 在兼容和继承 IGMPv1 和 IGMPv2 的基础上，进一步增强了主机的控制能力，并增强了查询和报告报文的功能。

（1）主机控制能力的增强

IGMPv3 增加了针对组播源的过滤模式（INCLUDE/EX-CLUDE），使主机在加入某组播组 G 的同时，能够明确要求接收或拒绝来自某特定组播源 S 的组播信息。当主机加入组播组时：若要求只接收来自指定组播源如 S1、S2、……的组播信息，则其报告报文中可以标记为 INCLUDE Sources（S1，S2，……）；

若拒绝接收来自指定组播源如 S1、S2、……的组播信息，则其报告报文中可以标记为 EXCLUDE Sources（S1，S2，……）。

（2）查询和报告报文功能的增强

1）携带源地址的查询报文

IGMPv3 不仅支持 IGMPv1 的普遍组查询和 IGMPv2 的特定组查询，而且还增加了对特定源组查询的支持：1）普遍组查询报文中，既不携带组地址，也不携带源地址；2）特定组查询报文中，携带组地址，但不携带源地址；3）特定源组查询报文中，既携带组地址，还携带一个或多个源地址。

2）包含多组记录的报告报文

IGMPv3 报告报文的目的地址为 224.0.0.22，可以携带一个或多个组记录。在每个组记录中，包含有组播组地址和组播源地址列表。组记录可以分为多种类型，如下：

①IS_IN：表示组播组与组播源列表之间的过滤模式为 IN-CLUDE，即只接收从指定组播源列表发往该组播组的组播数据。

②IS_EX：表示组播组与组播源列表之间的过滤模式为 EX-CLUDE，即只接收从指定组播源列表之外的组播源发往该组播组的组播数据。

③z TO_IN：表示组播组与组播源列表之间的过滤模式由 EX-CLUDE 转变为 INCLUDE。

TO_EX:表示组播组与组播源列表之间的过滤模式由 INCLUDE 转变为 EXCLUDE。

④ALLOW:表示在现有状态的基础上,还希望从某些组播源接收组播数据。如果当前的对应关系为 INCLUDE,则向现有组播源列表中添加这些组播源;如果当前的对应关系为 EXCLUDE,则从现有组播源列表中删除这些组播源。

⑤BLOCK:表示在现有状态的基础上,不再希望从某些组播源接收组播数据。如果当前的对应关系为 INCLUDE,则从现有组播源列表中删除这些组播源;如果当前的对应关系为 EXCLUDE,则向现有组播源列表中添加这些组播源。

(3)步骤

1)当主机某个进程加入一个组播组时,主机发送一个 IGMP 报告。若一个主机多个进程同时加入同一组,则发送一个 IGMP 报告。

2)进程离开一个多播组时,主机不发送 IGMP 报告,即便是组中最后一个进程离开多播组。当主机确定已不再有组成员后,在随后收到的 IGMP 查询中就不应答报文。

3)多播路由器定时发送 IGMP 查询是否还有其他主机包含有属于多播组的进程。多播路由器必须向每个接口发送 IGMP 查询。

4)主机通过发送 IGMP 报告来响应一个 IGMP 查询,对每个至少还包含一个进程的组均要发回 IGMP 报告。

使用上述查询和报告报文,多播路由器对每个接口保持一张映射表,表中记录了接口上包含的一个或多个主机多播组。当路由器收到要转发的多播数据报时,只需将该数据报转发到该接口上。

五、IP 多播

(一)IP 多播技术简介

IP 多播(也称多址广播或组播)技术,是一种允许一台或多台主机(多播源)发送单一数据包到多台主机(一次的,同时的)的 TCP/IP 网络技术。多播作为一点对多点的通信,是节省网络带宽的有效方法之一。在网络音频/视频广播的应用中,当需要将一个节点的信号传送到多个节点时，无论是采用重复点对点通信方式，还是采用广播方式，都会严重浪费网络带宽，只有多播才是最好的选择。多播能使一个或多个多播源只把数据包发送给特定的多播组，而只有加入该多播组的主机才能接收到数据包。目前，IP 多播技术被广泛应用在网络音频/视频广播、AOD/VOD、网络视频会议、多媒体远程教育、"push"技术（如股票行情等）和虚拟现实游戏等方面。

有些应用会有这样的要求：一些分布在各处的进程需要以组的方式协同工作，组中的进程通常要给其他所有的成员发送消息。即有这样的一种方法能够给一些明确定义的组发送消息，这些组的成员数量虽然很多，但是与整个网络规模相比却很小。给这样一个组发送消息称为多点点播送，简称多播。

1. IP 多播地址和多播组

IP 多播通信必须依赖于 IP 多播地址，在 IPv4 中它是一个 D 类 IP 地址，范围从 224.0.0.0 到 239.255.255.255，并被划分为局部链接多播地址、预留多播地址和管理权限多播地址三类。其中，局部链接多播地址范围在 224.0.0.0~224.0.0.255，这是为路由协议和其它用途保留的地址，路由器并不转发属于此范围的 IP 包；预留多播地址为 224.0.1.0~238.255.255.255，可用于全球范围（如 Internet）或网络协议；管理权限多播地址为 239.0.0.0~239.255.255.255，可供组织内部使用，类似于私有 IP 地址，不能用于 Internet，可限制多播范围。

使用同一个 IP 多播地址接收多播数据包的所有主机构成了一个主机组，也称为多播组。一个多播组的成员是随时变动的，一台主机可以随时加入或离开多播组，多播组成员的数目和所在的地理位置也不受限制，一台主机也可以属于几个多播组。此外，不属于某一个多播组的主机也可以向该多播组发送数据包。

2. IP 多播技术的硬件支持

要实现 IP 多播通信，要求介于多播源和接收者之间的路由器、集线器、交换机以及主机均需支持 IP 多播。目前，IP 多播技术已得到硬件、软件厂商的广泛支持。

（1）主机

支持 IP 多播通信的平台包括 Windows CE 2.1、Windows 95、Windows 98、Windows NT 4 和 Windows 2000 等,运行这些操作系统的主机都可以进行 IP 多播通信。此外,新生产的网卡也几乎都提供了对 IP 多播的支持。

（2）集线器和交换机

目前大多数集线器、交换机只是简单地把多播数据当成广播来发送接收,但一些中、高档交换机提供了对 IP 多播的支持。例如, 在 3COM SuperStack 3 Swith 3300 交换机上可启用 802.1p 或 IGMP 多播过滤功能,只为已侦测到 IGMP 数据包的端口转发多播数据包。

（3）路由器

多播通信要求多播源节点和目的节点之间的所有路由器必须提供对 Internet 组管理协议（IGMP）、多播路由协议（如 PIM、DVM-RP 等）的支持。

当一台主机欲加入某个多播组时,会发出"主机成员报告"的 IGMP 消息通知多播路由器。当多播路由器接收到发给那个多播组的数据时,便会将其转发给所有的多播主机。多播路由器还会周期性地发出"主机成员查询"的 IGMP 消息,向子网查询多播主机,若发现某个多播组已没有任何成员,则停止转发该多播组的数据。此外,当支持 IGMP v2 的主机（如 Windows 98/2000 计算机）退出某个多播组时,还会向路由器发送一条"离开组"的 IGMP 消息,以通知路由器停止转发该多播组的数据。但只有当子网上所有主机都退出某个多播组时,路由器才会停止向该子网转发该多播组的数据。

使用多播路由协议, 路由器可建立起从多播源节点到所有目的节点的多播路由表,从而实现在子网间转发多播数据包。例如,PIM（协议独立多播）就是一种多播路由协议,它有两种类型:稀疏模式（sparse-mode）和密集模式（dense-mode）。以 Cisco 2621 路由器

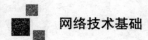

为例,启用 IP 多播转发功能的基本设置如下:

c2621(config)# ip multicast-routing 启动 IP 多播,使路由器成为一个多播路由器。

C2621(config)# int f0/0 配置快速以太网端口 0。

c2621 (config-if)# ip pim dense-mode（或 sparse-mode）启动 PIM,同时激活 IGMP 协议。

c2621(config-if)# int f0/1 配置快速以太网端口 1。

c2621(config-if)# ip pim dense-mode(或 sparse-mode)。

（二）IP 多播应用的编程方法

在实际应用中，编程人员通常需要自己编制底层网络应用程序来实现网上的底层通信,如具体实现 IP 多播通信的功能。编制底层网络应用程序通常要借助于网络数据通信编程接口，而在不同的操作系统中所提供的网络编程接口是有所不同的，如在 Microsoft Windows 环境下的网络编程接口就是 Windows 套接字（Windows Socket,简称 Winsock）。

Winsock 提供了包括 TCP/IP、IPX 等多种通信协议下的编程接口。不同的 Windows 版本支持不同的 Winsock 版本,其中 Windows 95 等早期版本本身只支持 Winsock1.1(16 位)下的编程(可以通过安装相关的软件包使其支持 Winsock2.0)，而 Windows98、Windows NT4.0、Windows 2000 则直接支持 Winsock2.0（32 位）。Winsock2.0 是 Winsock1.1 的扩展，除兼容 Winsock1.1 API 外,还定义了一套可支持 IP 多播的与协议无关的 API。

使用 Winsock 2.0 实现 IP 多播的一般步骤如下:

1. 初始化 Winsock 资源

在使用 Winsock 之前，必须调用 WSAStartup () 函数初始化 Windows Sockets DLL。它允许应用程序或 DLL 指定 Windows Sockets API 要求的版本。

2. 创建套接字

调用 WSASocket()函数可以创建一个使用 UDP 协议的套接字,

它是加入多播组的初始化套接字，并且以后数据的发送和接收都在该套接字上进行。针对 IP 多播通信，可将参数 dwFlags 设置为 WSA_FLAG_MULTIPOINT_C_LEAF、WSA_FLAG_MULTI-POINT_D_LEAF 和 WSA_FLAG_OVERLAPPED 的位和，指明 IP 多播通信在控制层面和数据层面都是"无根的"，只存在叶节点，它们可以任意加入一个多播组，而且从一个叶节点发送的数据会传送到每一个叶节点（包括它自己）；创建的套接字具有重叠属性。

3. 设置套接字的选项

调用 setsockopt()函数为套接字设置 SO_REUSEADDR 选项，以允许套接字绑扎到一个已在使用的地址上。

4. 绑定套接字

调用 bind()函数绑定套接字，从而将创建好的套接字与本地地址和本地端口联系起来。对于多播通信来说，发送和接收数据通常采用同一个端口。

5. 设置多播套接字的模式

WSA Ioctl()函数的命令码 SIO_MULTICAST_LOOP 用来允许或禁止多播通信时发送出去的通信流量是否也能够在同一个套接字上被接收（即多播返回）。值得注意的是，在 Windows 95/98/NT 4 中，默认是允许多播返回，但不能设置禁止，否则会出错；只有在 Windows 2000 以上版本中，才能设置允许／禁止多播返回。

WSA Ioctl()函数的命令码 SIO_MULTICAST_SCOPE 用来设置多播传播的范围，即生存时间 TTL。每当多播路由器转发多播数据包时，数据包中的 TTL 值都会被减 1，若数据包的 TTL 减少到 0，则路由器将抛弃该数据包。TTL 的值是多少，多播数据便最多能经过多少个多播路由器。例如，TTL 值为 0，则多播只能在本地主机的多个套接字间传播，而不能传播到"网线"上；TTL 值为 1（默认值），则多播数据遇到第一个路由器，便会被它"无情"地丢弃，不允许传出本地网络之外，即只有同一个网络内的多播组成员才能收到多播数据。

c# 中的多播

在 c# 中一般的代理实例（指一个代理仅可以调用一个方法）被默认为 Delegate 类的对象，所以通常使用 delegate 关键字来定义代理，利用 new 运算符来创建代理实例，然后使用 Delegate 类的方法和属性管理代理实例。

而 Multicast Delegate 类是用来支持多重代理的，其调用列表中可以拥有多个方法的代理。多重代理是指将一组代理组成一个集合，由 Muticast Delegate 类的一个对象来管理这个代理集合，利用这个代理集合执行多个方法，这个功能叫多播。

（三）组播

1.组播的协议结构

根据协议的作用范围，组播协议分为主机 – 路由器之间的协议，即组播成员管理协议，以及路由器 – 路由器之间协议，主要是各种路由协议。组成员关系协议包括 IGMP（互联网组管理协议）；组播路由协议又分为域内组播路由协议及域间组播路由协议两类。域内组播路由协议包括 PIM–SM、PIM–DM、DVMRP 、MOSPF 等协议，域间组播路由协议包括 MBGP、MSDP 等协议。同时为了有效抑制组播数据在二层网络中的扩散，引入了 GARP、CGMP、IGMP Snooping 等二层组播协议。

通过 IGMP 和二层组播协议，在路由器和交换机中建立起直联网段内的组成员关系信息，具体地说，就是哪个接口下有哪个组播组的成员。域内组播路由协议根据 IGMP 维护的这些组播组成员关系信息，运用一定的组播路由算法构造组播分发树，在路由器中建立组播路由状态，路由器根据这些状态进行组播数据包转发。域间组播路由协议根据网络中配置的域间组播路由策略，在各自治系统（AS,Autonomous System）间发布具有组播能力的路由信息以及组播源信息，使组播数据能在域间进行转发。

2.组播路由的分类

组播路由可以分为两大类：信源树（Source Tree）和共享树

（Shared Tree）。

信源树是指以组播源作为树根，将组播源到每一个接收者的最短路径结合起来构成的转发树。由于信源树使用的是从组播源到接收者的最短路径，因此也称为最短路径树（shortest path tree，SPT）。对于某个组，网络要为任何一个向该组发送报文的组播源建立一棵树。

共享树以某个路由器作为路由树的树根，该路由器称为汇集点（Rendezvous Point，RP），将 RP 到所有接收者的最短路结合起来构成转发树。使用共享树时，对应某个组，网络中只有一棵树。所有的组播源和接收者都使用这棵树来收发报文，组播源先向树根发送数据报文，之后报文又向下转发到达所有的接收者。

信源树的优点是能构造组播源和接收者之间的最短路径，使端到端的延迟达到最小；但是付出的代价是，在路由器中必须为每个组播源保存路由信息，这样会占用大量的系统资源，路由表的规模也比较大。

共享树的最大优点是路由器中保留的状态数可以很少，缺点是组播源发出的报文要先经过 RP，再到达接收者，经由的路径通常并非最短，而且对 RP 的可靠性和处理能力要求很高。

3.报文转发过程

单播报文的转发过程中，路由器并不关心组播源地址，只关心报文中的目的地址，通过目的地址决定向哪个接口转发。在组播中，报文是发送给一组接收者的，这些接收者用一个逻辑地址标识。路由器在接收到报文后，必须根据源和目的地址确定出上游（指向组播源）和下游方向，把报文沿着远离组播源的方向进行转发。这个过程称作 RPF（Reverse Path Forwarding，逆向路径转发）。

RPF 执行过程中会用到原有的单播路由表以确定上游和下游的邻接结点。只有当报文是从上游邻接结点对应的接口（称作 RPF 接口）到达时，才向下游转发。RPF 的作用除了可以正确地按照组播路由的配置转发报文外，还能避免由于各种原因造成的环路，环

网络技术基础

路避免在组播路由中是一个非常重要的问题。RPF 的主体是 RPF 检查，路由器收到组播报文后，先对报文进行 RPF 检查，只有检查通过才转发，否则丢弃。RPF 检查过程如下：

（1）路由器在单播路由表中查找组播源或 RP 对应的 RPF 接口（当使用信源树时，查找组播源对应的 RPF 接口，使用共享树时查找 RP 对应的 RPF 接口），某个地址对应的 RPF 接口是指从路由器向该地址发送报文时的出接口；

（2）如果组播报文是从 PF 接口接收下来的，则 RPF 检查通过，报文向下游接口转发；

（3）否则，丢弃该报文。

4.域内组播路由协议

与单播路由一样，组播路由也分为域内和域间两大类。域内组播路由目前已经讨论的相当成熟，在众多的域内路由协议中，DVMRP（距离矢量组播路由协议）、PIM-DM（密集模式协议无关组播）和 PIM-SM（稀疏模式协议无关组播）是目前应用最多的协议。

（1）DVMRP（Distance Vector Multicast Routing Protocol）

DVMRP 是第一个在 MBONE 上得到普遍使用的组播路由协议，它在 RIP 协议的基础上扩充了支持组播的功能。DVMRP 协议首先通过发送探测消息来进行邻居发现，之后通过路由交换来进行单播寻径和确定上下游依赖关系。

DVMRP 采用逆向路径组播（RPM）算法进行组播转发。当组播源第一次发送组播报文时，使用截断逆向路径组播（truncated RPM）算法沿着源的组播分发树向下转发组播报文。当叶子路由器不再需要组播数据包时，它朝着组播源发送剪枝消息，对组播分发树进行剪枝，借此除不必要的通信量。上游路由器收到剪枝消息后将收到此消息的接口置为剪枝状态，停止转发数据。剪枝状态关联着超时定时器，当定时器超时时，剪枝状态又重新变为转发状态，组播数据再次沿着这些分支流下。另外，当剪枝区域内出现了组组成员时，为了减少反应时间，下游不必等待上游剪枝状态超时，而是主动向上游发送嫁接报文，以使剪枝状态变为转发状态。可见，DVMRP是由数据触发驱动，建立组播路由表，而路由树的建立过程可以概括为"扩散与剪枝"（Broadcast and Prune）。转发特点可以概括为"被动接受，主动退出"。

另外，在多路访问网络中，当有两个或多个的组播路由器时，网络上可能会重复转发包。为了防止这种情况出现，在多路访问网络上，DVMRP为每个源选择了一个唯一的转发器。

（2）DVMRP有7种包的类型

1）DVMRP Probe

2）DVMRP Report

3）DVMRP Prune

4）DVMRP Graft

5）DVMRP Graft Acknowledgement

6）DVMRP Ask Neighbors2

7）DVMRP Neighbors2

所有包的目的地址都是224.0.0.4，这个地址是保留的"所有DVMRP路由器"。DVMRP有多个版本，版本1在RFC1075中描述，最新的版本3在一具internet草案9中描述。DVMRP路由器启动的第一步就是用Probe包去发现邻居，每个Probe包都有如下消息：①一组描述发起路由器DVMRP能力的标志，作用是为了与这个协议较早的版本兼容；②一个生成ID，用于检测邻居状态的变化；③一组发起路由器收到Probe包的邻居地址。

这些信息中，最基本的是这一组邻居的地址，当一个DVMRP路由器收到一个probe包时，它记录下这个发起路由器的地址和接收这个包的网络接口。发现邻居后，路由器继续发送probe包来进行保持，probe包每隔10s发送一个，如果在35s内没有收到probe包，那么这个邻居就被宣告死亡。DVMRP采用了RIP的许多变量来对外告知路由表和直连的子网，路由通过DVMRP Report消息从"所有DVMRP路由器"地址224.0.0.4对外告知，路由更新每60s

发送一次,这个时间闻到称为路由报告间隔。如果一条路由在 140s 内没有更新,那么这条路由还将继续保持两个报告间隔(120s)。在这段时间内,这条路由在对外宣告时设置的度量为无限。当保持时间也过期后,这条路由将从路由表中被删除。

度量与每一条路由相关,是跳数的总和。如果设为 32 跳,意味着跳数无限。不过,路由器可以把度量设成 1~63,1~31 表示可达源,33~63 表示依赖路由。当多个上游路由器连接到一个多路访问的网络中时,只有指定的前转器才能向下游转发包,节省了网络资源。当两个或多个路由器在一个多路访问的网络中交换路由信息时,它们可以告诉对方谁离多播源更近。那么,这台路由器就成指定前转器。

7.5.4 第四层:传输层(Transport layer)

第 4 层的数据单元也称作处理信息的传输层(Transport layer)。但是,当你谈论 TCP 等具体的协议时又有特殊的叫法,TCP 的数据单元称为段(segments)而 UDP 协议的数据单元称为"数据报(data-grams)"。这个层负责获取全部信息,因此,它必须跟踪数据单元碎片、乱序到达的数据包和其他在传输过程中可能发生的危险。第 4 层为上层提供端到端(最终用户到最终用户)的透明的、可靠的数据传输服务。所谓透明的传输是指在通信过程中传输层对上层屏蔽了通信传输系统的具体细节。

传输层协议的代表包括:TCP、UDP、SPX 等。

一、运输层协议概述

(一)运输层的作用

OSI 七层模型中的物理层、数据链路层和网络层,它们是面向网络通信的低三层协议。运输层负责端到端的通信,既是七层模型中负责数据通信的最高层, 又是面向网络通信的低三层和面向信息处理的最高三层之间的中间层。运输层位于网络层之上、会话层之下,它利用网络层子系统提供给它的服务去开发本层的功能,并实现本层对会话层的服务。

运输层(传输层),解决的是计算机程序到计算机程序之间的通信问题,即所谓的"端"到"端"的通信。引入传输层的原因:增加复用和分用的功能、消除网络层的不可靠性、提供从源端主机到目的端主机的可靠的、与实际使用的网络无关的信息传输。运输层是ISO/OSI的第四层,处于通信子网和资源子网之间,是整个协议层次中最核心的一层。它的作用是在优化网络服务的基础上,为源主机和目标主机之间提供可靠的价格合理的透明数据传输,使高层服务用户在相互通信时不必关心通信子网实现的细节。运输层的最终目标是为传送服务用户提供有效、可靠和价格合理的运输服务,而传送服务的用户即会话层实体。运输层是OSI七层模型中最重要最关键的一层,是唯一负责总体数据传输和控制的一层。运输层要达到两个主要目的:第一提供可靠的端到端的通信;第二,向会话层提供独立于网络的运输服务。

首先,运输层之上的会话层、表示层及应用层均不包含任何数据传输的功能,而网络层又不一定需要保证发送站的数据可靠地送至目的站;其次会话层不必考虑实际网络的结构、属性、连接方式等实现的细节。根据运输层在七层模型中的目的和地位,它的主要功能是对一个进行的对话或连接提供可靠的传输服务;在通向网络的单一物理连接上实现该连接的利用复用;在单一连接上进行端到端的序号及流量控制;进行端到端的差错控制及恢复;提供运输层的其它服务等。运输层反映并扩展了网络层子系统的服务功能,并通过运输层地址提供给高层用户传输数据的通信端口,使系统间高层资源的共享不必考虑数据通信方面的问题。

1.基本功能

提供端到端(进程-进程)的可靠通信,即向高层用户屏蔽通信子网的细节,提供运输层通用的传输接口。

(1)把传输地址映射为网络地址;

(2)把端到端的传输连接复用到网络连接上;

(3)传输连接管理;

（4）端到端的顺序控制、差错检测及恢复、分段处理及 QoS 监测；

（5）加速数据传送；

（6）将传输层的传输地址映射到网络层的网络地址；

（7）将多路的端点到端点的传输连接变成一路网络连接；

（8）传输连接的建立、释放和监控；

（9）完成传输服务数据单元的传送；

（10）端点到端点传输时的差错检验及对服务质量的监督。

2.TCP/IP 的运输层中的两个协议

用户数据报协议 UDP(User Datagram Protocol):提供无连接服务；传输控制协议 TCP(Transmission Control Protocol):提供面向连接服务。UDP 和 TCP 都使用 IP 协议。

（1）UDP 提供了不可靠的无连接传输服务。它使用 IP 携带报文,但增加了对给定主机上多个目标进行区别的能力。UDP 没有确认机制;不对报文排序;没有超时机制;没有反馈机制控制流量;使用 UDP 的应用程序要承担可靠性方面的全部工作。

（2）传输控制协议 TCP(Tranmission Control Protocol)面向连接的、可靠的、端到端的、基于字节流的传输协议;TCP 不支持多播(multicast)和广播(broadcast);TCP 连接是基于字节流的,而非消息流,消息的边界在端到端的传输中不能得到保留;对于应用程序发来的数据,TCP 可以立即发送,也可以缓存运输层一段时间以便一次发送更多的数据。为了强迫数据发送,可以使用 PUSH 标记;对于紧急数据(urgent data),可以使用 URGENT 标记。

3.端口的概念

端口:用 16 位来表示, 即一个主机共有 65536 个端口。序号小于 256 的端口称为通用端口,如 FTP 是 21 端口,WWW 是 80 端口等。端口用来标识一个服务或应用。一台主机可以同时提供多个服务和建立多个连接。端口(port)就是传输层的应用程序接口。应用层的各个进程是通过相应的端口才能与运输实体进行交互。服务器一般都是通过人们所熟知的端口号来识别的。例如,对于每个 TCP/IP

实现来说,FTP 服务器的 TCP 端口号都是 21,每个 Telnet 服务器的 TCP 端口号都是 23,每个 TFTP(简单文件传输协议)服务器的 UDP 端口号都是 69。任何 TCP/IP 实现所提供的服务都用众所周知的 1-1023 之间的端口号。这些人们所熟知的端口号由 Internet 端口号分配机构(Internet Assigned Numbers Authority, IANA)来管理。

（二）TCP

1.用户数据报 UDP 的格式

用户数据报 UDP 包括两个字段:数据字段和首部字段。首部字段有 8 个字节,4 个字段组成,每个字段两个字节。源端口字段: 源端口号;目的端口字段:目的端口号;长度字段:UDP 数据报的长度;检验和字段:防止 UDP 数据报在传输中出错。伪首部:仅为计算检验和而构造。UDP 通常作为 IP 的一个简单运输层扩展。它引入了一个进程端口的匹配机制,使得某用户进程发送的每个 UDP 报文都包含有报文目的端口的编号和报文源端口的编号, 从而使 UDP 软件可以把报文传递给正确的接收进程。

UDP 提供的服务:UDP 提供的服务与 IP 协议一样, 是不可靠的、无连接的服务。但它又不同于 IP 协议,因为 IP 协议是网络层协议向运输层提供无连接的服务,而 UDP 是传输层协议,它向应用层提供无连接的服务。UDP 有以下优点:发送数据之前不需要建立连接,发送后也无需释放,因此,减少了开销和发送数据的时延。UDP 不使用拥塞控制,也不保证可靠交付,因此,主机不需要维护有许多参数的连接状态表。UDP 用户数据报只有 8 个字节的首部,比TCP 的 20 个字节的首部要短。由于 UDP 没有拥塞控制,当网络出现拥塞不会使源主机的发送速率降低。因此 UDP 适用实时应用中要求源主机的有恒定发送速率的情况。

2.TCP 提供的服务

(1)端到端的面向连接的服务;(2)完全可靠性;全双工通信;(3)流接口;(4)应用程序将数据流发送给 TCP;(5)在 TCP 流中,每个数据字节都被编号 (序号);(6)TCP 层将数据流分成数据段并以序号来标识;(7)可靠的连接建立和完美的连接终止。TCP 协议是面向字节的。

　　TCP 将所要传送的报文看成运输层是字节组成的数据流,并使每一个字节对应于一个序号。TCP 的编号与确认:TCP 不是按传送的报文段来编号。TCP 将所要传送的整个报文看成是一个个字节组成的数据流,然后对每一个字节编一个序号。在连接建立时,双方要商定初始序号。TCP 就将每一次所传送的报文段中的第一个数据字节的序号,放在 TCP 首部的序号字段中。TCP 的确认是对接收到的数据的最高序号 (即收到的数据流中的最后一个序号)表示确认。但返回的确认序号是已收到的数据的最高序号加 1。也就是说,确认序号表示期望下次收到的第一个数据字节的序号。由于 TCP 能提供全双工通信, 因此通信中的每一方都不必专门发送确认报文段,而可以在传送数据时顺便把确认信息捎带传送。这样可以提高传输效率。

　　3.TCP 报文段的格式

　　从 TCP 报文段格式图可以看出,一个 TCP 报文段分为首部和数据两部分。首部固定部分各字段的意义如下:源端口 / 目的端口:TSAP 地址。用于将若干高层协议向下复用;发送序号:是本报文段所发送的数据部分第一个字节的序号;确认序号:期望收到的数据(下一个消息)的第一字节的序号;首部长度:单位为 32 位(双字) ;控制字段;紧急比特(URG):URG=1 时表示加急数据,此时紧急指针的值为加急数据的最后一个字节的序号;确认比特(ACK):ACK=1 时表示确认序号字段有意义;急迫比特(PSH):PSH=1 时表示请求接收端的传输实体尽快交付应用层;复位比特(RST):RST=1 表示出现严重差错,必须释放连接,重建;同步比特(SYN):SYN=1, ACK=0 表示连接请求消息。SYN=1, ACK=1 表示同意建立连接消息;终止比特(FIN):FIN=1 时表示数据已发送完, 要求释放连接; 运输层窗口大小:通知发送方接收窗口的大小,即最多可以发送的字节数;检查和:12B 的伪首部首部数据;选项:长度可变。TCP 只规定了一种选

项,即最大报文段长度;

4.TCP 的流量控制

TCP 使用滑动窗口机制来进行流量控制。当一个连接建立时,连接的每一端分配一个缓冲区来保存输入的数据。当数据到达时,接收方发送确认 ACK,并包含一个窗口通告(剩余的缓冲区空间的数量叫窗口)。如果发送方收到一个零窗口通告,将停止发送,直到收到一个正的窗口通告。当接收方窗口为 0 后应用层取出小部分数据将产生一个比较小的窗口通告,使得对方发送一些小的数据段,效益很低。可以通过延迟发送窗口通告或发送方延迟发送数据来解决。使用了窗口机制以后,提高了网络的吞吐量。

5.TCP 如何发现拥塞

(1)收到 ICMP 的源抑制报文;

(2)超时包丢失;(3)TCP 把发现包丢失解释为网络拥塞拥塞避免:指当拥塞窗口增大到门限窗口时,运输层就将拥塞窗口指数增长速率降低为线性增长速率, 避免网络再次出现拥塞。迅速递减:TCP 总是假设大部分包丢失来源于拥塞,一旦包丢失,则 TCP 降低它发送数据的速率,这种方法能够缓和拥塞。慢启动:TCP 开始时只发送一个消息;如果安全到达,TCP 将发送两个消息;如果对应的两个确认来了,TCP 就再发四个,如此指数增长一直持续到 TCP 发送的数据达到接收方通告窗口的一半,这时 TCP 将降低增长率。TCP 的重传机制:TCP 重传机制是 TCP 中最重要和最复杂的问题之一。TCP 每发送一个报文段,就设置一次计时器。只要计时器设置的重传时间到而还没有收到确认,就要重传这一报文段。TCP 监视每一连接中的当前延迟,并适配重发定时器来适应条件的变化。

重发定时器基于连接往返延迟:RTTnew = (alpha*RTTold) ((1 – alpha)*RTTsample))

RTO = beta*RTTnewTCP 的运输连接管理

(4)运输连接管理目的:使运输连接的建立和释放都能正常的进行;

（5）连接建立的采用的过程叫做三次握手协议或三次联络。三次握手(three-way handshake)方案解决了由于网络层会丢失、存储和重复分组带来的问题。三次握手正常建立连接的过程:主机 A 发出序号为 X 的建立连接请求 CR TPDU。主机 B 发出序号为 Y 的接受连接确认 ACK TPDU,并确认 A 的序号为 X 的建立连接请求。主机 A 发出序号为 X 的第一个数据 DATA,并确认主机 B 的序号为 Y 的接受连接确认。

TCP 的有限状态机:TCP 将连接可能处于的状态及各种状态可能发生的变迁,画成如下图所示的有限状态机。图中的每一个方框就是 TCP 可能具有的状态。方框中写的字是 TCP 标准中给该状态起的名字。状态之间的箭头表示可能发生的状态变迁。箭头旁边写上的字,表示是什么原因引起这种变迁,或表明发生状态变迁后又出现什么动作。

6.运输协议等级

运输层的功能是要弥补从网络层获得的服务和拟向运输服务用户提供的服务之间的差距。它所关心的是提高服务质量包括优化成本。运输层的功能按级别和任选项划分,级别定义了一套功能集,任选项定义在一个级别内可以使用的功能。OSI 定义了五种协议级别,即级别 0(简单级)、级别 1(基本差错恢复级)、级别 2(多路复用级)、级别 3(差错恢复和多中复用级)和级别 4(差错检测和恢复级)。级别与任选项均可在连接建立过程中通过协商选用。运输层实体 选用级别及任选项的依据为: 通过 T-CNNECT 语表示的运输服务用户的要求。可用的网络服务质量。传输服务用户所能与价格之比。

运输层根据用户要求和差错性质, 网络服务按质量可划为下列三种类型:

（1）折叠 A 型网络服务具有可接受的残留差错率和故障通知率(网络连接断开和复位发生的比率),也就是无 N-RESET 完美的网络服务。

（2）折叠 B 型网络服务具有可接受的残留差错率和不可接受的故障通知率,即完美的分组递交但有 N–RESET 或 N–ISCNNECT 存在的网络服务。

（3）折叠 C 型网络服务具有不可接的残留差错,即网络连接不可靠,可能会丢失分组或出现重复分组,且存在 N–RISCONNET 的网络服务。

可见,网络服务质量的划分是以用记户要求比较高,则一个网络可能归于 C 型,反之则一网络可能归于 B 型甚至 A 型。例如:而同一网络对银行系统来说则只能算作 C 型了。三种类型的网络服务中,A 型质量最高,分组的丢失,重复或复位等情况可以忽略不计,一般来说,能提供 A 型服务的公用宽或网几乎没有。B 型网络质量次之,大多数 X–RESET 出现这就需要运输层协议来解决。c 型网络服务质量最差,它是完全不可靠的服务,那些纯提供数据服务的宽域网,无线电分组交用网和很多国际网都属一类。服务质量划分得较高的网络,仅需要较简单的协议级别;反之,服务服务质量划分较低的网络,则需要复杂的协议。

（三）运输层协议

五种协议级别中,级别 0 提供简单的运输连接,它是专为 A 型网络设计的。级别 0 提供具有商的连接建立、分段和差错报告的数据运输所需要复杂的功能, 以及网络服务提供的流量控制和拆线功能。级别 1 以最小开销提供了基本的运输连接,它是专为 B 型网络连接设计的。级别 1 提供具有运输连接,拆线和在一个网络连接上支持;连续的运输连接的能,并提供检级别 0 的功能以及在没有运输服务用户参与的情况下由网络层告警的故障恢复能力。级别 2 具有在一个络网连接,它是为与 A 型网络连接而设计的,级别 2 具有流量的控制的运输连接的能力。它不是供检错或差恢复功能。级别 3 提供级别 2 的功能以外, 还提供具有在无运输服务用户参的情况下,检测由网络告警的故障恢复能力。级别 4 除提供级别 3 的功能以外,还提供具在。

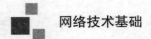

运输层无运输服务用户参情况下，检测由网络服务提供者提供低质量服务而引起的故障，并从故障中自行恢复的能力。所检测的故障类包括分组丢失、失序、重份和残缺。级别 4 还提供增强抗网络故障的能力。它是专为 C 网络连接设计的。

1.运输协议数据单元的定义和结构

运输协议数据单元(TPDU)结构是由数八位组(即字节)构成的,字节的编号从 1 开始,并按它们进入一个网络服务数据单元(NSDU)的顺序递增。每个字节中从 1 到 8 对比特进行编号最小的字节为最高有效值。TPDDU 按顺序包含下列内容:头部、若存在,则占第 n+1 及其以后的字节;固定部分,占第 2、3...、n 个字节;可变部分,若存在,则占第 n+1 及其以后的字节。长度指示字段 L1 表示包含 L1 本身在内头部字节数长度,L1 以二进制表示, 最大值为 254 (11111110)。例如连接(CR)TPDU 的长度不得超过 128 个字节。若指示的长度超过或实际的网络服务用户数据,则应视为协议出错。固定部分包括 TPDU 代码和常出现的参数。固定部分的部分的长度和结构由 TPDU 代码。

(1)运输层

TPDU 代码表中,"XXXX" 在级别 2、3、4 中标志许可证(CDT);在级别 0 和 1 中为 "0000"。"ZZZZ" 在级别 2、3、4 中标志许可证;在选择接收确认任选规程时不能用。可变部分包含不常用的参数,各参数结构如图 5.3 所示,参数代码,字段用二进制编码参数长度指示以字节为单位指出参数值字段的长度。数据字段包含透明的用户数据,在每一个 TPDU 中,用户字段的长度均受限制,如 cd/cc 不能超过 32 个字节,DR 不能超过 64 个字节,ED 为 1 到 16 个字节,而 DT 用户数据长度受;连接建立时协商 TPDU 大小的限制。

运输服务。运输层的最终目标是为用户提供有效、可靠和价格合理的服务。运输层与网络层、运输服务用户三者之间的关系。在一个系统中,运输实体通过网络服务与其他运输实体通信,向运运输层输层用户(可以是应用进程,也可以是会话层协议)提供运输服务。运输层的服务包括的内容有:服务的类型、服务的等级、数据运输、用户接口、连接管理、快速数据运输、状态报告、安全保密等。

（2）服务类型

服务类型运输服务有两大类，面向连接的服务和无连接的服务。面向连接的服务提供运输服务与用户之间逻辑连接的建立、维持和拆除，是可靠的服务，可提供流量控制、差错控制和序列控制。无连接服务即数据服务,只能提供不可靠的服务。

服务等级运输协议实体应该允许运输层用户能选择运输层所提供的服务等级,以利于更有效地利用所提供的链路、网络及互联网络的资源。可供选择的服务包括差错和丢失数据的程度、允许的平均延迟和最大延迟、允许的平均吞吐率以及优先级水平等。根据这些要求,可将运输层协议服务等级细分为以下四类:

1)可靠的面向连接的协议。

2)不可靠的无连接协议。

3)需要定序和定时运输的话音运输协议。

4)需要快速和高可靠的实时协议。

2.数据运输

数据运输数据运输的任务是在两个运输实体之间运输用户数据和控制数据。一般采用全双工服务,个别场合也可采用半双工服务。数据可分为正常的服务数据分组和快速服务数据分组两种,对快速服务数据分组的运输可暂时中止当前的数据运输，在接收端用中断方式优先接收。

用户接口用户接口机制可以有多种方式,包括采用过程调用、通过邮箱运输数据和参数、用 DMA 方式在主机运输层与具有运输层实体的前端处理机之间运输等。

连接管理面向连接的协议需要提供建立和终止连接的功能。一般总是提供对称的功能，即两个对话的实体都有连接管理的功能,对简单的应用也有仅对一方提供连接管理功能的情况。连接的终止可以采用立即终止运输,或等待全部数据运输完再终止连接。

状态报告向运输层用户提供运输实体或运输连接的状态信息。安全保密包括对发送者和接收者的确认、数据的加密以及通过和解密以及通过保密的链路和节点的路由选择等安全保密的服务。

服务质量.服务质量 QOS(Quality of Service)是指在运输连接点之间看到的某些运输连接的特征,是运输层能的度量,反映了运输质量及服务的可用性。服务质量可用一些参数来描述,如连接建立延迟、连接建立失败、吞吐量、输送延迟、残留差错率、连接拆除延迟、连接拆除失败概率、连接回弹率、运输失败率等等。用户可以在连接建立时指明所期望的、可接受的或不可接受的 QOS 参数值。通常, 用户使用连接建立原语在用户与运输服务提供者之间协商 QOS,协商过的 QOS 适用于整个运输连接的生存期。但主呼用户请求的 QOS 可能被运输服务提供者降低,也可能被呼用户降低。

运输连接建立延迟是指在连接请求和相应的连接确认之间容许的最大延迟。运输连接失败概率是在一次测量样本中运输连接的失败总数与运输连接建立的全部尝试次数之比。连接失败定义为由于服务提供者方面的原因造成在规定的最大容许建立延迟时间内所请求的运输连接没有成功,而由于用户方面的原因造成的连接失败概率内。

吞吐量是在某段时间间隙内单位时间运输的用户数据的字节数, 对每个方向都有吞吐量, 它们由最大吞吐量和平均吞吐量组成。输送延迟是在数据请求和相应的数据指示之间所经历的时间,每个方向都有输送延迟,包括最大输送延迟和平均输送延迟。残留差错率是在测量期间,所有错误的、丢失的和重复的用户数据与所请求的用户数据之比。运输失败概率是在进行样本测量期间观察到的运输失败总数与运输样本总数之比。

运输连接拆除延迟是在用户发起除请求到成功地拆除运输连接之间可允许的最大延迟。运输连接拆除失败概率是引起拆除失败的拆除请求次数与在测量样本中拆除请求总次数之比。运输连接运输层保护是服务提供者为防止用户信息在未经许可的情况下被监视或操作的措施,保护选项的无保护特性、针对被动监视的保护及针对增、删、改的保护等。运输连接优先权为用户提供了指示不同的连接所具有的不同的重要性的方法。运输连接的回弹率是指在规定时间间隔(如 1 秒)内,服务提供者发起的连接拆除(即无连接拆除请求的连接拆除指示)的概率。QOS 参数由运输服务用户在请求建立连接时加以说明,它可以给出所期望的值和可接受的值,在某些情况下, 运输实体在检查 QOS 参数时能立即发现其中一些值是无法实现的,在这种情况下,运输实体直接将连接失败的信息告诉的信息告诉请求者,同时说明失败的原因。另外的一种情况是运输层知道它无法实现用户期望的要求(例如 1200bps 的吞量),但能达到稍低一点的且仍能被用户所接受的值 (例如 600bps 的吞吐量),那么它就在请求建立连接时向目的机发出这一值。

如果目的机不能处理高于源端机可接受的值 (例如 300bps 的吞吐量),那么它就可以将参数降至该可接受值,若目的机连该可接受值也不能处理,则拒绝连接请求。由此,请求者总能立即知道建立是否成功,若成功

运输层则商定的 QOS 是什么等信息。以上过程称为选项协商,一旦各种参数协商好,则在整个连接生存期内保持不变。上述 QOS 参数中的一部分也选用于无连接运输服务。

OSI 运输服务定义(ISO8072)没有具体给出 QOS 参数的编码或允许值,这些参数通常在用户与电信部门之间商定。为防止某些用户对 QOS 过于贪心, 大多数电信部门对于较高质量的服务相应地也收取较高的费用。OSI 运输服务原语:传输层为上一层的应用程序提供一个标准的原语集,为服务提供者和用户之间进行可靠的数据传输架起了一座 " 桥梁 "。ISO 规范包括四种类型 10 个运输服务原语,见表 5.2。其中服务质量参数指示用户的要求,诸如吞吐量、延迟、可靠度和优先度等。运输服务(TS)用户数据参数最多可达 32 个八进制用户数据。

二、用户数据报协议 UDP

(一)UDP 区分选择

UDP(User Datagram Protocol)用户数据报协议它是定义用来在互连网络环境中提供包交换的计算机通信的协议，此协议默认认为网路协议(IP)是其下层协议。

用户数据报协议(User Datagram Protocol, UDP)是一个简单的面向数据报的传输层(transport layer)协议，IETF RFC 768 是 UDP 的正式规范。在 TCP/IP 模型中，UDP 为网络层(network layer)以下和应用层(application layer)以上提供了一个简单的接口。UDP 只提供数据的不可靠交付，它一旦把应用程序发给网络层的数据发送出去，就不保留数据备份(所以 UDP 有时候也被认为是不可靠的数据报协议)。UDP 在 IP 数据报的头部仅仅加入了复用和数据校验(字段)。由于缺乏可靠性，UDP 应用一般必须允许一定量的丢包、出错和复制。

用户数据报协议(5)?UDP 是 TCP 的另外一种方法，象 TCP 一样，UDP 使用 IP 协议来获得数据单元 (叫做数据报)，不像 TCP 的是，它不提供包(数据报)的分组和组装服务。而且，它还不提供对包的排序，这意味着，程序程序必须自己确定信息是否完全地正确地到达目的地。如果网络程序要加快处理速度，那使用 UPD 就比 TCP 要好。UDP 提供两种不由 IP 层提供的服务，它提供端口号来区别不同用户的请求，而且可以提供奇偶校验。在 OSI 模式中，UDP 和 TCP 一样处于第四层，传输层。

(二)TCP/IP 模型各层协议

1.应用层(数据传送单位:报文)

作用 —— 为用户提供访问 Internet 的高层应用服务，例如文件传送、远程登录、电子邮件、WWW 服务等。协议 —— 一组应用高层协议，即一组应用程序，主要有以下。

(1)域名系统(DNS)

DNS 将用户容易理解的名称转换成正确的 IP 地址，即提供网络设备名字到 IP 地址的转换。DNS 是一个分布式数据库，有不同的组织分层维护。每个 IP 网络的运营公司都有许多主 DNS 服务器,它可将客户机指向更具体的服务器。

（2）文件传输协议(FTP)

文件传输协议(FTP)是 TCP/IP 环境中最常用的文件共享协议。这个协议允许用户从远端登录至网络中的其他主机上浏览、下载和上传文件,如同在远程主机上直接操作一样。FTP 的操作平台是独立的。

（3）简单邮件传输协议(SMTP)

SMTP 负责 Internet 上邮件的传送。SMTP 仅处理邮件从服务器到服务器之间的传送,不负责处理将邮件送至电子邮件的最终客户。

（4）动态主机配置协议(DHCP)

DHCP 负责网络中分配地址和配置计算机的工作,即 DHCP 负责 IP 地址自动分配及 IP 寻址。

（5）简单网管协议(SNMP)

SNMP 提供了监视和控制网络设备以及管理诸如配置、统计、性能和安全的手段。

远程登录(TELNET)允许用户远程登录至另一台计算机上并运行应用程序。网络文件系统(NFS)NFS 是一种比 FTP 和 TELNET 更为先进的共享文件和磁盘驱动的方法。FTP 和 TELNET 要求使用一台单独的客户机,而 NFS 允许用户连接到网络驱动器,和本地驱动器一样使用,可作为公众使用,从而变得十分流行。

2.运输层(数据传送单位:TCP 报文段或 UDP 报文)

作用 —— 提供应用程序间(端到端)的通信服务,确保源主机传送的数据正确到达目的主机。运输层提供了两个协议:

（1）传输控制协议 TCP

负责提供高可靠的、面向连接的数据传送服务,主要用于一次传送大量报文,如文件传送等。

（2）用户数据报协议 UDP

负责提供高效率的、无连接的服务,用于一次传送少量的报文,如数据查询等。

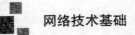

3.网络层(数据传送单位:IP 数据报)

作用——提供主机间的数据传送能力。核心协议--IP 协议。它非常简单,它提供的是不可靠、无连接的 IP 数据报传送服务(任务是对数据包进行相应的寻址和选路)。

网络层的辅助协议是协助 IP 协议更好地完成数据报传送,主要有:地址转换协议 ARP。

用于将 IP 地址转换成物理地址。连在网络中的每一台主机都要有一个物理地址,物理地址也叫硬件地址,即 MAC 地址,它是固化在计算机的网卡上。

逆向地址转换协议 RARP 与 ARP 的功能相反,用于物理地址转换成 IP 地址。Internet 控制报文协议 ICMP,用于报告差错和传送控制信息,其控制功能包括:差错控制、拥塞控制和路由控制等。Internet 组管理协议 IGMPIP 多播用到的协议,利用 IGMP 使路由器知道多播组成员的信息。

4.网际协议组的路由协议(IP 网的路由选择协议)

自治系统 AS 的概念:由于 IP 网规模庞大,为了路由选择的方便和简化,一般将整个 IP 网划分为许多较小的区域,称为自治系统 AS。IP 网的路由选择协议的特点属于自适应的(即动态的);是分布式路由选择协议;IP 网采用分层次的路由选择协议,即分自治系统内部和自治系统外部路由选择协议。

5.IP 网的路由选择协议分类

内部网关协议 IGP-- 在一个自治系统内部使用的路由选择协议。具体的协议有:

(1)RIP(路由信息协议)使用源计算机和目的计算机之间的路由器(或路程段)数目来决定发送数据包的最佳路径。

(2)OSPF(开放最短路径优先)除了路由器数目以外,OSPF 协议还使用了其他信息来决定最佳路径。通常,配置 OSPF 协议是为了判断路程段数目、路程段之间的连接速度和负载平衡,以计算发送数据包的最佳路径。

外部网关协议 EGP-- 两个自治系统（使用不同的内部网关协议)之间使用的路由选择协议。目前使用最多的是 BGP(即 BGP-4)。

三、传输控制协议 TCP 概述

（一)传输控制协议简介

1.TCP 运输流程

传输控制协议是互联网中最基本的协议之一。也就是 TCP，我们一般谈及它的时候总是说 TCP/IP 协议栈。那么这个协议栈当中包含很多协议，今天我们只重点介绍传输控制协议 TCP。

TCP 是一种面向连接（连接导向）的、可靠的、基于字节流的运输层（Transport layer）通信协议，由 IETF 的 RFC 793 说明（specified）。在简化的计算机网络 OSI 模型中，它完成第四层传输层所指定的功能，UDP 是同一层内另一个重要的传输协议。在因特网协议族（Internet protocol suite）中，TCP 层是位于 IP 层之上，应用层之下的中间层。不同主机的应用层之间经常需要可靠的、像管道一样的连接，但是 IP 层不提供这样的流机制，而是提供不可靠的包交换。

应用层向 TCP 层发送用于网间传输的、用 8 位字节表示的数据流，然后 TCP 把数据流分割成适当长度的报文段（通常受该计算机连接的网络的数据链路层的最大传送单元(MTU)的限制）。之后 TCP 把结果包传给 IP 层，由它来通过网络将包传送给接收端实体的 TCP 层。

TCP 为了保证不发生丢包，就给每个字节一个序号，同时序号也保证了传送到接收端实体的包的按序接收。然后接收端实体对已成功收到的字节发回一个相应的确认(ACK)；如果发送端实体在合理的往返时延(RTT)内未收到确认，那么对应的数据（假设丢失了）将会被重传。TCP 用一个校验和函数来检验数据是否有错误；在发送和接收时都要计算校验和。

首先，TCP 建立连接之后，通信双方都同时可以进行数据的传输，其次，他是全双工的；在保证可靠性上，采用超时重传和捎带确认机制。在流量控制上,采用滑动窗口协议,协议中规定,对于窗口内未经确认的分组需要重传。在拥塞控制上,采用慢启动算法。

2.传输控制协议

TCP/IP(Transmission Control Protocol/Internet Protocol) 即传输控制协议 / 网间协议, 是一个工业标准的协议集, 它是为广域网(WANs)设计的。它是由 ARPANET 网的研究机构发展起来的。

有时我们将 TCP/IP 描述为互联网协议集 \"Internet Protocol Suite\",TCP 和 IP 是其中的两个协议(后面将会介绍)。由于 TCP 和 IP 是大家熟悉的协议,以至于用 TCP/IP 或 IP/TCP 这个词代替了整个协议集。这尽管有点奇怪,但没有必要去争论这个习惯。例如,有时我们讨论 NFS 是基于 TCP/IP 时,尽管它根本没用到 TCP(只用到 IP,和另一种交互式协议 UDP 而不是 TCP)。

Internet 是网络的集合,包括 ARPANET、NSFNET、分布在各地的局域网以及其他类型的网络,如(DDN,Defense Data Network 美国国防数据网络),这些统称为 Internet。所有这些大大小小的网络互联在一起。(因为大多数网络基本协议是由 DDN 组织开发的,所以以前有时 DDN 与 Internet 在某种意义上具有相同的含义)。网络上的用户可以互相传送信息,除一些有授权限制和安全考虑外。一般的讲,互联网协议文档案是 Internet 委员会自己采纳的基本标准。TCP/IP 标准与其说由委员会指定,倒不如说由 \" 舆论 \" 来开发的。任何人都可以提供一个文档, 以 RFC (Request for Comment 需求注释) 方式公布。

TCP/IP 的标准(传输控制协议 / 网间协议)在一系列称为 RFC 的文档中公布。文档由技术专家、特别工作组、或 RFC 编辑修订。公布一个文档时, 该文档被赋予一个 RFC 量, 如 RFC959 说明 FTP、RFC793 说明 TCP、RFC791 说明 IP 等。最初的 RFC 一直保留而从来不会被更新,如果修改了该文档,则该文档又以一个新号码公布。因此,重要的是要确认你拥有了关于某个专题的最新 RFC 文档。文后会列出主要的 RFC 文档号。

（二)TCP 的运输层

TCP(传输控制协议)是一系列规则的集合,它和网际协议(IP)共同使用,通过互联网在计算机之间以信息单元的形式发送数据。IP 协议控制实际的数据传输,TCP 协议主要负责追踪在互联网上传送的信息所划分的各个数据单元(包)。TCP 协议是面向连接的协议,就是说在两端传送信息时,连接是一直建立和保持的。TCP 协议负责把信息划分成 IP 协议所能够处理的,也要能把接收到的包拼成一个完整的信息。在开放式系统互联(OSI)通信模型中,TCP 协议位于第四层传输层中。

TCP/IP 是 Internet/Intranet 使用的协议体系, 也是大多数网络采用的协议。

1.TCP/IP 协议概述

TCP/IP 协议(Transmission Control Protocol/Internet Protocol)叫做传输控制 / 网际协议,又叫网络通讯协议,这个协议是 Internet 国际互联网络的基础。TCP/IP 是网络中使用的基本的通信协议。虽然从名字上看 TCP/IP 包括两个协议,传输控制协议(TCP)和网际协议(IP),但 TCP/IP 实际上是一组协议,它包括上百个各种功能的协议,如:远程登录、文件传输和电子邮件等,而 TCP 协议和 IP 协议是保证数据完整传输的两个基本的重要协议。通常说 TCP/IP 是 Internet 协议族,而不单单是 TCP 和 IP。TCP/IP 协议使用范围极广,是目前异种网络通信使用的唯一协议体系,适用于连接多种机型,既可用于局域网,又可用于广域网,许多厂商的计算机操作系统和网络操作系统产品都采用或含有 TCP/IP 协议。TCP/IP 协议已成为目前事实上的国际标准和工业标准。

TCP/IP 是很多的不同的协议组成。TCP 用户数据报表协议,也称作 TCP 传输控制协议(Transport Control Protocol,可靠的主机到主机层协议),这里要先强调一下,传输控制协议是 OSI 网络的第四层的叫法,TCP 传输控制协议是 TCP/IP 传输的 6 个基本协议的一种。两个 TCP 意思不相同)。TCP 是一种可靠的面向连接的传送服务。它在传送数据时是分段进行的,主机交换数据必须建立一个会话。它用比特流通信,即数据被作为无结构的字节流。通过每个TCP传输的字段指定顺序号,以获得可靠性。是在OSI参考模型中的第四层,TCP是使用IP的网间互联功能而提供可靠的数据传输,IP不停地把报文放到网络上,而TCP是负责确信报文到达。在协同IP的操作中TCP负责:握手过程、报文管理、流量控制、错误检测和处理(控制),可以根据一定的编号顺序对非正常顺序的报文给予从新排列顺序。

2.三次握手原理解析

在TCP会话初期,有所谓的"三握手",即对每次发送的数据量是怎样跟踪进行协商使数据段的发送和接收同步,根据所接收到的数据量而确定的数据确认数及数据发送、接收完毕后何时撤销联系,并建立虚连接。为了提供可靠的传送,TCP在发送新的数据之前,以特定的顺序将数据包的序号,并需要这些包传送给目标机之后的确认消息。TCP总是用来发送大批量的数据。当应用程序在收到数据后要做出确认时也要用到TCP。由于TCP需要时刻跟踪,这需要额外开销,使得TCP的格式有些显得复杂。

TCP握手协议在TCP/IP协议中,TCP协议提供可靠的连接服务,采用三次握手建立一个连接。

(1)第一次握手:建立连接时,客户端发送syn包(syn=j)到服务器,并进入SYN_SEND状态,等待服务器确认;

(2)第二次握手:服务器收到syn包,必须确认客户的SYN(ack=j+1),同时自己也发送一个SYN包(syn=k),即SYN+ACK包,此时服务器进入SYN_RECV状态;

(3)第三次握手:客户端收到服务器的SYN+ACK包,向服务器发送确认包ACK(ack=k+1),此包发送完毕,客户端和服务器进入ESTABLISHED状态,完成三次握手。完成三次握手,客户端与服务器开始传送数据,在上述过程中,还有一些重要的概念:未连接队列:在三次握手协议中,服务器维护一个未连接队列,该队列为每个客户端的 SYN 包(syn=j)开设一个条目,该条目表明服务器已收到 SYN 包,并向客户发出确认,正在等待客户的确认包。这些条目所标识的连接在服务器处于 Syn_RECV 状态,当服务器收到客户的确认包时,删除该条目,服务器进入 ESTABLISHED 状态。Back-log 参数:表示未连接队列的最大容纳数目。

SYN-ACK :重传次数。服务器发送完 SYN - ACK 包,如果未收到客户确认包,服务器进行首次重传,等待一段时间仍未收到客户确认包,进行第二次重传,如果重传次数超过系统规定的最大重传次数,系统将该连接信息从半连接队列中删除。注意,每次重传等待的时间不一定相同。

半连接存活时间:是指半连接队列的条目存活的最长时间,也即服务从收到 SYN 包到确认这个报文无效的最长时间,该时间值是所有重传请求包的最长等待时间总和。有时我们也称半连接存活时间为 Timeout 时间、SYN_RECV 存活时间。

需要断开连接的时候,TCP 也需要互相确认才可以断开连接,采用四次挥手断开一个连接。在第一次交互中,首先发送一个 FIN=1 的请求,要求断开,目标主机在得到请求后发送 ACK=1 进行确认;在确认信息发出后,就发送了一个 FIN=1 的包,与源主机断开;随后源主机返回一条 ACK=1 的信息,这样一次完整的 TCP 会话就结束了。

四、可靠传输的工作原理

(一)OSI 参考模型和 TCP/IP 参考模型

在 TCP/IP 体系结构中,IP 协议只管将数据包尽力传送到目的主机,无论数据传输正确与否,它都不做验证,不发确认,也不保证数据包的顺序,因而不具有可靠性。这一问题要由传输层 TCP 协议来解决,TCP 协议为 Internet 提供了可靠的无差错的通信服务。

OSI 模型(open system interconnection reference model)是基于国际标准化组织(ISO)的建议而发展起来的,它分为七层。

TCP/IP 最初是为 ARPANET 网开发的网络体系结构, 主要由两个重要协议即 TCP 协议和 IP 协议而得名。

虽然 TCP/IP 不是 ISO 倡导的标准,但它有广泛的商业应用,因此 TCP/IP 是一种事实上的标准。由于 Internet 已经得到了全世界的承认,因而 Internet 所使用的 TCP/IP 体系在计算机网络领域中就占有特殊重要的地位。

1. OSI 模型和 TCP/IP 模型

TCP/IP 协议体系分为四个层次。由于 TCP/IP 协议集中没有考虑具体的物理传输介质,因此在 TCP/IP 的标准中并没有对数据链路层和物理层做出规定,而只是将最低的一层取名为网络接口层,只是规定了与物理网络的接口。这样,如果不考虑网络接口层,那么 TCP/IP 体系实际上就只有三个层次:应用层、传输层和网际层。

应用层有许多著名协议,如远程登录协议 TELNET,文件传送协议 FTP,简单邮件传送协议 SMTP 等。

传输层使用两种不同的协议。一种是面向连接的传输控制协议 TCP;另一种是无连接的用户数据报协议 UDP。传输层传送的数据单位是报文或数据流。

网际层主要协议就是无连接的网络互联协议 IP。该层传送的数据单位是分组。与 IP 协议配合使用的还有三个协议:Internet 控制报文协议 ICMP、地址解析协议 ARP 和逆地址解析协议 RARP。

2.TCP 协议简介

TCP 是专门用于在不可靠的因特网上提供可靠的、端对端的字节流通信的协议。通过在发送方和接收方分别创建一个称为套接字的通信端口就可以获得 TCP 服务。

TCP 协议是一个可靠的面向连接的传输层协议,它将某结点的数据以字节流的形式无差错地传送到互联网的任何一台机器上。发送方的 TCP 将用户递交的字节流划分成独立的报文进行发送,而接收方的 TCP 将接收的报文重新装配上交给接收用户。TCP 同时处理有关流量控制的问题,以防止快速的发送方"淹没"慢速的接收方。一旦数据报被破坏或丢失,通常是 TCP 将其重新传输,而不是应用程序或 IP 协议。

3.TCP 数据报的传输

（1）TCP 数据报报头

发送和接收方 TCP 实体以数据报的形式交换数据。一个数据报包含一个固定的 20 字节的头、一个可选部分以及 0 或多字节的数据。TCP 必须与低层的 IP(使用 IP 定义好的方法)和高层的应用程序(使用 TCP-ULP 元语)进行通信。TCP 还必须通过网络与其他 TCP 软件进行通信。

（2）可靠传输

当 TCP 发出一个分组后,它启动一个超时计时器,如果在超时计时器到期之前收到了对方的确认,就撤销已设置的超时计时器。如果不能及时收到一个确认,就认为刚才发送的分组丢失了,将重发这个分组,这就叫超时重传。

TCP 中保持可靠性的方式就是确认和重传机制,这样就可以在不可靠的传输网络上实现可靠的通信。

（3）传输策略

如果发送方把数据发送得过快,接收方可能会来不及接收,这就会造成数据的丢失。所谓流量控制就是让发送方的发送速率不要太快,要让接收方来得及接收。利用滑动窗口机制可以很方便地在 TCP 连接上实现对发送方的流量控制。

TCP 中采用滑动窗口来进行传输控制,滑动窗口的大小意味着接收方还有多大的缓冲区可以用于接收数据。发送方可以通过滑动窗口的大小来确定应该发送多少字节的数据。当滑动窗口为 0 时,发送方一般不能再发送数据报。但有两种情况除外,一种情况是可以发送紧急数据,例如,允许用户终止在远端机上的运行进程。另一种情况是发送方可以发送一个 1 字节的数据报来通知接收方重新声明它希望接收的下一字节及发送方的滑动窗口大小。

（4）拥塞控制

拥塞控制:防止过多的数据注入到网络中,这样可以使网络中的路由器或链路不致过载。

拥塞控制方法：慢开始（slow-start）、拥塞避免（congestion avoidance）、快重传（fast retransmit）和快恢复（fast recovery）。

发送方维持一个拥塞窗口 cwnd（congestion window）的状态变量。拥塞窗口的大小取决于网络的拥塞程度，并且动态地在变化。发送方让自己的发送窗口等于拥塞窗口。

慢开始算法：当主机开始发送数据时，因为现在并不清楚网络的负荷情况。因此，较好的方法是先探测一下，即由小到大逐渐增大发送窗口，也就是说，由小到大逐渐增大拥塞窗口数值。

通常在刚刚开始发送报文段时，先把拥塞窗口 cwnd 设置为一个最大报文段 MSS 的数值。每经过一个传输轮次，拥塞窗口 cwnd 就加倍。慢开始的"慢"并不是指 cwnd 的增长速率慢，而是指在 TCP 开始发送报文段时先设置 cwnd=1，使得发送方在开始时只发送一个报文段（目的是试探一下网络的拥塞情况），然后再逐渐增大 cwnd。

为了防止拥塞窗口 cwnd 增长过大引起网络拥塞，还需要设置一个慢开始门限 ssthresh 状态变量（如何设置 ssthresh）。慢开始门限 ssthresh 的用法如下：

1）当 cwnd < ssthresh 时，使用上述的慢开始算法。

2）当 cwnd > ssthresh 时，停止使用慢开始算法而改用拥塞避免算法。

3）当 cwnd = ssthresh 时，既可使用慢开始算法，也可使用拥塞控制避免算法。

拥塞避免算法：让拥塞窗口 cwnd 缓慢地增大，即每经过一个往返时间 RTT 就把发送方的拥塞窗口 cwnd 加 1，而不是加倍。这样拥塞窗口 cwnd 按线性规律缓慢增长，比慢开始算法的拥塞窗口增长速率缓慢得多。

无论在慢开始阶段还是在拥塞避免阶段，只要发送方判断网络出现拥塞（其根据就是没有收到确认），就要把慢开始门限

ssthresh 设置为出现拥塞时的发送方窗口值的一半（但不能小于 2）。然后把拥塞窗口 cwnd 重新设置为 1，执行慢开始算法。这样做的目的就是要迅速减少主机发送到网络中的分组数，使得发生拥塞的路由器有足够时间把队列中积压的分组处理完毕。

（二）可靠数据传输

可靠数据传输（Reliable data transfer），提供给上层实体的服务抽象是，数据可以通过一条可靠的信道进行传输。不过由于下层协议不一定可靠，所以就有问题要处理。

下文仅讨论单向数据传输（unidirectional data transfer）的情况，即数据传输时从发送方到接收方的。

1.停等（stop-and-wait）协议：

首先，理解下 ACK 和 NAK：肯定确认（positive acknowledgment）与否定确认（negative acknowledgment）。是接收方反馈信息的两种方式。

其次，是 ARQ（Automatic Repeat request 自动重传请求）协议，简单理解为发送方发送数据，然后等待接收方反馈，然后再相应发送数据。

综合起来理解，就是发送方发送数据，然后等待接收方通过 ACK 或者 NAK 反馈，就是停等协议的大概流程。

但是会出现问题：比如说 ACK 或 NAK 受损，导致超时可能出现冗余包发送等问题，需要序号来区分包，对于停等协议，一比特序号空间就足够了。（因为每次只发送一个包，然后就停下来等，1 比特可以标志 2 个包，就可以是区分超时发送包还是新包（在 ACK 返回受损的情况下，接收方不知道下面收到的包是重复冗余的，需要序号来区分）接下里的优化有，校验和（差错处理）、序号、定时器（超时）、ACK 和 NAK 等。定时器，超时处理，对应着 ARQ。至于定时器的长短设置也是要考虑的，在后面的窗口协议中会讨论到。类似的，序号空间的问题也是需要思考，为什么这里 1 个比特就够了。还有 ACK 和 NAK 具体是怎么确认的？可以 ACK 对应着当前的,也可以是期望接收的下一个包,看具体协议定义。现在网卡的作风,只要检测到错误(通过差错检测)就把包给丢掉,所以会出现上面提到的丢失情况。(还有路由器排队等……也会丢包)

2.流水线协议:

为了解决上面停等协议对资源的极其浪费问题引入了一个解决方案:允许发送方发送多个分组而无需等待确认。

因为从发送方向接收方传输的众多分组可以被看成是填充到一条流水线中,故这种技术被称为流水线。流水线技术可对可靠数据传输协议带来如下影响:

(1)必须增加序号范围,因为每个传输的分组(不计重传的)必须有一个唯一的序号,而且也许有多个在传输中的未确认的分组;

(2)协议的发送方和接收方也许必须缓存多个分组,发送方最低限制应当能缓存那些已发送但没有确认的分组,接收方也许需要缓存那些已正确接收的分组;

(3)所需序号范围和对缓冲的需求取决于数据传输协议处理丢失、损坏及过度延时分组的方式等。

解决流水线的差错恢复有两种基本方法:回退N步(Go-Back-N)和选择重传(selective repeat, SR)。

3.滑动窗口(sliding window)协议

抽象理解,发送方和接收方各有一个缓存数组。发送方存放着:已发生且成功确认包序号、已发送未确认包序号(已发送已确认包序号序号|已发送未确认包序号)*、未发送包序号;接收方存放着:已接受包序号、正在接收包序号、未接收包序号。其中,每个数组有个两个扫描指针,开头和结尾,一起向后扫描,两者形成一个窗口。故称为窗口协议。

一般说窗口长度是指发送方的窗口长度,既是len(已发送未确认包序号(已发送已确认包序号序号|已发送未确认包序号)*),而接收方缓存数组对应 GBN 和 SR 都有不同表现,因为两者针对差错到达帧由不同的处理方式。

这里为什么需要设置一个窗口长度,原因很简单,就是因为流量控制,不能无限制的发送数据包。绕回滑动窗口流程,就是发送方把窗口内的帧都发送出去,当且仅当最小的帧确认收到后,窗口往后滑动到最小未确认帧。而接收方处理,需要看具体协议。

(三)序号空间

1.回退 N 步

回退 N 步,接收方则是只接受最小的未接受帧,对错序到达帧,都丢弃。从图中,可以看出,接收方的窗口大小可以为 1……而当发送方的窗口大小为 1 的时候,就相当于是停等协议了。在 GBN 协议中,对序号为 n 的分组的确认采取的是累计确认(cumulative acknowledgment)的方式,表明在接收方已确认接收到序号 n 以前(包括 n 在内)的所有组。

实际上,一个分组的序号承载在分组首部的一个固定长度的字段中。如果分组序号字段的比特数为 k,那么序号空间是【0, 2^k - 1】。在一个有限的序号空间内,所有涉及序号的运算必须使用模 2^k 运算(即序号空间被认为是一个长度为 2^k 的环,其中序号 2^k - 1 紧接着序号 0)

再实际上,TCP 有一个 32Bits 的序号空间,其中的 TCP 序号是按字节流中的字节数技术而不是按分组计数的。

另外,窗口长度必须小于或等于序号空间的一半,这个考虑 ACK 丢失刚刚好超时重发的情况就可以得到了。

2.选择重传

GBN 本身存在很大的性能问题,尤其是当窗口长度和带宽时延积累都很大……一个单个分组的差错就可能引起 GBN 重传大量分组,许多分组根本就不要重传。随着信道差错率的增加,流水线可能会被这些没有必要重传的分组填满。

顾名思义,SR 协议通过让发送方仅重传那些它怀疑在接收方出错(即丢失或受损)的分组而避免了不必要的重传。SR 这种个别的,按需的重传协议要求接收方逐个地确认正确接收方的分组。

SR 接收方将确认一个正确接收的分组而不管其是否按序到达的。错序到达帧将会被缓存直到所有丢失帧(即序号更小的帧)都被接收到,这时才将这一批帧按序交付给上层。也就是接收窗口滑动过该帧序号。

五、TCP 报文段的首部格式

(一)TCP 报文段的含义及功能

1.首部固定部分各字段的意义

(1)源端口和目的端口,各占 2 个字节。

(2)序号:占 4 个字节,序号范围为 0 到 2 的 32 次方 -1,序号增加到 2 的 32 次方 -1 之后,下一个序号变为 0,在一个 TCP 连接中传送的字节流中的每一个字节都按顺序编号。首部中的序号字段值指的是本报文段所发送的数据的第一个字节的序号。可对 4GB 的数据进行编号。在一般情况下可保证当序号重复使用时,旧序号的数据早已通过网络到达终点了。

(3)确认号:占 4 字节,是期望收到对方下一个报文段的第一个数据字节的序号。记住:若确认号是 N,则表明:到序号 N-1 为止的所有数据都已正确收到。

(4)数据偏移:占 4 位,它指出 TCP 报文段的数据起始处距离 TCP 报文段的起始处有多远, 这个字段实际上是指出 TCP 报文段的首部长度。

(5)保留:占 6 位。保留为今后使用,目前置为 0

(6)紧急 URG(URGent):当 URG=1 时,表明紧急字段有效,告诉系统此报文中有紧急数据,应尽快传送。于是发送方 TCP 就把紧急数据插入到本报文段数据的最前面, 而在紧急数据后面的数据仍是普通数据。这时要与首部中紧急指针字段配合使用。

(7)确认 ACK(ACKnowlegment)仅当 ACK=1 时确认号字段才有效,TCP 规定,连接建立后所有传送的报文段都必须把 ACK 置 1.

(8)推送 PSH(PuSH):当两个应用进程进行交互式的通信时,有时在一端的应用进程希望在键入一个命令后立即就能收到对方的响应。在这种情况下,TCP 就可以使用推送操作。

(9)复位 RST(ReSeT):当 RST=1 时,表明 TCP 连接中出现严重错误,必须释放连接,然后再重新建立运输连接。

(10)同步 SYN,在连接建立时用来同步序号,当 SYN=1 而 ACK=0 时,表明这是一个连接请求报文段。对方若同意时,则应在响应的报文段中使 SYN=1 和 ACK=1,因此,SYN 置 1 就表示这是一个连接请求或连接接受报文。

(11)终止 FIN,用来释放一个连接,当 FIN=1 时,表示此报文段的发送方的数据已发送完毕,并要求释放运输连接。

(12)窗口,占 2 个字节,窗口指的是发送本报文段的一方的接收窗口,不是自己的发送窗口,告诉对方:从本报文段首部中的确认号算起,接收方目前允许对方发送的数据量。窗口值作为接受方让发送方设置其发送窗口的依据。

(13)校验和,占 2 字节。校验和字段检验的范围包括首部和数据这两部分。

(14)紧急指针:占 2 个字节,紧急指针仅在 URG=1 时才有意义,它指出本报文段中的紧急数据的字节数。当所有紧急数据处理完毕时,TCP 就告诉应用程序恢复到正常操作。值得注意的是,即使窗口为 0 时也可发送紧急数据。

(15)选项:长度可变,最长可达 40 字节,当没有选项时,TCP 的首部长度是 20 字节。

最大报文段长度 MSS,MSS 是指每一个 TCP 报文段中的数据字段的最大长度。

2.各个数据域的含义

16 位源端口号:16 位的源端口中包含初始化通信的端口。源端口和源 IP 地址的作用是标识报文的返回地址。

16 位目的端口号:16 位的目的端口域定义传输的目的。这个端口指明报文接收计算机上的应用程序地址接口。

32 位序号:32 位的序列号由接收端计算机使用,重新分段的报文成最初形式。当 SYN 出现,序列码实际上是初始序列码(Initial Sequence Number,ISN),而第一个数据字节是 ISN+1。这个序列号(序列码)可用来补偿传输中的不一致。

32 位确认序号:32 位的序列号由接收端计算机使用,重组分段的报文成最初形式。如果设置了 ACK 控制位,这个值表示一个准备接收的包的序列码。

4 位首部长度:4 位包括 TCP 头大小,指示何处数据开始。

保留(6 位):6 位值域,这些位必须是 0。为了将来定义新的用途而保留。

标志:6 位标志域。表示为:紧急标志、有意义的应答标志、推、重置连接标志、同步序列号标志、完成发送数据标志。按照顺序排列是:URG、ACK、PSH、RST、SYN、FIN。

16 位窗口大小:用来表示想收到的每个 TCP 数据段的大小。TCP 的流量控制由连接的每一端通过声明的窗口大小来提供。窗口大小为字节数,起始于确认序号字段指明的值,这个值是接收端正期望接收的字节。窗口大小是一个 16 字节字段,因而窗口大小最大为 65535 字节。

16 位校验和:16 位 TCP 头。源机器基于数据内容计算一个数值,收信息机要与源机器数值结果完全一样,从而证明数据的有效性。检验和覆盖了整个的 TCP 报文段:这是一个强制性的字段,一定是由发送端计算和存储,并由接收端进行验证的。

16 位紧急指针:指向后面是优先数据的字节,在 URG 标志设置了时才有效。如果 URG 标志没有被设置,紧急域作为填充。加快处理标示为紧急的数据段。

选项:长度不定,但长度必须为 1 个字节。如果没有选项就表示这个 1 字节的域等于 0。

数据:该 TCP 协议包负载的数据。

3.6 位标志域的各个选项功能

(1)URG:紧急标志。紧急标志为"1"表明该位有效。

（2）ACK：确认标志。表明确认编号栏有效。大多数情况下该标志位是置位的。TCP 报头内的确认编号栏内包含的确认编号（w+1）为下一个预期的序列编号，同时提示远端系统已经成功接收所有数据。

（3）PSH：推标志。该标志置位时，接收端不将该数据进行队列处理，而是尽可能快地将数据转由应用处理。在处理 Telnet 或 rlogin 等交互模式的连接时，该标志总是置位的。

（4）RST：复位标志。用于复位相应的 TCP 连接。

（5）SYN：同步标志。表明同步序列编号栏有效。该标志仅在三次握手建立 TCP 连接时有效。它提示 TCP 连接的服务端检查序列编号，该序列编号为 TCP 连接初始端（一般是客户端）的初始序列编号。在这里，可以把 TCP 序列编号看作是一个范围从 0 到 4,294,967,295 的 32 位计数器。通过 TCP 连接交换的数据中每一个字节都经过序列编号。在 TCP 报头中的序列编号栏包括了 TCP 分段中第一个字节的序列编号。

（6）FIN：结束标志。

（二）TCP 协议报文首部分析

Source Port / Destination Port：来源端口 / 目的端口。其中包含来源端口 / 目的端口的端口号。

Sequence Number：封包序号。当数据要从一台主机传送去另一台主机的时候，发送端会为封包建立起一个起始序号，然后按照所传送的数据长度（字节数值），依次递增上去。使用递增之后的值来作为下一个封包的序号。

Acknowledge Number：回应序号。当接收端接收到 TCP 封包并通过检验确认之后，会依照发送序号、再加上数据长度产生一个响应序号，附在下一个响应封包送回给对方（无需额外的送出专门的确认封包），这样接收端就知道刚才的封包已经被成功接收到了。假如基于网络状况或其他原因，当封包的定时器达到期限时，接收端还没接收到回应序号，就会认为该封包丢失了并加以重送。如果刚好重发封包之后才接收到响应，接收端就会根据序号来判断该封包是否被重复发送，如果是的话，将之丢弃不做任何处理。

Data Offset（HLEN）：记录表头长度。如果 options 没设定的话，其长度就是 20 bytes，用十六进制表示就是 0x14 了，如果以 double word 长度来表示，则为 5。Reserved：保留区间，为了将来定义新的用途。Contral Flag：控制旗标。一共有 6 个，它们分别是：URG 为 1 的时候，表示这是一个携有紧急数据的封包，接收端需优先处理。ACK 为 1 的时候，表示此封包的 Acknowledge Number 是有效的，也就是用来响应上一个封包。PSH 为 1 的时候，表示此封包连同传送缓冲区的其他封包应立即进行传送，而无需等待缓冲区满了才送。RST 为 1 的时候，表示联机会被马上结束，而无需等待终止确认手续。SYN 为 1 的时候，表示要求双方进行同步处理，也就是要求建立联机。

FIN 为 1 的时候，表示传送结束，然后双方发出结束响应，进而正式进入 TCP 传送的终止流程。

Window：滑动窗口。在 TCP 封包表头的这个字段，可得知对方目前的接收缓冲区大小（bytes），从而决定下一个传送 Window 的大小。

Checksum：当数据要传送出去的时候，发送端会对数据进行一个校验的动作，然后将校验值填在这里；当接收端收到封包之后，会再对数据进行校验，再比对校验值是否一致。若结果不一致则认为资料已损毁，并要求对方重送。

Urgent Pointer：当 URG 被设定为 1 时，这里就会指示出紧急数据所在位置。Option：当需要同步动作的程序，要处理终端的交互模式，就会使用到 option 来指定数据封包的大小。Option 的长度要么是 0，要么就是 32bit 的整倍数。如果数据不足数，使用表头中没有的数据填充

六、TCP 可靠传输的实现

（一）TCP 协议

TCP 协议作为一个可靠的面向流的传输协议，其可靠性和流

量控制由滑动窗口协议保证，而拥塞控制则由控制窗口结合一系列的控制算法实现。

1.滑动窗口协议

关于这部分自己不晓得怎么叙述才好，因为理解的部分更多，下面就用自己的理解来介绍下 TCP 的精髓:滑动窗口协议。

所谓滑动窗口协议，自己理解有两点:(1)"窗口"对应的是一段可以被发送者发送的字节序列，其连续的范围称之为"窗口";(2)"滑动"则是指这段"允许发送的范围"是可以随着发送的过程而变化的,方式就是按顺序"滑动"。在引入一个例子来说这个协议之前,我觉得很有必要先了解以下前提:

1)TCP 协议的两端分别为发送者 A 和接收者 B，由于是全双工协议,因此 A 和 B 应该分别维护着一个独立的发送缓冲区和接收缓冲区,由于对等性(A 发 B 收和 B 发 A 收),我们以 A 发送 B 接收的情况作为例子;

2)发送窗口是发送缓存中的一部分,是可以被 TCP 协议发送的那部分,其实应用层需要发送的所有数据都被放进了发送者的发送缓冲区;

3)发送窗口中相关的有四个概念:已发送并收到确认的数据(不再发送窗口和发送缓冲区之内)、已发送但未收到确认的数据(位于发送窗口之中)、允许发送但尚未发送的数据以及发送窗口外发送缓冲区内暂时不允许发送的数据;

4)每次成功发送数据之后,发送窗口就会在发送缓冲区中按顺序移动,将新的数据包含到窗口中准备发送;

TCP 建立连接的初始,B 会告诉 A 自己的接收窗口大小,比如为'20':字节 31–50 为发送窗口

A 发送 11 个字节后,发送窗口位置不变,B 接收到了乱序的数据分组:只有当 A 成功发送了数据,即发送的数据得到了 B 的确认之后,才会移动滑动窗口离开已发送的数据;同时 B 则确认连续的数据分组,对于乱序的分组则先接收下来,避免网络重复传递;

2.流量控制

流量控制方面主要有两个要点需要掌握。一是 TCP 利用滑动窗口实现流量控制的机制；二是如何考虑流量控制中的传输效率。

（1）流量控制

所谓流量控制，主要是接收方传递信息给发送方，使其不要发送数据太快，是一种端到端的控制。主要的方式就是返回的 ACK 中会包含自己的接收窗口的大小，并且利用大小来控制发送方的数据发送：

这里面涉及到一种情况，如果 B 已经告诉 A 自己的缓冲区已满，于是 A 停止发送数据；等待一段时间后，B 的缓冲区出现了富余，于是给 A 发送报文告诉 A 我的 rwnd 大小为 400，但是这个报文不幸丢失了，于是就出现 A 等待 B 的通知 ‖B 等待 A 发送数据的死锁状态。为了处理这种问题，TCP 引入了持续计时器（Persistence timer），当 A 收到对方的零窗口通知时，就启用该计时器，时间到则发送一个 1 字节的探测报文，对方会在此时回应自身的接收窗口大小，如果结果仍未 0，则重设持续计时器，继续等待。

（2）传递效率

一个显而易见的问题是：单个发送字节单个确认，和窗口有一个空余即通知发送方发送一个字节，无疑增加了网络中的许多不必要的报文（请想想为了一个字节数据而添加的 40 字节头部吧！），所以我们的原则是尽可能一次多发送几个字节，或者窗口空余较多的时候通知发送方一次发送多个字节。对于前者我们广泛使用 Nagle 算法，即：

1）若发送应用进程要把发送的数据逐个字节地送到 TCP 的发送缓存，则发送方就把第一个数据字节先发送出去，把后面的字节先缓存起来；

2）当发送方收到第一个字节的确认后（也得到了网络情况和对方的接收窗口大小），再把缓冲区的剩余字节组成合适大小的报文发送出去；

3）当到达的数据已达到发送窗口大小的一半或以达到报文段的最大长度时,就立即发送一个报文段;

对于后者我们往往的做法是让接收方等待一段时间, 或者接收方获得足够的空间容纳一个报文段或者等到接受缓存有一半空闲的时候,再通知发送方发送数据。

（二）拥塞控制

网络的吞吐量与通信子网负荷(即通信子网中正在传输的分组数)有着密切的关系。当通信子网负荷比较小时,网络的吞吐量(分组数/秒)随网络负荷(每个节点中分组的平均数)的增加而线性增加。当网络负荷增加到某一值后,若网络吞吐量反而下降,则表征网络中出现了拥塞现象。在一个出现拥塞现象的网络中,到达某个节点的分组将会遇到无缓冲区可用的情况, 从而使这些分组不得不由前一节点重传,或者需要由源节点或源端系统重传。当拥塞比较严重时, 通信子网中相当多的传输能力和节点缓冲器都用于这种无谓的重传,从而使通信子网的有效吞吐量下降。由此引起恶性循环,使通信子网的局部甚至全部处于死锁状态,最终导致网络有效吞吐量接近为零。

网络中的链路容量和交换结点中的缓存和处理机都有着工作的极限,当网络的需求超过它们的工作极限时,就出现了拥塞。拥塞控制就是防止过多的数据注入到网络中, 这样可以使网络中的路由器或链路不致过载。常用的方法就是:

1.慢开始、拥塞控制

2.快重传、快恢复

一切的基础还是慢开始,这种方法的思路是这样的:

（1）发送方维持一个叫做"拥塞窗口"的变量,该变量和接收端口共同决定了发送者的发送窗口;

（2）当主机开始发送数据时,避免一下子将大量字节注入到网络,造成或者增加拥塞,选择发送一个1字节的试探报文;

（3）当收到第一个字节的数据的确认后,就发送2个字节的报文;

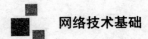

（4）若再次收到 2 个字节的确认，则发送 4 个字节，依次递增 2 的指数级；

（5）最后会达到一个提前预设的"慢开始门限"，比如 24，即一次发送了 24 个分组，此时遵循下面的条件判定：

1）cwnd < ssthresh，继续使用慢开始算法；

2）cwnd > ssthresh，停止使用慢开始算法，改用拥塞避免算法；

3）cwnd = ssthresh，既可以使用慢开始算法，也可以使用拥塞避免算法；

（6）所谓拥塞避免算法就是：每经过一个往返时间 RTT 就把发送方的拥塞窗口 +1，即让拥塞窗口缓慢地增大，按照线性规律增长；

（7）当出现网络拥塞，比如丢包时，将慢开始门限设为原先的一半，然后将 cwnd 设为 1，执行慢开始算法（较低的起点，指数级增长）；

3.快重传的机制

上述方法的目的是在拥塞发生时循序减少主机发送到网络中的分组数，使得发生拥塞的路由器有足够的时间把队列中积压的分组处理完毕。慢开始和拥塞控制算法常常作为一个整体使用，而快重传和快恢复则是为了减少因为拥塞导致的数据包丢失带来的重传时间，从而避免传递无用的数据到网络。快重传的机制是：

（1）接收方建立这样的机制，如果一个包丢失，则对后续的包继续发送针对该包的重传请求；

（2）一旦发送方接收到三个一样的确认，就知道该包之后出现了错误，立刻重传该包；

（3）此时发送方开始执行"快恢复"算法：

1）慢开始门限减半；

2）cwnd 设为慢开始门限减半后的数值；

3）执行拥塞避免算法（高起点，线性增长）；

4.拥塞方法

（1）缓冲区预分配法

该法用于虚电路分组交换网中。在建立虚电路时,让呼叫请求分组途经的节点为虚电路预先分配一个或多个数据缓冲区。若某个节点缓冲器已被占满,则呼叫请求分组另择路由,或者返回一个"忙"信号给呼叫者。这样,通过途经的各节点为每条虚电路开设的永久性缓冲区(直到虚电路拆除),就总能有空间来接纳并转送经过的分组。此时的分组交换跟电路交换很相似。当节点收到一个分组并将它转发出去之后,该节点向发送节点返回一个确认信息。该确认一方面表示接收节点已正确收到分组,另一方面告诉发送节点,该节点已空出缓冲区以备接收下一个分组。上面是"停一等"协议下的情况,若节点之间的协议允许多个未处理的分组存在,则为了完全消除拥塞的可能性,每个节点要为每条虚电路保留等价于窗口大小数量的缓冲区。这种方法不管有没有通信量,都有可观的资源(线路容量或存储空间)被某个连接占有,因此网络资源的有效利用率不高。这种控制方法主要用于要求高带宽和低延迟的场合,例如传送数字化语音信息的虚电路。

　　(2)分组丢弃法

　　该法不必预先保留缓冲区,当缓冲区占满时,将到来的分组丢弃。若通信子网提供的是数据报服务,则用分组丢弃法来防止拥塞发生不会引起大的影响。但若通信子网提供的是虚电路服务,则必须在某处保存被丢弃分组的备份,以便拥塞解决后能重新传送。有两种解决被丢弃分组重发的方法,一种是让发送被丢弃分组的节点超时,并重新发送分组直至分组被收到;另一种是让发送被丢弃分组的节点在尝试一定次数后放弃发送,并迫使数据源节点超时而重新开始发送。但是不加分辨地随意丢弃分组也不妥,因为一个包含确认信息的分组可以释放节点的缓冲区,若因节点元空余缓冲区来接收含确认信息的分组,这便使节点缓冲区失去了一次释放的机会。解决这个问题的方法可以为每条输入链路永久地保留一块缓冲区,以用于接纳并检测所有进入的分组,对于捎带确认信息的分组,在利用了所捎带的确认释放缓冲区后,再将该分组丢弃

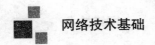

或将该捎带好消息的分组保存在刚空出的缓冲区中。

（3）定额控制法

这种方法在通信子网中设置适当数量的称做＂许可证＂的特殊信息，一部分许可证在通信子网开始工作前预先以某种策略分配给各个源节点，另一部分则在子网开始工作后在网中四处环游。当源节点要发送来自源端系统的分组时，它必须首先拥有许可证，并且每发送一个分组注销一张许可证。目的节点方则每收到一个分组并将其递交给目的端系统后，便生成一张许可证。这样便可确保子网中分组数不会超过许可证的数量，从而防止了拥塞的发生。

七、TCP 的流量控制

（一）TCP 的控制

1.利用滑动窗口实现流量控制

如果发送方把数据发送得过快，接收方可能会来不及接收，这就会造成数据的丢失。所谓流量控制就是让发送方的发送速率不要太快，要让接收方来得及接收。

利用滑动窗口机制可以很方便地在 TCP 连接上实现对发送方的流量控制。

设 A 向 B 发送数据。在连接建立时，B 告诉了 A：“我的接收窗口是 rwnd = 400 ”(这里的 rwnd 表示 receiver window)。因此，发送方的发送窗口不能超过接收方给出的接收窗口的数值。请注意，TCP 的窗口单位是字节，不是报文段。TCP 连接建立时的窗口协商过程在图中没有显示出来。再设每一个报文段为 100 字节长，而数据报文段序号的初始值设为 1。大写 ACK 表示首部中的确认位 ACK，小写 ack 表示确认字段的值 ack。

可以看出，B 进行了三次流量控制。第一次把窗口减少到 rwnd = 300 ，第二次又减到了 rwnd = 100 ，最后减到 rwnd = 0 ，即不允许发送方再发送数据了。这种使发送方暂停发送的状态将持续到主机 B 重新发出一个新的窗口值为止。B 向 A 发送的三个报文段都设置了 ACK = 1 ，只有在 ACK=1 时确认号字段才有意义。

TCP 为每一个连接设有一个持续计时器(persistence timer)。只要 TCP 连接的一方收到对方的零窗口通知,就启动持续计时器。若持续计时器设置的时间到期,就发送一个零窗口控测报文段(携 1 字节的数据),那么收到这个报文段的一方就重新设置持续计时器。

2.必须考虑传输速率

可以用不同的机制来控制 TCP 报文段的发送时机。如:(1) TCP 维持一个变量,它等于最大报文段长度 MSS。只要缓存中存放的数据达到 MSS 字节时,就组装成一个 TCP 报文段发送出去。(2) 由发送方的应用进程指明要求发送报文段,即 TCP 支持的推送(push)操作。(3)发送方的一个计时器期限到了,这时就把已有的缓存数据装入报文段(但长度不能超过 MSS)发送出去。

Nagle 算法:若发送应用进程把要发送的数据逐个字节地送到 TCP 的发送缓存,则发送方就把第一个数据字节先发送出去,把后面到达的数据字节都缓存起来。当发送方接收对第一个数据字符的确认后,再把发送缓存中的所有数据组装成一个报文段再发送出去,同时继续对随后到达的数据进行缓存。只有在收到对前一个报文段的确认后才继续发送下一个报文段。当数据到达较快而网络速率较慢时,用这样的方法可明显地减少所用的网络带宽。Nagle 算法还规定:当到达的数据已达到发送窗口大小的一半或已达到报文段的最大长度时,就立即发送一个报文段。

另,糊涂窗口综合征:TCP 接收方的缓存已满,而交互式的应用进程一次只从接收缓存中读取 1 字节(这样就使接收缓存空间仅腾出 1 字节),然后向发送方发送确认,并把窗口设置为 1 个字节(但发送的数据报为 40 字节的的话)。接收,发送方又发来 1 个字节的数据(发送方的 IP 数据报是 41 字节)。接收方发回确认,仍然将窗口设置为 1 个字节。这样,网络的效率很低。要解决这个问题,可让接收方等待一段时间,使得或者接收缓存已有足够空间容纳一个最长的报文段,或者等到接收方缓存已有一半空闲的空间。只要出现这两种情况,接收方就发回确认报文,并向发送方通知当前的窗口大小。此外,发送方也不要发送太小的报文段,而是把数据报积累成足够大的报文段,或达到接收方缓存的空间的一半大小。

(二)快重传和快恢复

如果发送方设置的超时计时器时限已到但还没有收到确认,那么很可能是网络出现了拥塞,致使报文段在网络中的某处被丢弃。这时,TCP 马上把拥塞窗口 cwnd 减小到 1,并执行慢开始算法,同时把慢开始门限值 ssthresh 减半。这是不使用快重传的情况。

快重传算法首先要求接收方每收到一个失序的报文段后就立即发出重复确认(为的是使发送方及早知道有报文段没有到达对方)而不要等到自己发送数据时才进行捎带确认。

接收方收到了 M1 和 M2 后都分别发出了确认。现在假定接收方没有收到 M3 但接着收到了 M4。显然,接收方不能确认 M4,因为 M4 是收到的失序报文段。根据可靠传输原理,接收方可以什么都不做,也可以在适当时机发送一次对 M2 的确认。但按照快重传算法的规定,接收方应及时发送对 M2 的重复确认,这样做可以让发送方及早知道报文段 M3 没有到达接收方。发送方接着发送了 M5 和 M6。接收方收到这两个报文后,也还要再次发出对 M2 的重复确认。这样,发送方共收到了接收方的四个对 M2 的确认,其中后三个都是重复确认。快重传算法还规定,发送方只要一连收到三个重复确认就应当立即重传对方尚未收到的报文段 M3,而不必继续等待 M3 设置的重传计时器到期。由于发送方尽早重传未被确认的报文段,因此采用快重传后可以使整个网络吞吐量提高约 20%。

与快重传配合使用的还有快恢复算法,其过程有以下两个要点:

1.当发送方连续收到三个重复确认,就执行"乘法减小"算法,把慢开始门限 ssthresh 减半。这是为了预防网络发生拥塞。请注意:接下去不执行慢开始算法。

2.由于发送方现在认为网络很可能没有发生拥塞,因此与慢开始不同之处是现在不执行慢开始算法(即拥塞窗口 cwnd 现在不设置为 1),而是把 cwnd 值设置为慢开始门限 ssthresh 减半后的数值,然后开始执行拥塞避免算法("加法增大"),使拥塞窗口缓慢地线性增大。

下图给出了快重传和快恢复的示意图,并标明了"TCP Reno 版本"。

区别:新的 TCP Reno 版本在快重传之后采用快恢复算法而不是采用慢开始算法。

也有的快重传实现是把开始时的拥塞窗口 cwnd 值再增大一点,即等于 ssthresh + 3 X MSS。这样做的理由是:既然发送方收到三个重复的确认,就表明有三个分组已经离开了网络。这三个分组不再消耗网络的资源而是停留在接收方的缓存中。可见现在网络中并不是堆积了分组而是减少了三个分组。因此可以适当把拥塞窗口扩大了些。

在采用快恢复算法时,慢开始算法只是在 TCP 连接建立时和网络出现超时时才使用。

采用这样的拥塞控制方法使得 TCP 的性能有明显的改进。

接收方根据自己的接收能力设定了接收窗口 rwnd,并把这个窗口值写入 TCP 首部中的窗口字段,传送给发送方。因此,接收窗口又称为通知窗口。因此,从接收方对发送方的流量控制的角度考虑,发送方的发送窗口一定不能超过对方给出的接收窗口 rwnd。

发送方窗口的上限值 = Min [rwnd, cwnd]

八、TCP 的拥塞控制

(一)拥塞

计算机网络中的带宽、交换结点中的缓存和处理机等,都是网络的资源。在某段时间,若对网络中某一资源的需求超过了该资源所能提供的可用部分,网络的性能就会变坏。这种情况就叫做拥塞。

拥塞控制就是防止过多的数据注入网络中,这样可以使网络中的路由器或链路不致过载。拥塞控制是一个全局性的过程,和流量控制不同,流量控制指点对点通信量的控制。

发送方维持一个叫做拥塞窗口 cwnd(congestion window)的状

态变量。拥塞窗口的大小取决于网络的拥塞程度,并且动态地在变化。发送方让自己的发送窗口等于拥塞窗口,另外考虑到接受方的接收能力,发送窗口可能小于拥塞窗口。

慢开始算法的思路就是,不要一开始就发送大量的数据,先探测一下网络的拥塞程度, 也就是说由小到大逐渐增加拥塞窗口的大小。

1.TCP 的拥塞控制

拥塞:即对资源的需求超过了可用的资源。若网络中许多资源同时供应不足,网络的性能就要明显变坏,整个网络的吞吐量随之负荷的增大而下降。

拥塞控制:防止过多的数据注入到网络中,这样可以使网络中的路由器或链路不致过载。拥塞控制所要做的都有一个前提:网络能够承受现有的网络负荷。拥塞控制是一个全局性的过程,涉及到所有的主机、路由器,以及与降低网络传输性能有关的所有因素。流量控制:指点对点通信量的控制,是端到端正的问题。流量控制所要做的就是抑制发送端发送数据的速率, 以便使接收端来得及接收。

拥塞控制代价:需要获得网络内部流量分布的信息。在实施拥塞控制之前,还需要在结点之间交换信息和各种命令,以便选择控制的策略和实施控制。这样就产生了额外的开销。拥塞控制还需要将一些资源分配给各个用户单独使用,使得网络资源不能更好地实现共享。

2.几种拥塞控制方法

慢开始(slow-start)、拥塞避免(congestion avoidance)、快重传(fast retransmit)和快恢复(fast recovery)。

(1)慢开始和拥塞避免

发送方维持一个拥塞窗口 cwnd (congestion window)的状态变量。拥塞窗口的大小取决于网络的拥塞程度,并且动态地在变化。发送方让自己的发送窗口等于拥塞。

发送方控制拥塞窗口的原则是：只要网络没有出现拥塞，拥塞窗口就再增大一些，以便把更多的分组发送出去。但只要网络出现拥塞，拥塞窗口就减小一些，以减少注入到网络中的分组数。

（2）慢开始算法

当主机开始发送数据时，如果立即所大量数据字节注入到网络，那么就有可能引起网络拥塞，因为现在并不清楚网络的负荷情况。因此，较好的方法是先探测一下，即由小到大逐渐增大发送窗口，也就是说，由小到大逐渐增大拥塞窗口数值。通常在刚刚开始发送报文段时，先把拥塞窗口 cwnd 设置为一个最大报文段 MSS 的数值。而在每收到一个对新的报文段的确认后，把拥塞窗口增加至多一个 MSS 的数值。用这样的方法逐步增大发送方的拥塞窗口 cwnd，可以使分组注入到网络的速率更加合理。

每经过一个传输轮次，拥塞窗口 cwnd 就加倍。一个传输轮次所经历的时间其实就是往返时间 RTT。不过"传输轮次"更加强调：把拥塞窗口 cwnd 所允许发送的报文段都连续发送出去，并收到了对已发送的最后一个字节的确认。

另，慢开始的"慢"并不是指 cwnd 的增长速率慢，而是指在 TCP 开始发送报文段时先设置 cwnd=1，使得发送方在开始时只发送一个何意义；假如使用二次握手：A 向 B 发送 syn 报文，B 向 A 发送一个 ACK 报文（可能也报文 syn 字段），这时 B 已经知道了 A 要向他建立连接，双方的信息基本对称了，然而此时 B 到 A 的报文段有可能丢失，那么 A 就无法判断 B 是否收到了自己的连接请求，A 状态未知，B 也知道 A 的这种情况，所以需要第三次握手，即 A 想 B 发出 ACK 报文，这时双方都知道对方都已经准备好传输数据（之前的时间点准备好，当前的状态仍然是不对称）。

以上只是考虑了数据包丢失的情况，如果出现数据包延迟达到，就会出现"已失效的连接请求报文段"，比如 A 向 B 发送的连接请求报文延迟达到 B，B 误以为是新的连接请求，然后接受发出 ACK 报文，如果是二次握手 B 此时就进入了 establishing 状态，但这是种错误的状态，因为 A 早已放弃这个连接了。

总之多少次握手都无法保证百分百成功建立连接，因为最后一次报文可能出现丢失，延迟达到等各种情况。三次握手成功只是能说明双方现在已经有相当高的概率可以正常通信了。

2.四次挥手

四次挥手实际上就是两个 FIN 报文和两个 ACK 报文，这四个报文必不可少。A 没有数据要发送了必然会向 B 发送一个 fin 报文，B 必然要回复个 ACK 报文。为什么 B 不能学习三次握手将 fin 和 ack 合二为一，因为 B 受到 fin 报文后要通知上层应用程序，上层应用程序可能数据没有发送完毕，这时就不能发送 fin，即使是发送完了，B 也不应该将两者合二为一（通知上层应用可能需要很多时间，这些都是不确定的），最好的方法就是先发送 ACK 告诉对方，然后在合适的时机发送自己的 fin。

在 TCP C/S 模式下，当 TCP 客户端想断开的时候，不能用 shutdown 和 closesocket 与 TCP 服务器断开，只有让 TCP 服务器端主动断开（TCP 客户端被动断开），TCP 客户端的端口才能立刻被释放。

（三)TCP 运输连接管理流程

TCP 协议连接管理。这个内容就是我们的协议的基本工作流程了。那么这个连接的建立，其中包括三次握手。那么针对这个在 TCP 协议中建立连接采用三次握手的方法。为了建立连接，其中一方，如服务器，通过执行 LISTEN 和 ACCEPT 原语被动地等待一个到达的连接请求。

另一方，如客户方，执行 CONNECT 原语，同时要指明它想连接到的 IP 地址和端口号，设置它能够接受的 TCP 数据报的最大值，以及一些可选的用户数据。CONNECT 原语发送一个 SYN=1，ACK=0 的数据报到目的端，并等待对方响应。

该数据报到达目的端后，那里的 TCP 实体将察看是否有进程在侦听目的端口字段指定的端口。如果没有，它将发送一个 RST=1

的应答,拒绝建立该连接。

如果某个进程正在对该端口进行侦听,于是便将到达的 TCP 协议数据报交给该进程,它可以接受或拒绝建立连接。如果接受,便发回一个确认数据报。

为了释放连接,每方均可发送一个 FIN=1 的 TCP 协议数据报,表明本方已无数据发送。当 FIN 数据报被确认后,那个方向的连接即告关闭。当两个方向上的连接均关闭后,该连接就被完全释放了。一般情况下,释放一个连接需要 4 个 TCP 数据报:每个方向均有一个 FIN 数据报和一个 ACK 数据报。

TCP 连接是面向可靠的连接,它通过建立可靠连接实现数据的可靠传输,在应用程序中被广泛使用。由于 FTP 命令采用的连接就是 TCP 连接,下面给大家介绍一下如何使用 Sniffer 工具捕获 FTP 命令数据包,分析 TCP 连接建立和结束的详细过程,使大家更好地理解和详细掌握 TCP 连接建立的三次握手过程和四次结束的过程。

7.5.5 第五层:会话层(Session layer)

这一层也可以称为会晤层或对话层,在会话层及以上的高层次中,数据传送的单位不再另外命名,统称为报文。会话层不参与具体的传输,它提供包括访问验证和会话管理在内的建立和维护应用之间通信的机制。如服务器验证用户登录便是由会话层完成的。

7.5.6 第六层:表示层(Presentation layer)

这一层主要解决用户信息的语法表示问题。它将欲交换的数据从适合于某一用户的抽象语法,转换为适合于 OSI 系统内部使用的传送语法。即提供格式化的表示和转换数据服务。数据的压缩和解压缩,加密和解密等工作都由表示层负责。例如图像格式的显示,就是由位于表示层的协议来支持。

7.5.7 第七层:应用层(Application layer)

应用层为操作系统或网络应用程序提供访问网络服务的接口。应用层协议的代表包括:Telnet、FTP、HTTP、SNMP 等。

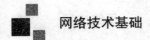

一、域名系统 DNS

(一)DNS 分析

DNS(Domain Name System,域名系统),因特网上作为域名和 IP 地址相互映射的一个分布式数据库，能够使用户更方便的访问互联网，而不用去记住能够被机器直接读取的 IP 数串。通过主机名,最终得到该主机名对应的 IP 地址的过程叫做域名解析(或主机名解析)。DNS 协议运行在 UDP 协议之上，使用端口号 53。在 RFC 文档中 RFC 2181 对 DNS 有规范说明,RFC 2136 对 DNS 的动态更新进行说明,RFC 2308 对 DNS 查询的反向缓存进行说每个 IP 地址都可以有一个主机名,主机名由一个或多个字符串组成,字符串之间用小数点隔开。有了主机名,就不要死记硬背每台 IP 设备的 IP 地址，只要记住相对直观有意义的主机名就行了。这就是 DNS 协议所要完成的功能。

主机名到 IP 地址的映射有两种方式:

1.DNS

(1)静态映射,每台设备上都配置主机到 IP 地址的映射,各设备独立维护自己的映射表,而且只供本设备使用;

(2)动态映射，建立一套域名解析系统（DNS），只在专门的 DNS 服务器上配置主机到 IP 地址的映射,网络上需要使用主机名通信的设备,首先需要到 DNS 服务器查询主机所对应的 IP 地址。通过主机名,最终得到该主机名对应的 IP 地址的过程叫做域名解析(或主机名解析)。在解析域名时,可以首先采用静态域名解析的方法,如果静态域名解析不成功,再采用动态域名解析的方法。可以将一些常用的域名放入静态域名解析表中，这样可以大大提高域名解析效率。

2.DNS 重要性

(1)技术角度看

DNS 解析是互联网绝大多数应用的实际寻址方式;域名技术的再发展以及基于域名技术的多种应用,丰富了互联网应用和协议。

(2)资源角度看

域名是互联网上的身份标识,是不可重复的唯一标识资源;互联网的全球化使得域名成为标识一国主权的国家战略资源。

　　3.DNS 冗余

为保证服务的高可用性,DNS 要求使用多台名称服务器冗余支持每个区域。某个区域的资源记录通过手动或自动方式更新到单个主名称服务器(称为主 DNS 服务器)上,主 DNS 服务器可以是一个或几个区域的权威名称服务器。其他冗余名称服务器(称为辅 DNS 服务器)用作同一区域中主服务器的备份服务器,以防主服务器无法访问或宕机。辅 DNS 服务器定期与主 DNS 服务器通讯,确保它的区域信息保持最新。如果不是最新信息,辅 DNS 服务器就会从主服务器获取最新区域数据文件的副本。这种将区域文件复制到多台名称服务器的过程称为区域复制。

域名结构编辑

　　通常 Internet 主机域名的一般结构为:主机名.三级域名.二级域名.顶级域名。Internet 的顶级域名由 Internet 网络协会域名注册查询负责网络地址分配的委员会进行登记和管理, 它还为 Internet 的每一台主机分配唯一的 IP 地址。全世界现有三个大的网络信息中心: 位于美国的 Inter-NIC, 负责美国及其他地区; 位于荷兰的 RIPE-NIC,负责欧洲地区;位于日本的 APNIC ,负责亚太地区[1] 。

　　4.解析器

　　解析器, 或另一台 DNS 服务器递归代表的情况下, 域名解析器,协商使用递归服务,使用查询头位。

　　解析通常需要遍历多个名称服务器, 找到所需要的信息。然而,一些解析器的功能更简单地只用一个名称服务器进行通信。这些简单的解析器依赖于一个递归名称服务器（称为“存根解析器”）,为他们寻找信息的执行工作。

　　5.DNS 服务器

　　提供 DNS 服务的是安装了 DNS 服务器端软件的计算机。服务器端软件既可以是基于类 linux 操作系统, 也可以是基于 Windows 操作系统的。装好 DNS 服务器软件后,您就可以在您指定的位置创建区域文件了，所谓区域文件就是包含了此域中名字到 IP 地址解析记录的一个文件，如文件的内容可能是这样的：primary name server = dns2（主服务器的主机名是 ）

serial = 2913（序列号 =2913、这个序列号的作用是当辅域名服务器来复制这个文件的时候，如果号码增加了就复制）

refresh = 10800 (3 hours)（刷新 =10800 秒、辅域名服务器每隔 3 小时查询一个主服务器）

retry = 3600 (1 hour)（重试 =3600 秒、当辅域名服务试图在主服务器上查询更新时，而连接失败了，辅域名服务器每隔 1 小时访问主域名服务器）

expire = 604800 (7 days)（到期 =604800 秒、辅域名服务器在向主服务更新失败后，7 天后删除中的记录。）

 default TTL = 3600 (1 hour)（默认生存时间 =3600 秒、缓存服务器保存记录的时间是 1 小时。也就是告诉缓存服务器保存域的解析记录为 1 小时）

SDNS

中国互联网络信息中心(CNNIC)研发出我国首个面向下一代互联网的域名服务平台——SDNS。

(二)DNS 查询方法

查询 DNS 服务器上的资源记录，在 Windows 平台下，使用命令行工具，输入 nslookup，返回的结果包括域名对应的 IP 地址(A 记录)、别名(CNAME 记录)等。除了以上方法外，还可以通过一些 DNS 查询站点。

如国外的国内的查询域名的 DNS 信息。常用的资源记录类型。A 地址此记录列出特定主机名的 IP 地址。这是名称解析的重要记录。CNAME 标准名称此记录指定标准主机名的别名。MX 邮件交换器此记录列出了负责接收发到域中的电子邮件的主机。NS 名称服务器此记录指定负责给定区域的名称服务器。FQDN 名的解析过程查询。

若想跟踪一个 FQDN 名的解析过程，在 LinuxShell 下输入 dig

www +trace,返回的结果包括从根域开始的递归或迭代过程,一直到权威域名服务器。

1.一致性

GeniePro DNS 应对 DNS 劫持和 DNS 缓存中毒攻击的关键性机制:一致性检查。

(1)每个 Geniepro 节点将自身的 DNS 记录发送给工作组内其他节点请求一致性检查;

(2)每个 Geniepro 节点将自身的记录与收到的记录进行比较;

(3)每个 Geniepro 工作组的通信协调节点将获得的 DNS 记录更新发送给其他组的通信协调节点请求一致性检查;

(4)每个 Genipro 工作组的通信协调节点向上一级 DNS 服务器请求更新记录并与收到的其他通信协调节点的记录进行比较。

2.一致性仲裁

如果一致性检查发现记录不一致情况,则根据策略(少数服从多数、一票否决等)决定是否接受记录的变化根据结果,各 Geniepro 节点将自身记录进行统一通信协调节点选举选举出的通信协调节点在任期内具有更新组内节点的权限选举过程满足不可预测性和不可重复性 DNS 资源记录　如前所述,每个 DNS 数据库都由资源记录构成。一般来说,资源记录包含与特定主机有关的信息,如 IP 地址、主机的所有者或者提供服务的类型。

(三)故障解决

当 DNS 解析出现错误,例如把一个域名解析成一个错误的 IP 地址,或者根本不知道某个域名对应的 IP 地址是什么时,就无法通过域名访问相应的站点了,这就是 DNS 解析故障。出现 DNS 解析故障最大的症状就是访问站点对应的 IP 地址没有问题,然而访问他的域名就会出现错误。

1.用 nslookup(网路查询)来判断是否真的是 DNS 解析故障:

要想百分之百判断是否为 DNS 解析故障就需要通过系统自带的 NSLOOKUP 来解决了。

第一步:确认自己的系统是 windows 2000 和 windows xp 以上

操作系统,然后通过"开始 -> 运行 -> 输入 CMD"后回车进入命令行模式。

第二步:输入 nslookup 命令后回车,将进入 DNS 解析查询界面。

第三步:命令行窗口中会显示出当前系统所使用的 DNS 服务器地址,例如笔者的 DNS 服务器 IP 为 202.106.0.20。

第四步:接下来输入无法访问的站点对应的域名。假如不能访问的话,那么 DNS 解析应该是不能够正常进行的,会收到 DNS request timed out,timeout was 2 seconds 的提示信息。这说明本地计算机确实出现了 DNS 解析故障。

小提示:如果 DNS 解析正常的话,会反馈回正确的 IP 地址。

2.查询 DNS 服务器工作是否正常:

这时候要看本地计算机使用的 DNS 地址是多少了,并且查询他的运行情况。

第一步:通过"开始 -> 运行 -> 输入 CMD"后回车进入命令行模式。

第二步:输入 ipconfig/all 命令来查询网络参数。

第三步:在 ipconfig /all 显示信息中能够看到一个地方写着 DNS SERVERS,这个就是本地的 DNS 服务器地址。例如笔者的是 202.106.0.20 和 202.106.46.151。从这个地址可以看出是个外网地址,如果使用外网 DNS 出现解析错误时,可以更换一个其他的 DNS 服务器地址即可解决问题。

第四步:如果在 DNS 服务器处显示的是个人公司的内部网络地址,那么说明该公司的 DNS 解析工作是交给公司内部的 DNS 服务器来完成的,这时需要检查这个 DNS 服务器,在 DNS 服务器上进行 nslookup 操作看是否可以正常解析。解决 DNS 服务器上的 DNS 服务故障,一般来说问题也能够解决。

3.清除 DNS 缓存信息法:

第一步:通过"开始 -> 运行 -> 输入 CMD"进入命令行模式。

第二步:在命令行模式中我们可以看到在 ipconfig /?中有一个名为 /flushdns 的参数,这个就是清除 DNS 缓存信息的命令。

第三步：执行 ipconfig /flushdns 命令，当出现 "successfully flushed the dns resolver cache" 的提示时就说明当前计算机的缓存信息已经被成功清除。

第四步：接下来我们再访问域名时，就会到 DNS 服务器上获取最新解析地址，再也不会出现因为以前的缓存造成解析错误故障了。

4.修改 HOSTS（主机）文件法：

第一步：通过"开始 -> 搜索"，然后查找名叫 hosts 的文件。

第二步：当然对于已经知道他的路径的读者可以直接进入 c:\windows\system32\drivers\etc 目录中找到 HOSTS 文件。如果你的系统是 windows 2000，那么应该到 c:\winnt\system32\drivers\etc 目录中寻找。

第三步：双击 HOSTS 文件，然后选择用"记事本"程序将其打开。

第四步：之后我们就会看到 HOSTS 文件的所有内容了，默认情况下只有一行内容 "127.0.0.1 localhost"。（其他前面带有 # 的行都不是真正的内容，只是帮助信息而已）

第五步：将你希望进行 DNS 解析的条目添加到 HOSTS 文件中。具体格式是先写该域名对应的 IP 地址，然后空格接域名信息。

第六步：设置完毕后我们访问网址时就会自动根据是在内网还是外网来解析了。

5.DNS 安全问题编辑

1.针对域名系统的恶意攻击：DDOS 攻击造成域名解析瘫痪。

2.域名劫持：修改注册信息、劫持解析结果。

3.国家性质的域名系统安全事件：".ly"域名瘫痪、".af"域名的域名管理权变更。

4.系统上运行的 DNS 服务存在漏洞，导致被黑客获取权限，从而篡改 DNS 信息。

5.DNS 设置不当，导致泄漏一些敏感信息。提供给黑客进一步攻击提供有力信息。

二、文件传送协议

（一）文件传输属于应用层协议

　　FTP 是应用层的协议,它基于传输层,为用户服务,它们负责进行文件的传输。FTP 是一个 8 位的客户端 – 服务器协议,能操作任何类型的文件而不需要进一步处理, 就像 MIME 或 Unicode 一样。但是,FTP 有着极高的延时,这意味着,从开始请求到第一次接收需求数据之间的时间会非常长, 并且不时的必须执行一些冗长的登录进程。

　　文件传输协议使得主机间可以共享文件。FTP 使用 TCP 生成一个虚拟连接用于控制信息, 然后再生成一个单独的 TCP 连接用于数据传输。控制连接使用类似 TELNET 协议在主机间交换命令和消息。文件传输协议是 TCP/IP 网络上两台计算机传送文件的协议,FTP 是在 TCP/IP 网络和 INTERNET 上最早使用的协议之一,它属于网络协议组的应用层。FTP 客 FTP 是 TCP/IP 网络上两台计算机传送文件的协议,FTP 是在 TCP/IP 网络和 INTERNET 上最早使用的协议之一。

　　尽管 World Wide Web(WWW)已经替代了 FTP 的大多数功能,FTP 仍然是通过 Internet 把文件从客户机复制到服务器上的一种途径。FTP 客户机可以给服务器发出命令来下载文件,上传文件,创建或改变服务器上的目录。原来的 FTP 软件多是命令行操作,有了像 CUTEFTP 这样的图形界面软件, 使用 FTP 传输变得方便易学。主要使用它进行"上载"。即向服务器传输文件。由于 FTP 协议的传输速度比较快,我们在制作诸如"软件下载"这类网站时喜欢用 FTP 来实现,同时我们这种服务面向大众,不需要身份认证,即"匿名 FTP 服务器"。

　　FTP 服务一般运行在 20 和 21 两个端口。端口 20 用于在客户端和服务器之间传输数据流,而端口 21 用于传输控制流,并且是命令通向 ftp 服务器的进口。当数据通过数据流传输时,控制流处于空闲状态。而当控制流空闲很长时间后,客户端的防火墙会将其会话置为超时,这样当大量数据通过防火墙时,会产生一些问题。此时,虽然文件可以成功的传输, 但因为控制会话会被防火墙断开,传输会产生一些错误。

1.工作原理

文件传输协议是 TCP/IP 提供的标准机制。用来将文件从一个主机复制到另一个主机。FTP 使用 TCP 的服务。

提供文件的共享(计算机程序?/ 数据);支持间接使用远程计算机;使用户不因各类主机文件存储器系统的差异而受影响;可靠且有效的传输数据。

FTP,尽管可以直接被终端用户使用,但其应用主要还是通过程序实现。

FTP 控制帧即指 TELNET 交换信息,包含 TELNET 命令和选项。然而,大多数 FTP 控制帧是简单的 ASCII 文本,可以分为 FTP 命令或 FTP 消息。FTP 消息是对 FTP 命令的响应,它由带有解释文本的应答代码构成。

2.使用模式

FTP 有两种使用模式:主动和被动。主动模式要求客户端和服务器端同时打开并且监听一个端口以建立连接。在这种情况下,客户端由于安装了防火墙会产生一些问题。所以,创立了被动模式。被动模式只要求服务器端产生一个监听相应端口的进程,这样就可以绕过客户端安装了防火墙的问题。

(1)一个主动模式的 FTP 连接建立要遵循以下步骤:

1)客户端打开一个随机的端口(端口号大于 1024,在这里,我们称它为 x),同时一个 FTP 进程连接至服务器的 21 号命令端口。此时,源端口为随机端口 x,在客户端,远程端口为 21,在服务器。

2)客户端开始监听端口(x+1),同时向服务器发送一个端口命令(通过服务器的 21 号命令端口),此命令告诉服务器客户端正在监听的端口号并且已准备好从此端口接收数据。这个端口就是我们所知的数据端口。

3)服务器打开 20 号源端口并且建立和客户端数据端口的连接。此时,源端口为 20,远程数据端口为(x+1)。

4)客户端通过本地的数据端口建立一个和服务器 20 号端口的连接,然后向服务器发送一个应答,告诉服务器它已经建立好了一个连接。

（2）被动模式 FTP

为了解决服务器发起到客户的连接的问题，人们开发了一种不同的 FTP 连接方式。这就是所谓的被动方式，或者叫做 PASV，当客户端通知服务器它处于被动模式时才启用。

在被动方式 FTP 中，命令连接和数据连接都由客户端发起，这样就可以解决从服务器到客户端的数据端口的入方向连接被防火墙过滤掉的问题。

当开启一个 FTP 连接时，客户端打开两个任意的非特权本地端口（N > 1024 和 N+1）。第一个端口连接服务器的 21 端口，但与主动方式的 FTP 不同，客户端不会提交 PORT 命令并允许服务器来回连它的数据端口，而是提交 PASV 命令。这样做的结果是服务器会开启一个任意的非特权端口（P > 1024），并发送 PORT P 命令给客户端。然后客户端发起从本地端口 N+1 到服务器的端口 P 的连接用来传送数据。

对于服务器端的防火墙来说，必须允许下面的通讯才能支持被动方式的 FTP：

1）从任何大于 1024 的端口到服务器的 21 端口（客户端的初始化连接）

2）服务器的 21 端口到任何大于 1024 的端口（服务器响应到客户端的控制端口的连接）

3）从任何大于 1024 端口到服务器的大于 1024 端口（客户端初始化数据连接到服务器指定的任意端口）

4）服务器的大于 1024 端口到远程的大于 1024 的端口（服务器发送 ACK 响应和数据到客户端的数据端口）

（二）FTP 和 PHP

在 PHP 中，FTP 函数通过文件传输协议(FTP) 提供对文件服务器的客户端访问。

FTP 函数用于打开、登录以及关闭连接，同时用于上传、下载、重命名、删除及获取文件服务器上的文件信息。不是所有的 FTP 函数对每个服务器都起作用或返回相同的结果。自 PHP 3 起，FTP 函数可用。

这些函数用于对 FTP 服务器进行细致的访问。如果您仅仅需要对 FTP 服务器进行读写操作，建议使用 Filesystem 函数中的?ftp: // wrapper。

安装 PHP 的 Windows 版本内置了对 FTP 扩展的支持。无需加载任何附加扩展库即可使用 FTP 函数。然而，如果您运行的是 PHP 的 Linux 版本，在编译 PHP 的时候请添加 --enable-ftp 选项（PHP4 或以上版本）或者 --with-ftp 选项（PHP3 版本）。

1.网页浏览器

大多数最新的网页浏览器和文件管理器都能和 FTP 服务器建立连接。这使得在 FTP 上通过一个接口就可以操控远程文件，如同操控本地文件一样。这个功能通过给定一个 FTP 的 URL 实现，形如 ftp://< 服务器地址 >。是否提供密码是可选择的，如果有密码，则形如 ftp://<login>:@。大部分网页浏览器要求使用被动 FTP 模式，然而并不是所有的 FTP 服务器都支持被动模式。

网络协议

2.FTP 和网站

我们都知道，当我们需要往网站空间上放网站文件的时候，我们可以采用 WEB 和 FTP 两种方法。在这里，我们建议直接使用 FTP 进行数据交换，因为不管是安全性还是快捷性来说，ftp 都是很不错的。

那么我们怎么往空间上传送网站的数据文件呢，这时，我们就需要一个软件 FlashFXP 或者其他 FTP 客户端。这里我们以 FlashFXP 为例，我们去网上下载这个软件包并解压出来，双击 FlashFXP.exe 这个文件，进入页面之后，有一个闪电符号的按钮，这是连接。单击或者直接按 F8，这时会出来一个对话框，我们只需要输入网站的 URL 或者 IP，然后再输入用户名和密码就行，这时，我们就可以进行网站数据文件的传输了。

FTP 用户授权

（1)用户授权

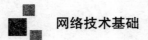

要连上 FTP 服务器,必须要有该 FTP 服务器授权的账号,也就是说你只有在有了一个用户标识和一个口令后才能登陆 FTP 服务器,享受 FTP 服务器提供的服务。

(2)FTP 地址格式

FTP 地址如下:ftp:// 用户名:密码 @FTP 服务器 IP 或域名:FTP 命令端口 / 路径 / 文件名上面的参数除 FTP 服务器 IP 或域名为必要项外,其他都不是必需的。

(3)FTP 服务器

FTP 的全称是 File Transfer Protocol(文件传输协议),就是专门用来传输文件的协议。FTP 的主要作用,就是让用户连接上一个远程计算机(这些计算机上运行着?FTP 服务器程序)察看远程计算机有哪些文件,然后把文件从远程计算机上拷到本地计算机,或把本地计算机的文件送到远程计算机去。

其实早期在 Internet 上传输文件,并不是一件容易的事,我们知道 Internet 是一个非常复杂的计算机环境,有 PC、工作站、MAC、服务器、大型机等等,而这些计算机可能运行不同的操作系统,有 Unix、Dos、Windows、MacOS 等等, 各种操作系统之间的文件交流,需要建立一个统一的文件传输协议,这就是所谓的 FTP。虽然基于不同的操作系统有不同的 FTP 应用程序, 而所有这些应用程序都遵守同一种协议,这样用户就可以把自己的文件传送给别人,或者从其他的用户环境中获得文件。

与大多数 Internet 服务一样,FTP 也是一个客户机 / 服务器系统(C/S)。用户通过一个支持 FTP 协议的客户机程序,连接到远程主机上的 FTP 服务器程序。用户通过客户机程序向服务器程序发出命令,服务器程序执行用户所发出的命令,并将执行的结果返回到客户机。比如说,用户发出一条命令,要求服务器向用户传送某一个文件,服务器会响应这条命令,将指定文件送至用户的机器上。客户机程序代表用户接收到这个文件, 将其存放在用户指定目录中。FTP 客户程序有字符界面和图形界面两种。字符界面的 FTP 的命令复杂、繁多。图形界面的 FTP 客户程序,操作上要简洁方便得多。

在 FTP 的使用当中，用户经常遇到两个概念:"下载"和"上载"。"下载"文件就是从远程主机拷贝文件至自己的计算机上;"上载"文件就是将文件从自己的计算机中拷贝至远程主机上。用Internet 语言来说,用户可通过客户机程序向(从)远程主机上载(下载)文件。

在 ftp 的使用过程中,必须首先登录,在远程主机上获得相应的权限以后,方可上传或下载文件。也就是说,要想同哪一台计算机传送文件,就必须具有哪一台计算机的适当授权。换言之,除非有用户 ID 和口令,否则便无法传送文件。这种情况违背了 Internet 的开放性,Internet 上的 FTP 主机何止千万, 不可能要求每个用户在每一台主机上都拥有账号。因此就衍生出了匿名 FTP。

（三）开源 FTP 软件

FileZilla 是一个免费开源的 FTP 客户端软件,有客户端版本和服务器版本。客户端版本可以运行在 Linux,window,Mac OS 系统上,服务器版本可以运行在 window 系统中。

1.优点:

（1）促进文件的共享(计算机程序或数据)

（2）鼓励间接或者隐式的使用远程计算机

（3）向用户屏蔽不同主机中各种文件存储系统的细节

（4）可靠和高效的传输数据

2.缺点

（1）密码和文件内容都使用明文传输,可能产生不希望发生的窃听。

（2）因为必须开放一个随机的端口以建立连接,当防火墙存在时,客户端很难过滤处于主动模式下的 FTP 流量。这个问题通过使用被动模式的 FTP 得到了很大解决。

（3）服务器可能会被告知连接一个第三方计算机的保留端口。

FTP 虽然可以被终端用户直接使用, 但是它是设计成被 FTP客户端程序所控制。

运行 FTP 服务的许多站点都开放匿名服务,在这种设置下,用户不需要账号就可以登录服务器,默认情况下,匿名用户的用户名是:"anonymous"。这个账号不需要密码,虽然通常要求输入用户的邮件地址作为认证密码,但这只是一些细节或者此邮件地址根本不被确定,而是依赖于 FTP 服务器的配置情况。

户机可以给服务器发出命令来下载文件,上传文件,创建或改变服务器上的目录。

三、远程终端协议 TELNET

(一)Telnet 协议的特点

Telnet 协议是 TCP/IP 协议族中的一员,是 Internet 远程登陆服务的标准协议。Telnet 协议的目的是提供一个相对通用的,双向的,面向八位字节的通信方法,允许界面终端设备和面向终端的过程能通过一个标准过程进行互相交互。应用 Telnet 协议能够把本地用户所使用的计算机变成远程主机系统的一个终端。

1.适应异构

为了使多个操作系统间的 Telnet 交互操作成为可能,就必须详细了解异构计算机和操作系统。比如,一些操作系统需要每行文本用 ASCII 回车控制符(CR)结束,另一些系统则需要使用 ASCII 换行符 (LF),还有一些系统需要用两个字符的序列回车 – 换行 (CR–LF);再比如,大多数操作系统为用户提供了一个中断程序运行的快捷键,但这个快捷键在各个系统中有可能不同(一些系统使用 CTRL+C,而另一些系统使用 ESCAPE)。如果不考虑系统间的异构性,那么在本地发出的字符或命令,传送到远地并被远地系统解释后很可能会不准确或者出现错误。因此,Telnet 协议必须解决这个问题。

为了适应异构环境,Telnet 协议定义了数据和命令在 Internet 上的传输方式,此定义被称作网络虚拟终端 NVT(Net Virtual Terminal)。它的应用过程如下:

对于发送的数据:客户机软件把来自用户终端的按键和命令序列转换为 NVT 格式,并发送到服务器,服务器软件将收到的数据和命令,从 NVT 格式转换为远地系统需要的格式;

对于返回的数据：远地服务器将数据从远地机器的格式转换为NVT格式,而本地客户机将将接收到的 NVT 格式数据再转换为本地的格式。

2.传送远地命令

我们知道绝大多数操作系统都提供各种快捷键来实现相应的控制命令,当用户在本地终端键入这些快捷键的时候,本地系统将执行相应的控制命令, 而不把这些快捷键作为输入。那么对于Telnet 来说,它是用什么来实现控制命令的远地传送呢?

Telnet 同样使用 NVT 来定义如何从客户机将控制功能传送到服务器。我们知道 USASCII 字符集包括 95 个可打印字符和 33 个控制码。当用户从本地键入普通字符时,NVT 将按照其原始含义传送; 当用户键入快捷键（组合键）时,NVT 将把它转化为特殊的ASCII 字符在网络上传送,并在其到达远地机器后转化为相应的控制命令。将正常 ASCII 字符集与控制命令区分主要有两个原因:

这种区分意味着 Telnet 具有更大的灵活性:它可在客户机与服务器间传送所有可能的 ASCII 字符以及所有控制功能;

这种区分使得客户机可以无二义性的指定信令, 而不会产生控制功能与普通字符的混乱。

3.数据流向

将 Telnet 设计为应用级软件有一个缺点,那就是:效率不高。这是为什么呢? 下面给出 Telnet 中的数据流向:

数据信息被用户从本地键盘键入并通过操作系统传到客户机程序,客户机程序将其处理后返回操作系统,并由操作系统经过网络传送到远地机器,远地操作系统将所接收数据传给服务器程序,并经服务器程序再次处理后返回到操作系统上的伪终端入口点,最后,远地操作系统将数据传送到用户正在运行的应用程序,这便是一次完整的输入过程; 输出将按照同一通路从服务器传送到客户机。

因为每一次的输入和输出,计算机将切换进程环境好几次,这个开销是很昂贵的。还好用户的键入速率并不算高,这个缺点我们仍然能够接受。

4.强制命令

我们应该考虑到这样一种情况：假设本地用户运行了远地机器的一个无休止循环的错误命令或程序，且此命令或程序已经停止读取输入，那么操作系统的缓冲区可能因此而被占满，如果这样,远地服务器也无法再将数据写入伪终端,并且最终导致停止从TCP连接读取数据,TCP连接的缓冲区最终也会被占满,从而导致阻止数据流流入此连接。如果以上事情真的发生了,那么本地用户将失去对远地机器的控制。

为了解决此问题,Telnet协议必须使用外带信令以便强制服务器读取一个控制命令。我们知道TCP用紧急数据机制实现外带数据信令,那么Telnet只要再附加一个被称为数据标记(date mark)的保留八位组,并通过让TCP发送已设置紧急数据比特的报文段通知服务器便可以了，携带紧急数据的报文段将绕过流量控制直接到达服务器。作为对紧急信令的相应,服务器将读取并抛弃所有数据,直到找到了一个数据标记。服务器在遇到了数据标记后将返回正常的处理过程。

5.选项协商

由于Telnet两端的机器和操作系统的异构性，使得Telnet不可能也不应该严格规定每一个telnet连接的详细配置,否则将大大影响Telnet的适应异构性。因此,Telnet采用选项协商机制来解决这一问题。

Telnet选项的范围很广:一些选项扩充了大方向的功能,而一些选项制涉及一些微小细节。例如:有一个选项可以控制Telnet是在半双工还是全双工模式下工作(大方向);还有一个选项允许远地机器上的服务器决定用户终端类型(小细节)。

Telnet选项的协商方式也很有意思,它对于每个选项的处理都是对称的,即任何一端都可以发出协商申请;任何一端都可以接受或拒绝这个申请。另外,如果一端试图协商另一端不了解的选项,接受请求的一端可简单的拒绝协商。因此,有可能将更新,更复杂的 Telnet 客户机服务器版本与较老的，不太复杂的版本进行交互操作。如果客户机和服务器都理解新的选项，可能会对交互有所改善。否则，它们将一起转到效率较低但可工作的方式下运行。所有的这些设计，都是为了增强适应异构性，可见 Telnet 的适应异构性对其的应用和发展是多么重要。

（二）原理

Telnet 协议的主体由三个部分组成：网络虚拟终端（NVT，Network Virtual Terminal）的定义；操作协商定义；协商有限自动机。

1.网络虚拟终端（NVT）

（1）NVT 工作原理

顾名思义，网络虚拟终端（NVT）是一种虚拟的终端设备，它被客户和服务器所采用，用来建立数据表示和解释的一致性。

（2）NVT 的定义

1）NVT 的组成

网络虚拟终端 NVT 包括两个部分：1）输出设备：输出远程数据，一般为显示器；2）输入设备：本地数据输入。

2）在 NVT 上传输的数据格式

在网络虚拟终端 NVT 上传输的数据采用 8bit 字节数据，其中最高位为 0 的字节用于一般数据，最高位为 1 的字节用于 NVT 命令。

3）NVT 在 TELNET 中的使用

TELNET 使用了一种对称的数据表示，当每个客户机发送数据时，把它的本地终端的字符表示影射到 NVT 的字符表示上，当接收数据时，又把 NVT 的表示映射到本地字符集合上。

在通信开始时，通信双方都支持一个基本的 NVT 终端特性子集（只能区分何为数据，何为命令），以便在最低层次上通信，在这个基础上，双方通过 NVT 命令协商确定 NVT 的更高层次上的特性，实现对 NVT 功能的扩展。

在 TELNET 中存在大量的子协议用于协商扩展基本的网络虚拟终端 NVT 的功能，由于终端类型的多样化，使得 TELNET 协议族变得庞大起来。

2.操作协商

(1)协商操作选项

当定义了网络虚拟终端设备后，通信的双方就可以在一个较低的层次上实现数据通信,但基本的 NVT 设备所具有的特性是十分有限的,它只能接收和显示 7 位的 ASCII 码,没有最基本的编辑能力,所以简单的 NVT 设备是没有实际应用意义的;为此 TELNET 协议定义了一族协议用于扩展基本 NVT 的功能,目的是使 NVT 能够最大限度地达到用户终端所具有的功能。

为了实现对多种终端特性的支持,TELNET 协议规定在扩展 NVT 功能时采用协商的机制, 只有通信双方通过协商后达成一致的特性才能使用,才能赋予 NVT 该项特性,这样就可以支持具有不同终端特性的终端设备可以互联, 保证他们是工作在他们自己的能力以内。

(2)操作协商命令格式

TELNET 的操作协商使用 NVT 命令,即最高位为 1 的字节流,每条 NVT 命令以字节 IAC(0xFF)开始。原理如下:

只要客户机或服务器要发送命令序列而不是数据流,它就在数据流中插入一个特殊的保留字符,该保留字符叫做"解释为命令"(IAC ,Interpret As Command)字符。当接收方在一个人数据流中发现 IAC 字符时,它就把后继的字节处理为一个命令序列。下面列出了所有的 Telnet NVT 命令,其中很少用到。

3.子选项协商

除了"打开"或"关闭"以外,有些选项还需要更多的信息,例如对于指明终端类型来说, 客户必须发送一个字符串来标识终端类型,所以要定义子选项协商。

RFC 1091 定义了终端类型的子选项协商。举个例子:客户发送字节序列来请求打开选项:< IAC,WILL,24>24 是终端类型的选项标识符。如果服务器同意该请求,响应为:< IAC,DO,24 > 接着服务器发送 < IAC,SB,24,1,IAC,SE> 请求客户给出其终端类型。SB

是子选项开始命令,下一个字节 24 表示该子选项为终端类型选项。下一个字节 1 表示:发送你的终端类型。客户的响应为:< IAC,SB,24,0,'I','B','M','P','C',IAC,SE>

第四个字节 0 的含义是"我的终端类型为"。

4.实现

整个协议软件分为三个模块,各模块的功能如下:

(1)与本地用户的输入/输出模块:处理用户输入/输出;

(2)与远地系统的输入/输出模块:处理与远程系统输入/输出;

(3)TELNET 协议模块:实现 TELNET 协议,维护协议状态机。

telnet 客户机要做两件事:

读取用户在键盘上键入的字符,并通过 tcp 连接把他们发送到远程服务器上,读取从 tcp 连接上收到的字符,并显示在用户的终端上

四、万维网 WWW

(一)WWW 的历史

WWW 是环球信息网的缩写,(亦作 "Web"、"WWW"、"'W3'",英文全称为"World Wide Web"),中文名字为"万维网"," 环球网 "等,常简称为 Web。分为 Web 客户端和 Web 服务器程序。WWW 可以让 Web 客户端(常用浏览器)访问浏览 Web 服务器上的页面。是一个由许多互相链接的超文本组成的系统,通过互联网访问。在这个系统中,每个有用的事物,称为一样"资源";并且由一个全局"统一资源标识符"(URI)标识;这些资源通过超文本传输协议(Hypertext Transfer Protocol)传送给用户,而后者通过点击链接来获得资源。

万维网联盟(英语:World Wide Web Consortium,简称 W3C),又称 W3C 理事会。1994 年 10 月在麻省理工学院(MIT)计算机科学实验室成立。万维网联盟的创建者是万维网的发明者蒂姆·伯纳斯-李。

万维网并不等同互联网,万维网只是互联网所能提供的服务其中之一,是靠着互联网运行的一项服务。

20 世纪 40 年代以来，人们就梦想能拥有一个世界性的信息库。在这个信息库中，信息不仅能被全球的人们存取，而且能轻松地链接到其他地方的信息，使用户可以方便快捷地获得重要的信息。

万维网中至关重要的概念超文本起源于 1960 年代的几个从前的项目。譬如泰德·尼尔森（Ted Nelson）的仙那都项目（Project Xanadu）和道格拉斯·英格巴特（Douglas Engelbart）的 NLS。而这两个项目的灵感都是来源于万尼瓦尔·布什在其 1945 年的论文《和我们想的一样》中为微缩胶片设计的"记忆延伸"系统。

蒂姆·伯纳斯·李的另一个才华横溢的突破是将超文本嫁接到因特网上。在他的书《编织网络》中，他解释说他曾一再向这两种技术的使用者们建议它们的结合是可行的，但是却没有任何人响应他的建议，他最后只好自己解决了这个计划。他发明了一个全球网络资源唯一认证的系统：统一资源标识符。

最早的网络构想可以追溯到遥远的 1980 年蒂姆·伯纳斯·李构建的 ENQUIRE 项目。这是一个类似维基百科的超文本在线编辑数据库。尽管这与我们使用的万维网大不相同，但是它们有许多相同的核心思想，甚至还包括一些伯纳斯·李的万维网之后的下一个项目语义网中的构想。

1989 年 3 月，伯纳斯 – 李撰写了《关于信息化管理的建议》一文，文中提及 ENQUIRE 并且描述了一个更加精巧的管理模型。1990 年 11 月 12 日他和罗伯特·卡里奥合作提出了一个更加正式的关于万维网的建议。在 1990 年 11 月 13 日他在一台 NeXT 工作站上写了第一个网页以实现他文中的想法。

在那年的圣诞假期，伯纳斯·李制作了要一个网络工作所必需的所有工具：第一个万维网浏览器（同时也是编辑器）和第一个网页服务器。

1991 年 8 月 6 日，他在 alt.hypertext 新闻组上贴了万维网项目简介的文章。这一天也标志着因特网上万维网公共服务的首次亮相。

1993 年 4 月 30 日，欧洲核子研究组织宣布万维网对任何人免费开放,并不收取任何费用。两个月之后 Gopher 宣布不再免费,造成大量用户从 Gopher 转向万维网。

1994 年 6 月,北美的中国新闻计算机网络(China News Digest),即 CND,在其电子出版物《华夏文摘》上将 World Wide Web 称为"万维网",这样其中文名称汉语拼音也是以 WWW 开始。万维网这一名称后来被广泛采用。在中国台湾,"全球资讯网"这一名称则是比较直接的意译。

1994 年 10 月在拥有"世界理工大学之最"称号的麻省理工学院(MIT)计算机科学实验室成立。建立者是万维网的发明者蒂姆·伯纳斯·李。蒂姆·贝尔纳斯·李是万维网联盟(W3C)的领导人,这个组织的作用是使计算机能够在万维网上不同形式的信息间更有效的储存和通信。

(二)WWW 超文本

超文本(Hypertext)是由一个叫做网页浏览器(Web browser)的程序显示。网页浏览器从网页服务器取回称为"文档"或"网页"的信息并显示。通常是显示在计算机显示器。人可以跟随网页上的超链接(Hyperlink),再取回文件,甚至也可以送出数据给服务器。顺着超链接走的行为又叫浏览网页。相关的数据通常排成一群网页,又叫网站。

1.WWW 网上冲浪

英文短语"surfing the Internet"("网上冲浪"),即浏览网络,首先由一个叫简·阿莫尔·泡利(Jean Armour Polly)的作家通过他的作品《网上冲浪》使这个概念被大众接受。这本书由威尔逊出版社在 1992 年 6 月正式出版。她可能是独立提出这个概念的,但在更早的 1991 年到 1992 年间在 Usenet 就有人使用了。有人记得在这两年之前就有一些黑客使用这个词了。泡利在互联网领域有时被称作"网络妈妈"。

尽管英文单词 worldwide 通常被写为一个词(没有空格或者连字符),全称 World Wide Web 和其简称 WWW 在一些正规的英文中也被广泛使用。谈到万维网称其为 World Wide Web(这正是一个编程序的人喜欢连词字，即把几个词连在一起成一个新词的绝佳例子)或者 World-Wide Web(加了连字符,这样这个版本的名字最接近正式的英语用法)。

2. WWW 网页、网页文件和网站

网页是网站的基本信息单位，是 WWW 的基本文档。它由文字、图片、动画、声音等多种媒体信息以及链接组成,是用 HTML 编写的,通过链接实现与其他网页或网站的关联和跳转。网页文件是用 HTML(标准通用标记语言下的一个应用)编写的,可在 WWW 上传输,能被浏览器识别显示的文本文件。其扩展名是.htm 和.html。

网站由众多不同内容的网页构成，网页的内容可体现网站的全部功能。通常把进入网站首先看到的网页称为首页或主页(homepage),例如,新浪、网易、搜狐就是国内比较知名的大型门户网站。

3.WWW HTTP 和 FTP 协议

HTTP 是 Hypertext Transfer Protocol 的缩写，即超文本传输协议。顾名思义,HTTP 提供了访问超文本信息的功能,是 WWW 浏览器和 WWW 服务器之间的应用层通信协议。HTTP 协议是用于分布式协作超文本信息系统的、通用的、面向对象的协议。通过扩展命令，它可用于类似的任务,如域名服务或分布式面向对象系统。WWW 使用 HTTP 协议传输各种超文本页面和数据。

HTTP 协议会话过程包括 4 个步骤。

(1) 建立连接：客户端的浏览器向服务端发出建立连接的请求,服务端给出响应就可以建立连接了。

(2)发送请求:客户端按照协议的要求通过连接向服务端发送自己的请求。

(3) 给出应答：服务端按照客户端的要求给出应答，把结果(HTML 文件)返回给客户端。

(4)关闭连接:客户端接到应答后关闭连接。

HTTP 协议是基于 TCP/IP 之上的协议，它不仅保证正确传输超文本文档,还确定传输文档中的哪一部分,以及哪部分内容首先显示(如文本先于图形)等。

文件传输协议(FTP)是 Internet 中用于访问远程机器的一个协议,它使用户可以在本地机和远程机之间进行有关文件的操作。FTP 协议允许传输任意文件并且允许文件具有所有权与访问权限。也就是说,通过 FTP 协议,可以与 internet 上的 FTP 服务器进行文件的上传或下载等动作。

和其他 Internet 应用一样,FTP 也采用了客户端/服务器模式,它包含客户端 FTP 和服务器 FTP,客户端 FTP 启动传送过程,而服务器 FTP 对其做出应答。在 Internet 上有一些网站,它们依照 FTP 协议提供服务,让网友们进行文件的存取,这些网站就是 FTP 服务器。网上的用户要连上 FTP 服务器,就是用到 FTP 的客户端软件。通常 Windows 都有 ftp 命令,这实际就是一个命令行的 FTP 客户端程序,另外常用的 FTP 客户端程序还有 Cute FTP、Leap FTP、Flash FXP 等。 HTTP 将用户的数据,包括用户名和密码都明文传送,具有安全隐患,容易被窃听到,对于具有敏感数据的传送,可以使用具有保密功能的 HTTPS(Secure Hypertext Transfer Protocol)协议。

4.WWW 超文本和超链接

超文本是把一些信息根据需要连接起来的信息管理技术,人们可以通过一个文本的链接指针打开另一个相关的文本。只要用鼠标单击文本中通常带下划线的条目,便可获得相关的信息。网页的出色之处在于能够把超链接嵌入到网页中,使用户能够从一个网页站点方便地转移到另一个相关的网页站点。HTTP 协议使用 GET 命令向 Web 服务器传输参数,获取服务器上的数据。类似的命令还有 POST 命令。

超链接是 WWW 上的一种链接技巧,它是内嵌在文本或图像中的。通过已定义好的关键字和图形,只要单击某个图标或某段文字,就可以自动连上相对应的其他文件。文本超链接在浏览器中通常带下划线,而图像超链接是看不到的;但如果用户的鼠标碰到它,鼠标的指标通常会变成手指状(文本超链接也是如此)。?

超文本传送协议(外语缩写:HTTP),它负责规定浏览器和服务器怎样互相交流。

超文本标记语言(外语缩写:HTML、标准通用标记语言下的一个应用),作用是定义超文本文档的结构和格式。

(三)万维网的标识

1.WWW URL

统一资源标识符(URL),这是一个世界通用的负责给万维网上例如网页这样的资源定位的系统。

2.WWW Internet 地址

Internet 地址又称 IP 地址,它能够唯一确定 Internet 上每台计算机、每个用户的位置。Internet 上主机与主机之间要实现通信,每一台主机都必须要有一个地址,而且这个地址应该是唯一的,不允许重复。依靠这个唯一的主机地址,就可以在 Internet 浩瀚的海洋里找到任意一台主机。

3.WWW 万维网、互联网、因特网的区别

在《谈电脑和网络术语中一物多名现象》一文中,提到了"因特网"的定名问题。但事实上"互联网"一词仍在使用。是不是这两个名称在使用时完全没有区别,抑或是指的是两个不同的概念? 答案肯定后者。要回答这个问题,必须先回顾一下因特网的历史。

因特网于 1969 年诞生于美国。最初名为"阿帕网")是一个军用研究系统,后来又成为连接大学及高等院校计算机的学术系统,则已发展成为一个覆盖五大洲 150 多个国家的开放型全球计算机网络系统,拥有许多服务商。普通电脑用户只需要一台个人计算机用电话线通过调制解调器和因特网服务商连接,便可进入因特网。但因特网并不是全球唯一的互联网络。例如在欧洲,跨国的互联网络就有 "欧盟网","欧洲学术与研究网"(EARN),"欧洲信息网"(EIN),在美国还有"国际学术网"(BITNET),世界范围的还有"飞多网"(全球性的 BBS 系统)等。

了解了以上情况,我们就可以知道大写的"Internet"和小写的"internet"所指的对象是不同的。当我们所说的是上文谈到的那个

全球最大的也就是我们通常所使用的互联网络时，我们就称它为"因特网"或称为"国际互联网"，虽然后一个名称并不规范。在这里，"因特网"是作为专有名词出现的，因而开头字母必须大写。但如果作为普通名词使用，即开头字母小写的"internet"，则泛指由多个计算机网络相互连接而成一个大型网络。按全国科学技术审定委员会的审定，这样的网络系统可以通称为"互联网"。这就是说，因特网和其他类似的由计算机相互连接而成的大型网络系统，都可算是"互联网"，因特网只是互联网中最大的一个。《现代汉语词典》2002 年增补本对"互联网"和"因特网"所下的定义分别是"指由若干电子机网络相互连接而成的网络"和"全球最大的一个电子计算机互联网，是由美国的 ARPA 网发展演变而来的"。

因特网作为专有名词，在使用时除了第一个字母要大写之外，通常在它的前面还要加冠词 la,，而且还可以简称为"la Reto"。

4.WWW WWW 与 TTT

凡是上网的人，谁不知道"WWW"的重要作用？要输入网址，首先得打出这三个字母来。这三个字母，就是英语的 "World Wide Web"首字母的缩写形式。"WWW"在中国曾被译为"环球网"、"环球信息网"、"超媒体环球信息网"等，最后经全国科学技术名词审定委员会定译为"万维网"。国柱先生在《胡说集》《妙译 WWW》一文中，对它的汉语对译词"万维网"（Wan Wei Wang）大加赞赏，这是毫不过分的。"万维网"这个近乎完美的对译词妙就妙在传意、传形、更传神，真是神来之译！

无独有偶，"WWW"的世界语的对译词"TTT"，也是由三个相同字母组成的，译得也令人叫绝。"TTT"是世界语的"Tut-Tera Teksa o"首字母缩写。据俄罗斯世界语者 Sergio Pokrovskij 编写的《Komputada leksikono》（计算机专业词汇）上的资料，"WWW"最初的对译形式是"Tutmonda Tekso"，就在这一译名出现的当天，即 1994 年 8 月 5 日，便立即有人在网上建议改为"Tut-Tera Tekso"，8 天后，也就是 8 月 13 日，才经另一人根据一位匿名者的提议，定译为"Tut-Tera Teksa o"（字面义为"全球网"）。这个译名的缩写 TTT，形式整齐,语义完全吻合,好读、好记、好写。这是集体智慧的创造。它也雄辩地证明了世界语的表现力是很强大、很灵活、很有适应力的,比起汉语和英语来并不逊色(请比较一下 WWW 的法语对译词"Forum elektronique mondial"和西班牙语对译词"Telarana Mundial",它们的缩写形式分别是"FEM"和"TM")。写到这里我不由得又想起中国近代翻译大师严复先生的一句名言:"一名之立,旬月踌蹰"。一个好的译名只有在译者,有时甚至数位译者,长时间搜肠刮肚、苦苦思索后才能产生出来。

万维网是无数个网络站点和网页的集合,它们在一起构成了因特网最主要的部分(因特网也包括电子邮件、Usenet 以及新闻组)。它实际上是多媒体的集合,是由超级链接连接而成的。我们通常通过网络浏览器上网观看的,就是万维网的内容。关于万维网以及浏览万维网的一些世界语术语,我将在以后所发的帖子中陆续作些介绍。

Internet 是一个把分布于世界各地不同结构的计算机网络用各种传输介质互相连接起来的网络。因此,有人称之为网络的网络,中文译名为因特网、英特网、国际互联网等。Internet 提供的主要服务有万维网(WWW)、文件传输(FTP)、电子邮件(E-mail)、远程登录(Telnet)、手机 (3GHZ)等。

WWW(World Wide Web)简称 3W,有时也叫 Web,中文译名为万维网,环球信息网等。WWW 由欧洲核物理研究中心(CERN)研制,其目的是为全球范围的科学家利用 Internet 进行方便地通信,信息交流和信息查询。

WWW 是建立在客户机/服务器模型之上的。WWW 是以超文本标注语言(标准通用标记语言下的一个应用)与超文本传输协议为基础。能够提供面向 Internet 服务的、一致的用户界面的信息浏览系统。其中 WWW 服务器采用超文本链路来链接信息页,这些信息页既可放置在同一主机上,也可放置在不同地理位置的主机上;本链路由统一资源定位器 (URL) 维持,WWW 客户端软件 (即 WWW 浏览器)负责信息显示与向服务器发送请求。

Internet 采用超文本和超媒体的信息组织方式，将信息的链接扩展到整个 Internet 上。用户利用 WWW 不仅能访问到 Web Server 的信息，而且可以访问到 FTP、Telnet 等网络服务。因此，它已经成为 Internet 上应用最广和最有前途的访问工具，并在商业范围内日益发挥着越来越重要的作用。

5.WWW 硬件组成

客户机是一个需要某些东西的程序，而服务器则是提供某些东西的程序。一个客户机可以向许多不同的服务器请求。一个服务器也可以向多个不同的客户机提供服务。通常情况下，一个客户机启动与某个服务器的对话。服务器通常是等待客户机请求的一个自动程序。客户机通常是作为某个用户请求或类似于用户的每个程序提出的请求而运行的。协议是客户机请求服务器和服务器如何应答请求的各种方法的定义。WWW 客户机又可称为浏览器。通常的环球信息网上的客户机主要包括：IE, Firefox, Safari, Opera, Chrome 等。

在 Web 中，客户机的任务是：帮助你制作一个请求（通常在单击某个链接点时启动）；将你的请求发送给某个服务器；通过对直接图像适当解码，呈交 HTML 文档和传递各种文件给相应的 " 观察器 "(Viewer)，把请求所得的结果报告给你。

一个观察器是一个可被 WWW 客户机调用而呈现特定类型文件的程序。当一个声音文件被你的 WWW 客户机查阅并下载时，它只能用某些程序（例如 Windows 下的 " 媒体播放器 "）来 " 观察 "。

通常 WWW 客户机不仅限于向 Web 服务器发出请求，还可以向其他服务器（例如 Gopher、FTP、news、mail）发出请求。

五、简单网络管理协议 SNMP

（一）SNMP 概述

简单网络管理协议(SNMP)是最早提出的网络管理协议之一，它一推出就得到了广泛的应用和支持，特别是很快得到了数百家厂商的支持，其中包括 IBM,HP,SUN 等大公司和厂商。目前 SNMP 已成为网络管理领域中事实上的工业标准，并被广泛支持和应用，大多数网络管理系统和平台都是基于 SNMP 的。

SNMP 的前身是简单网关监控协议(SGMP),用来对通信线路进行管理。随后，人们对 SGMP 进行了很大的修改，特别是加入了符合 Internet 定义的 SMI 和 MIB:体系结构,改进后的协议就是著名的 SNMP。SNMP 的目标是管理互联网 Internet 上众多厂家生产的软硬件平台，因此 SNMP 受 Internet 标准网络管理框架的影响也很大。现在 SNMP 已经出到第三个版本的协议，其功能较以前已经大大地加强和改进了。

SNMP 的体系结构是围绕着以下四个概念和目标进行设计的：保持管理代理(agent)的软件成本尽可能低;最大限度地保持远程管理的功能,以便充分利用 Internet 的网络资源;体系结构必须有扩充的余地;保持 SNMP 的独立性,不依赖于具体的计算机、网关和网络传输协议。在最近的改进中，又加入了保证 SNMP 体系本身安全性的目标。另外,SNMP 中提供了四类管理操作:get 操作用来提取特定的网络管理信息;get-next 操作通过遍历活动来提供强大的管理信息提取能力;set 操作用来对管理信息进行控制(修改、设置);trap 操作用来报告重要的事件。

(二)SNMF 管理控制框架与实现

1.SNMP 管理控制框架

SNMP 定义了管理进程(manager)和管理代理(agent)之间的关系,这个关系称为共同体(community)。描述共同体的语义是非常复杂的,但其句法却很简单。位于网络管理工作站(运行管理进程)上和各网络元素上利用 SNMP 相互通信对网络进行管理的软件统统称为 SNMP 应用实体。若干个应用实体和 SNMP 组合起来形成一个共同体,不同的共同体之间用名字来区分,共同体的名字则必须符合 Internet 的层次结构命名规则，由无保留意义的字符串组成。此外,一个 SNMP 应用实体可以加入多个共同体。SNMP 的应用实体对 Internet 管理信息库中的管理对象进行操作。一个 SNMP 应用实体可操作的管理对象子集称为 SNMP MIB 授权范围。SNMP 应用实体对授权范围内管理对象的访问仍然还有进一步的访问控制限制,比如只读、可读写等。SNMP体系结构中要求对每个共同体都规定其授权范围及其对每个对象的访问方式。记录这些定义的文件称为"共同体定义文件"。

SNMP的报文总是源自每个应用实体,报文中包括该应用实体所在的共同体的名字。这种报文在SNMP中称为"有身份标志的报文",共同体名字是在管理进程和管理代理之间交换管理信息报文时使用的。管理信息报文中包括以下两部分内容:

(1)共同体名,加上发送方的一些标识信息(附加信息),用以验证发送方确实是共同体中的成员,共同体实际上就是用来实现管理应用实体之间身份鉴别的;

(2)数据,这是两个管理应用实体之间真正需要交换的信息。

在第三版本前的SNMP中只是实现了简单的身份鉴别,接收方仅凭共同体名来判定收发双方是否在同一个共同体中,而前面提到的附加信息尚未应用。接收方在验明发送报文的管理代理或管理进程的身份后要对其访问权限进行检查。访问权限检查涉及到以下因素:

1)一个共同体内各成员可以对哪些对象进行读写等管理操作,这些可读写对象称为该共同体的"授权对象"(在授权范围内);

2)共同体成员对授权范围内每个对象定义了访问模式:只读或可读写;

3)规定授权范围内每个管理对象(类)可进行的操作(包括get,get-next,set和trap);

4)管理信息库(MIB)对每个对象的访问方式限制(如MIB中可以规定哪些对象只能读而不能写等)。

管理代理通过上述预先定义的访问模式和权限来决定共同体中其他成员要求的管理对象访问(操作)是否允许。共同体概念同样适用于转换代理(Proxy agent),只不过转换代理中包含的对象主要是其他设备的内容。

2. SNMP实现方式

为了提供遍历管理信息库的手段,SNMP在其MIB中采用了树状命名方法对每个管理对象实例命名。每个对象实例的名字都由对象类名字加上一个后缀构成。对象类的名字是不会相互重复的,因而不同对象类的对象实例之间也少有重名的危险。

在共同体的定义中一般要规定该共同体授权的管理对象范围,相应地也就规定了哪些对象实例是该共同体的"管辖范围",据此,共同体的定义可以想象为一个多叉树,以词典序提供了遍历所有管理对象实例的手段。有了这个手段,SNMP 就可以使用 get-next 操作符,顺序地从一个对象找到下一个对象。get-next(object-instance)操作返回的结果是一个对象实例标识符及其相关信息,该对象实例在上面的多叉树中紧排在指定标识符;bject-instance 对象的后面。这种手段的优点在于,即使不知道管理对象实例的具体名字,管理系统也能逐个地找到它,并提取到它的有关信息。遍历所有管理对象的过程可以从第一个对象实例开始(这个实例一定要给出),然后逐次使用 get-next,直到返回一个差错(表示不存在的管理对象实例)结束(完成遍历)。

由于信息是以表格形式(一种数据结构)存放的,在 SNMP 的管理概念中,把所有表格都视为子树,其中一张表格(及其名字)是相应子树的根节点,每个列是根下面的子节点,一列中的每个行则是该列节点下面的子节点,并且是子树的叶节点,如下图所示。因此,按照前面的子树遍历思路,对表格的遍历是先访问第一列的所有元素,再访问第二列的所有元素……,直到最后一个元素。若试图得到最后一个元素的"下一个"元素,则返回差错标记。

SNMP 中各种管理信息大多以表格形式存在,一个表格对应一个对象类,每个元素对应于该类的一个对象实例。那么,管理信息表对象中单个元素 (对象实例) 的操作可以用前面提到的 get-next 方法,也可以用后面将介绍的 get / set 等操作。下面主要介绍表格内一行信息的整体操作。

(1)增加一行:通过 SNMP 只用一次 set 操作就可在一个表格中增加一行。操作中的每个变量都对应于待增加行中的一个列元素,包括对象实例标识符。如果一个表格中有 8 列,则 set 操作中必须给出 8 个操作数,分别对应 8 个列中的相应元素。

(2)删除一行:删除一行也可以通过 SNMP 调用一次 set 操作完成,并且比增加一行还简单。删除一行只需要用 set 操作将该行中的任意一个元素(对象实例)设置成"非法"即可。但该操作有一个例外:地址翻译组对象中有一个特殊的表(地址变换表),该表中未定义一个元素的"非法"条件。因此,SNMP 中采用的办法是将该表中的地址设置成空串,而空字符串将被视为非法元素。至于删除一行时,表中的一行元素是否真的在表中消失,则与每个设备(管理代理)的具体实现有关。因此,网络管理操作中,运行管理进程可能从管理代理中得到"非法"数据,即已经删除的不再使用的元素的内容,因此管理进程必须能通过各数据字段的内容来判断数据的合法性。

六、应用进程跨越网络的通信

(一)无线互联跨越网络与通信

翻阅过去几年的通信发展史,无线通信改变了有线通信的局限,为随时随地的信息交流提供了极大便利。同时,我们也可以看到,互联网的出现给我们的生活提供了一种全新的模式:海量信息的沟通和交流得到了前所未有的快捷和高效。

世界瞬息万变,当我们享受着以手机为代表的无线通信的便利时,当我们逐渐熟悉于坐在电脑前体验上网遨游的乐趣时,一个"奇妙"的想法在一些人的头脑中开始闪现:互联网与无线通信能否结合? 几年前,当信息产业界谈论这个问题的时候,许多人感到惊讶。然而,现在,在全球的许多地方,手机已经不仅仅是用来打电话的工具,通过手机上网、进行电子商务已实现。这就是无线互联给我们的生活带来的前所未有的体验。

1994 年,在互联网的热浪扫荡全球的时候,全球无线互联的先驱美通公司的创始人王维嘉博士和郭法琨博士便开始了新的思考:Intenet 之后是什么? 人类进一步的需求是什么? 他们的结论是:"将 Internet 放到掌上。技术的发展趋势明白无误地告诉我们:电脑可以小到掌上,无线通信可以便宜到人人用得起,Internet 上积聚了

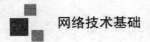

海量信息,这三者的结合就是无线互联网。"

无线互联作为一种先进的全新概念已经引起了产业界广泛的关注。为了解决手机上网的特殊需要,以诺基亚、摩托罗拉、爱立信等公司牵头成立的 WAP 论坛(WAP Forum),开发了无线接入协议(WAP:Wireless Access Protocol)。随后诺基亚推出了 Nokia7110、爱立信推出了 R380 等 WAP 手机,为无线互联提供了先进的信息产品,但是并没有为其提供先进的网络技术支持。

针对于此,美通公司凭借其丰富的移动通讯经验和对移动通讯用户的深刻了解,开发出 PLANET 系统,它专门用于个人移动信息的双向数据通信,可以为各类网机、掌上电脑、PAD 及双向寻呼机等快速增长的掌上信息应用提供低成本高性能的无线互联接入。这种解决方案,可以轻松地将无线终端设备与信息相连接,也可以说是为无线终端注入了生命,率先解决了 WAP 设备信息瓶颈的问题。无线互联使快捷的、交互的、无处不在的信息交流方式得到了真正的实现。

(二)应用程序跨网通讯

对于许多初学者来说,网络通信程序的开发,普遍的一个现象就是觉得难以入手。许多概念,诸如:同步(Sync)/ 异步(Async),阻塞(Block)/ 非阻塞(Unblock)等,初学者往往迷惑不清,只知其所以而不知起所以然。

同步方式指的是发送方不等接收方响应,便接着发下个数据包的通信方式;而异步指发送方发出数据后,等收到接收方发回的响应,才发下一个数据包的通信方式。

阻塞套接字是指执行此套接字的网络调用时,直到成功才返回,否则一直阻塞在此网络调用上,比如调用 recv()函数读取网络缓冲区中的数据,如果没有数据到达,将一直挂在 recv()这个函数调用上,直到读到一些数据,此函数调用才返回;而非阻塞套接字是指执行此套接字的网络调用时,不管是否执行成功,都立即返回。比如调用 recv()函数读取网络缓冲区中数据,不管是否读到数据都立即返回,而不会一直挂在此函数调用上。在实际 Windows 网络通信软件开发中,异步非阻塞套接字是用得最多的。平常所说的 C/S(客户端/服务器)结构的软件就是异步非阻塞模式的。

对于这些概念,初学者的理解也许只能似是而非,我将用一个最简单的例子说明异步非阻塞 Socket 的基本原理和工作机制。目的是让初学者不仅对 Socket 异步非阻塞的概念有个非常透彻的理解,而且也给他们提供一个用 Socket 开发网络通信应用程序的快速入门方法。操作系统是 Windows 98(或 NT4.0),开发工具是 Visual C++6.0。

MFC 提供了一个异步类 CA sync Socket,它封装了异步、非阻塞 Socket 的基本功能,用它做常用的网络通信软件很方便。但它屏蔽了 Socket 的异步、非阻塞等概念,开发人员无需了解异步、非阻塞 Socket 的原理和工作机制。因此,建议初学者学习编网络通信程序时,暂且不要用 MFC 提供的类,而先用 Winsock2 API,这样有助于对异步、非阻塞 Socket 编程机制的理解。

为了简单起见,服务器端和客户端的应用程序均是基于 MFC 的标准对话框,网络通信部分基于 Winsock2 API 实现。先做服务器端应用程序。用 MFC 向导做一个基于对话框的应用程序 Socket Sever,注意第三步中不要选上 Windows Sockets 选项。在做好工程后,创建一个 Sever Sock,将它设置为异步非阻塞模式,并为它注册各种网络异步事件,然后与自定义的网络异步事件联系上,最后还要将它设置为监听模式。在自定义的网络异步事件的回调函数中,你可以得到各种网络异步事件,根据它们的类型,做不同的处理。

(三)应用前景

数据通信是以"数据"为业务的通信系统,数据是预先约定好的具有某种含义的数字、字母或符号以及它们的组合。数据通信是20世纪50年代随着计算机技术和通信技术的迅速发展,以及两者之间的相互渗透与结合而兴起的一种新的通信方式,它是计算机和通信相结合的产物。随着计算机技术的广泛普及与计算机远程信息处理应用的发展,数据通信应运而生,它实现了计算机与计算机之间,计算机与终端之间的传递。

　　数据通信网络是一个由分布在各地的数据终端设备、数据交换设备和数据传输链路所构成的网络，在网络协议的支持下实现数据终端间的数据传输和交换。数据通信网的硬件构成包括数据终端设备、数据交换设备及传输链路。

　　1.数据通信的交换方式

　　通常数据通信技术包含有三种交换方式：

　　（1）电路交换。电路交换是指两台计算机或终端在相互通信时，使用同一条实际的物理链路，通信中自始至终使用该链路进行信息传输，且不允许其他计算机或终端同时共享该电路。

　　（2）分组交换。分组交换是将用户发来的整份报文分割成若干个定长的数据块（称为分组或打包），将这些分组以存储 _ 转发的方式在网内传输。第一个分组信息都连有接收地址和发送地址的标识。在分组交换网中，不同用户的分组数据均采用动态复用的技术传送，即网络具有路由选择，同一条路由可以有不同用户的分组在传送，所以线路利用率较高。

　　（3）报文交换。报文交换是将用户的报文存储在交换机的存储器中（内存或外存），当所需输出电路空闲时，再将该报文发往需接收的交换机或终端。这种存储 _ 转发的方式可以提高中继线和电路的利用率。

　　2.数据通信的构建

　　（1）计算机网络。计算机网络（Computer Network），就是通过光缆、双绞电话线或有、无线信道将两台以上计算机互联的集合。通过网络各用户可实现网络资源共享，如文档、程序、打印机和调制解调器等。计算机网络按地理位置划分，可分为网际网、广域网、城域网、和局域网四种。Internet 是世界上最大的网际网；广域网一般指连接一个国家内各个地区的网络，全国公安系统的信息中心互联起来，也是一个广域网。

　　（2）网络协议。网络协议是两台计算机之间进行网络对话所使用的语言，网络协议很多，有面向字符的协议、面向比特的协议，还有面向字节计数的协议，但最常用的是 TCP/IP 协议。它适用于由许多 L A N 组成的大型网络和不需要路由选择的小型网络。TCP/IP 协议的特点是具有开放体系结构,并且非常容易管理。

3.数据通信的应用前景

(1)有线数据通信的应用

1)数字数据电路(DDN)的应用范围有:①提供租用线,让大用户自己组建专用数字数据传输网;②可为公用数据交换网、各种专用网、无线寻呼系统、可视图文系统、高速数据传输、会议电视;③为帧中继、虚拟专用网、LAN,以及不同类型的网络提供网间连接;④组建公用数字数据通信网;⑤利用 DDN 实现大用户局域网联网;如我区各专业银行、教育、科研以及自治区公安厅与城市公安局的局域网互联等。

2)分组交换网的应用。分组交换网能提供永久虚电路(PVC)及交换虚电路(SVC)等多种业务。利用分组交换网的通信平台,还可以开发与提供一些增值数据业务:①传真存储转发业务;②电子信箱业务;③电子数据交换业务;④可视图文业务。

3)帧中继技术的应用。帧中继技术适用于对广域网进行数据访问和高速数据传输。帧中继也是一种 ISDN 承载业务,主要用于局域网互联和高速主机环境下作为宽带网的数据入口,是向未来宽带 ATM 交换过渡的手段之一。常用于:①远程计算机辅助设计 / 制造文件的传送、图像查询以及图像监视、会议电视等;②在专用网中,采用复用的物理接口可以减少局域网互联时的桥接器、路由器和控制器所需的端口数量,并减少互联设备所需通信设施的数量。帧中继的数字链路连接鉴别(DLCI)寻址功能可允许单个中继接入设备与上千个接入设备通信;③为用户提供低成本的虚拟宽带业务;④LAN 与 LAN 的互联;⑤局域网(LAN)与广域网(WAN)的高速连接;⑥组建帧中继公用网,提供帧中继业务;⑦在分组交换机上安装帧中继接口,提供业务。

4.无线数据通信的应用

无线数据通信也称为移动数据通信。它的业务范围很广,也有广泛的应用前景。

（1）移动数据通信在业务上的应用。移动数据通信的业务，通常分为基本数据业务和专用数据业务两种：基本数据业务的应用有电子信箱、传真、信息广播、局域网（LAN）接入等。专用业务的应用有个人移动数据通信、计算机辅助调度、车、船、舰队管理、GPS汽车卫星定位、远程数据接入等。

（2）移动数据通信在工业及其他领域的应用。移动数据通信在这些领域的应用可分为固定式应用、移动式应用和个人应用三种类型。

1）个人应用是指专业性很强的业务技术人员、公安外线侦察破案人员等需要在外办公时，通过无线数据终端进行远程打印、传真、访问主机、数据库查询、查证。股票交易商也可以通过无线数据终端随时随地跟踪查询股票信息，即使度假也可以从远程参加股票交易。

2）移动式应用是指野外勘探、施工、设计部门及交通运输部门的运输车、船队和快递公司为发布指示或记录实时事件，通过无线数据网络实现业务调度、远程数据访问、报告输入、通知联络、数据收集等均需采用移动式数据终端。

3）固定式应用是指通过无线接入公用数据网的固定式应用系统及网络。如边远山区的计算机入网、交警部门的交通监测与控制、收费停车场、加油站以及灾害的遥测和告警系统等。

展望未来，通信网络将向着综合业务数字网方向发展，数据、语音、图像等各种数据通信在各个层次、各个领域得到综合利用。

7.6 OSI 参考模型

OSI（Open System Interconnect），即开放式系统互联。一般都叫OSI 参考模型，是 ISO（国际标准化组织）组织在 1985 年研究的网络互联模型。该体系结构标准定义了网络互连的七层框架（物理层、数据链路层、网络层、传输层、会话层、表示层和应用层），即 ISO开放系统互连参考模型。在这一框架下进一步详细规定了每一层的功能,以实现开放系统环境中的互连性、互操作性和应用的可移植性。

7.6.1 简介

开放系统 OSI 标准定制过程中所采用的方法是将整个庞大而复杂的问题划分为若干个容易处理的小问题,这就是分层的体系结构方法。在 OSI 中,采用了三级抽象,即体系结构、服务定义和协议规定说明。

OSI 参考模型定义了开放系统的层次结构、层次之间的相互关系及各层所包含的可能的服务。它是作为一个框架来协调和组织各层协议的制定,也是对网络内部结构最精练的概括与描述进行整体修改。

OSI 的服务定义详细说明了各层所提供的服务。某一层的服务就是该层及其下各层的一种能力,它通过接口提供给更高一层。各层所提供的服务与这些服务是怎么实现的无关。同时,各种服务定义还定义了层与层之间的接口和各层的所使用的原语,但是不涉及接口是怎么实现的。

OSI 标准中的各种协议精确定义了应当发送什么样的控制信息,以及应当用什么样的过程来解释这个控制信息。协议的规程说明具有最严格的约束。

ISO/OSI 参考模型并没有提供一个可以实现的方法。ISO/OSI 参考模型只是描述了一些概念,用来协调进程间通信标准的制定。在 OSI 范围内,只有在各种的协议是可以被实现的而各种产品只有和 OSI 的协议相一致才能互连。这也就是说,OSI 参考模型并不是一个标准,而只是一个在制定标准时所使用的概念性的框架。

在历史来看,在制定计算机网络标准方面起着很大作用的两大国际组织是 CCITT 和 ISO。CCITT 与 ISO TC97 的工作领域是不同的,CCITT 主要是从通信角度考虑一些标准的制定,而 ISO 的 TC97 则关心信息的处理与网络体系结构。但是随着科学技术的发展,通信与信息处理的界限变得比较模糊了。于是,通信与信息处理就都成为了 CCITT 与 TC97 共同关心的领域。CCITT 的建议书 X. 200 就是开放系统互连的基本参考模型，它和 ISO 7498 基本是相同的。

最早的时候网络刚刚出现的时候，很多大型的公司都拥有了网络技术,公司内部计算机可以相互连接。可是却不能与其它公司连接。因为没有一个统一的规范。计算机之间相互传输的信息对方不能理解。所以不能互联。

7.6.2 划分原则

ISO 为了更好的使网络应用更为普及，就推出了 OSI 参考模型。其含义就是推荐所有公司使用这个规范来控制网络。这样所有公司都有相同的规范,就能互联了。提供各种网络服务功能的计算机网络系统是非常复杂的。根据分而治之的原则,ISO 将整个通信功能划分为七个层次,划分原则是：

（1）网路中各节点都有相同的层次；

（2）不同节点的同等层具有相同的功能；

（3）同一节点内相邻层之间通过接口通信；

（4）每一层使用下层提供的服务,并向其上层提供服务；

（5）不同节点的同等层按照协议实现对等层之间的通信。

分层的好处是利用层次结构可以把开放系统的信息交换问题分解到一系列容易控制的软硬件模块 – 层中，而各层可以根据需要独立进行修改或扩充功能,同时,有利于个不同制造厂家的设备互连,也有利于大家学习、理解数据通讯网络。

OSI 参考模型中不同层完成不同的功能,各层相互配合通过标准的接口进行通信。

第 7 层应用层：OSI 中的最高层。为特定类型的网络应用提供了访问 OSI 环境的手段。应用层确定进程之间通信的性质,以满足用户的需要。应用层不仅要提供应用进程所需要的信息交换和远程操作,而且还要作为应用进程的用户代理,来完成一些为进行信息交换所必需的功能。它包括：文件传送访问和管理 FTAM、虚拟终端 VT、事务处理 TP、远程数据库访问 RDA、制造报文规范 MMS、目录服务 DS 等协议；应用层能与应用程序界面沟通，以达到展示给用户的目的。在此常见的协议有：HTTP，HTTPS，FTP，TELNET，SSH，SMTP，POP3 等。

第 6 层表示层：主要用于处理两个通信系统中交换信息的表示方式。为上层用户解决用户信息的语法问题。它包括数据格式交换、数据加密与解密、数据压缩与终端类型的转换。

第 5 层会话层：在两个节点之间建立端连接。为端系统的应用程序之间提供了对话控制机制。此服务包括建立连接是以全双工还是以半双工的方式进行设置，尽管可以在层 4 中处理双工方式；会话层管理登入和注销过程。它具体管理两个用户和进程之间的对话。如果在某一时刻只允许一个用户执行一项特定的操作，会话层协议就会管理这些操作，如阻止两个用户同时更新数据库中的同一组数据。

第 4 层传输层：—常规数据递送–面向连接或无连接。为会话层用户提供一个端到端的可靠、透明和优化的数据传输服务机制。包括全双工或半双工、流控制和错误恢复服务；传输层把消息分成若干个分组，并在接收端对它们进行重组。不同的分组可以通过不同的连接传送到主机。这样既能获得较高的带宽，又不影响会话层。在建立连接时传输层可以请求服务质量，该服务质量指定可接受的误码率、延迟量、安全性等参数，还可以实现基于端到端的流量控制功能。

第 3 层网络层：本层通过寻址来建立两个节点之间的连接，为源端的运输层送来的分组，选择合适的路由和交换节点，正确无误地按照地址传送给目的端的运输层。它包括通过互连网络来路由和中继数据；除了选择路由之外，网络层还负责建立和维护连接，控制网络上的拥塞以及在必要的时候生成计费信息。常用设备有交换机；

第 2 层数据链路层：在此层将数据分帧，并处理流控制。屏蔽物理层,为网络层提供一个数据链路的连接,在一条有可能出差错的物理连接上,进行几乎无差错的数据传输(差错控制)。本层指定拓扑结构并提供硬件寻址。常用设备有网卡、网桥、交换机;

第1层物理层:处于 OSI 参考模型的最底层。物理层的主要功能是利用物理传输介质为数据链路层提供物理连接,以便透明的传送比特流。常用设备有(各种物理设备)集线器、中继器、调制解调器、网线、双绞线、同轴电缆。

数据发送时,从第七层传到第一层,接收数据则相反。

三层总称应用层,用来控制软件方面。下四层总称数据流层,用来管理硬件。除了物理层之外其他层都是用软件实现的。

数据在发至数据流层的时候将被拆分。

在传输层的数据叫段,网络层叫包,数据链路层叫帧,物理层叫比特流,这样的叫法叫 PDU(协议数据单元)。

各层功能

(1)物理层(Physical Layer)

物理层是 OSI 参考模型的最低层,它利用传输介质为数据链路层提供物理连接。它主要关心的是通过物理链路从一个节点向另一个节点传送比特流,物理链路可能是铜线、卫星、微波或其他的通讯媒介。它关心的问题有:多少伏电压代表1?多少伏电压代表0? 时钟速率是多少? 采用全双工还是半双工传输? 总的来说物理层关心的是链路的机械、电气、功能和规程特性。

(2)数据链路层(Data Link Layer)

数据链路层是为网络层提供服务的,解决两个相邻结点之间的通信问题,传送的协议数据单元称为数据帧。

数据帧中包含物理地址(又称 MAC 地址)、控制码、数据及校验码等信息。该层的主要作用是通过校验、确认和反馈重发等手段,将不可靠的物理链路转换成对网络层来说无差错的数据链路。

此外,数据链路层还要协调收发双方的数据传输速率,即进行流量控制,以防止接收方因来不及处理发送方来的高速数据而导致缓冲器溢出及线路阻塞。

（3）网络层（Network Layer）

网络层是为传输层提供服务的，传送的协议数据单元称为数据包或分组。该层的主要作用是解决如何使数据包通过各结点传送的问题，即通过路径选择算法（路由）将数据包送到目的地。另外，为避免通信子网中出现过多的数据包而造成网络阻塞，需要对流入的数据包数量进行控制（拥塞控制）。当数据包要跨越多个通信子网才能到达目的地时，还要解决网际互连的问题。

（4）传输层（Transport Layer）

传输层的作用是为上层协议提供端到端的可靠和透明的数据传输服务，包括处理差错控制和流量控制等问题。该层向高层屏蔽了下层数据通信的细节，使高层用户看到的只是在两个传输实体间的一条主机到主机的、可由用户控制和设定的、可靠的数据通路。

传输层传送的协议数据单元称为段或报文。

（5）会话层（Session Layer）

会话层主要功能是管理和协调不同主机上各种进程之间的通信（对话），即负责建立、管理和终止应用程序之间的会话。会话层得名的原因是它很类似于两个实体间的会话概念。例如，一个交互的用户会话以登录到计算机开始，以注销结束。

（6）表示层（Presentation Layer）

表示层处理流经结点的数据编码的表示方式问题，以保证一个系统应用层发出的信息可被另一系统的应用层读出。如果必要，该层可提供一种标准表示形式，用于将计算机内部的多种数据表示格式转换成网络通信中采用的标准表示形式。数据压缩和加密也是表示层可提供的转换功能之一。

（7）应用层（Application Layer）

应用层是 OSI 参考模型的最高层，是用户与网络的接口。该层通过应用程序来完成网络用户的应用需求，如文件传输、收发电子邮件等。

7.6.3 数据封装过程

OSI 参考模型中每个层次接收到上层传递过来的数据后都要将本层次的控制信息加入数据单元的头部，一些层次还要将校验和等信息附加到数据单元的尾部，这个过程叫做封装。

每层封装后的数据单元的叫法不同，在应用层、表示层、会话层的协议数据单元统称为 data（数据），在传输层协议数据单元称为 segment（数据段），在网络层称为 packet（数据包），数据链路层协议数据单元称为 frame（数据帧），在物理层叫做 bits（比特流）。

OSI 的数据封装

当数据到达接收端时，每一层读取相应的控制信息根据控制信息中的内容向上层传递数据单元，在向上层传递之前去掉本层的控制头部信息和尾部信息（如果有的话）。此过程叫做解封装。

这个过程逐层执行直至将对端应用层产生的数据发送给本端的相应的应用进程。

以用户浏览网站为例说明数据的封装、解封装过程。

数据封装

当用户输入要浏览的网站信息后就由应用层产生相关的数据，通过表示层转换成为计算机可识别的 ASCII 码，再由会话层产生相应的主机进程传给传输层。传输层将以上信息作为数据并加上相应的端口号信息以便目的主机辨别此报文，得知具体应由本机的哪个任务来处理；在网络层加上 IP 地址使报文能确认应到达具体某个主机，再在数据链路层加上 MAC 地址，转成 bit 流信息，从而在网络上传输。报文在网络上被各主机接收，通过检查报文的目的 MAC 地址判断是否是自己需要处理的报文，如果发现 MAC 地址与自己不一致，则丢弃该报文，一致就去掉 MAC 信息送给网络层判断其 IP 地址；然后根据报文的目的端口号确定是由本机的哪个进程来处理，这就是报文的解封装过程。

7.7 网络操作系统

网络操作系统,是一种能代替操作系统的软件程序,是网络的心脏和灵魂,是向网络计算机提供服务的特殊的操作系统。借由网络达到互相传递数据与各种消息,分为服务器(Server)及客户端(Client)。而服务器的主要功能是管理服务器和网络上的各种资源和网络设备的共用,加以统合并控管流量,避免有瘫痪的可能性,而客户端就是有着能接收服务器所传递的数据来运用的功能,好让客户端可以清楚的搜索所需的资源。

7.7.1 简介

NOS 与运行在工作站上的单用户操作系统 (如 WINDOWS 系列)或多用户操作系统(UNIX、Linux)由于提供的服务类型不同而有差别。一般情况下,NOS 是以使网络相关特性达到最佳为目的的,如共享数据文件、软件应用,以及共享硬盘、打印机、调制解调器、扫描仪和传真机等。一般计算机的操作系统,如 DOS 和 OS/2 等, 其目的是让用户与系统及在此操作系统上运行的各种应用之间的交互作用最佳。

为防止一次由一个以上的用户对文件进行访问, 一般网络操作系统都具有文件加锁功能。如果系统没有这种功能,用户将不会正常工作。文件加锁功能可跟踪使用中的每个文件,并确保一次只能一个用户对其进行编辑。文件也可由用户的口令加锁,以维持专用文件的专用性。

NOS 还负责管理 LAN 用户和 LAN 打印机之间的连接。NOS总是跟踪每一个可供使用的打印机,以及每个用户的打印请求,并对如何满足这些请求进行管理, 使每个端用户感到进行操作的打印机犹如与其计算机直接相连。

由于网络计算的出现和发展, 现代操作系统的主要特征之一就是具有上网功能,因此,除了在 20 世纪 90 年代初期,Novell 公司的 Netware 等系统被称为网络操作系统之外,人们一般不再特指某

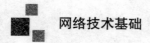

个操作系统为网络操作系统。

7.7.2 模式分类

7.7.2.1 集中模式

集中式网络操作系统是由分时操作系统加上网络功能演变的。系统的基本单元是由一台主机和若干台与主机相连的终端构成，信息的处理和控制是集中的。UNIX 就是这类系统的典型。

7.7.2.2 客户机／服务器模式

这种模式是最流行的网络工作模式。服务器是网络的控制中心，并向客户提供服务。客户是用于本地处理和访问服务器的站点

7.7.2.3 对等模式

采用这种模式的站点都是对等的，既可以作为客户访问其它站点，又可以作为服务器向其他站点提供服务。这种模式具有分布处理和分布控制的功能。

7.8 网络信息浏览与搜索

在网络搜索中写出有一定概括性的关键词，就可以快速查找到相关信息。例如你想找到与教学有关的内容，但"教学"这个词是一个范围宽泛的上位词，这就很不容易找准确，你可以给这个关键词加一些定语，如"小学三年级分数教学"，甚至可以加上中心词，如"小学三年级分数教学"这样就有更好找到你要的内容了。不过网络给出的信息会很多，你要快速浏览搜索目录，目录中显示的红色字体是与你给出的关键词相同的词条，一般来说，越契合的内越排在前面。这需要你快速浏览并准确找到合适你用的信息。

网络搜索是指利用搜索引擎(如百度)对互联网上的信息进行搜索。用户输入关键词进行检索,搜索引擎从索引数据库中找到匹配该关键词的网页;为了用户便于判断,除了网页标题和 URL 外,还会提供一段来自网页的摘要以及其他信息。

搜索词组:如果只给出一个单词进行搜索,经常会出现数以千计甚至以百万计的匹配网页。然而如果再加上一个单词,那么搜索结果会更加切题。在搜索时,给出两个关键词,并将两个词用 AND(与逻辑)结合起来,或者在每个词前面加上加号"+",这种逻辑技术大大地缩小了搜索结果的范围,从而加快了搜索。幸运的是,所有主要的搜索引擎都使用同样的语法。一个带引号的词组意味着只有完全匹配该词组(包括空格)的网页才是要搜索的网页。把这几种符号结合起来使用,能大大提高搜索效率。

选择词组:一般说来在网页搜索引擎中,用词组搜索来缩小范围从而找到搜索结果是最好的办法。但是,运用词组搜索涉及到如何使用一个词组来表达某一具体问题。有时简单地输入一个问题作为词组就能奏效,然而简单明了地提问方法只对一部分搜索奏效。选择合适的词组对提高搜索效率是很重要的,实在找不出时可以试试下面的方法。

查找信息源:有时词组搜索太精确或者一个词组无法准确表达所需信息,那么可以直接到信息源,这种技术"简单得似乎不值一提",但却很有效。根本不用搜索引擎,直接到提供某种信息组织的站点去。很多时候我们可以用公式"www.公司名.com"去猜测某一组织的特点。

网络信息检索方法主要有以下四种:1.漫游法;2.直接查找法;3.搜索引擎法;4.网络资源指南法。

1.漫游法

(1)偶然发现。这是在因特网上发现、检索信息的原始方法。即在日常的网络阅读、漫游过程中,意外发现一些有用信息。这种方式的目的性不是很强,具不可预见性和偶然性。

(2)顺"链"而行。指用户在阅读超文本文档时,利用文档中的链接从一网页转向另一相关网页。此方法类似于传统手工检索中的"追溯检索"，即根据文献后所附的参考文献追溯查找相关的文献，从而不断扩大检索范围。这种方法可能在较短的时间内检出大量相关信息，也可能偏离检索目标而一无所获。

2.直接查找法

直接查找法是已经知道要查找的信息可能存在的地址，而直接在浏览器的地址栏中输入其网址进行浏览查找的方法。此方法适合于经常上网漫游的用户。其优点是节省时间、目的性强、节省费用，缺点是信息量少。

3.搜索引穆检索法

此方法是最为常规、普遍的网络信息检索方法。搜索引擎是提供给用户进行关键词、词组或自然语言检索的工具。用户提出检索要求，搜索引擎代替用户在数据库中进行检索，并将检索结果提供给用户。它一般支持布尔检索、词组检索、截词检索、字段检索等功能。利用搜索引擎进行检索的优点是：省时省力，简单方便，检索速度快、范围广，能及时获取新增信息。其缺点是：由于采用计算机软件自动进行信息的加工、处理，且检索软件的智能性不很高，造成检索的准确性不是很理想，与人们的检索需求及对检索效率的期望有一定差距。

4.网络资源指南检索法

此方法是利用网络资源指南进行查找相关信息的方法。

网络资源指南类似于传统的文献检索工具——书目之书目（bibliography of bibliographies），或专题书目，国外有人称之为 web of webs，webliographies，其目的是可实现对网络信息资源的智能性查找。它们通常由专业人员在对网络信息资源进行鉴别、选择、评价、组织的基础上的指导作用。其局限性在于：由于其管理、维护跟不上网络信息的增长编制而成，对于有目的的网络信息检索具有重要速度，使得其收录范围不够全面，新颖性、及时性不够强，且用户还要受标引者分类思想的限制。